图书在版编目（CIP）数据

国际大都市设计与管理新导向 / 莫霞，罗镔主编
. -- 上海：同济大学出版社，2021.12
（理想空间；88）
ISBN 978-7-5765-0110-0

Ⅰ．①国… Ⅱ．①莫… ②罗… Ⅲ．①国际性城市—
城市规划—建筑设计②国际性城市—城市管理 Ⅳ.
① TU984

中国版本图书馆 CIP 数据核字（2022）第 003566 号

理想空间
2021-12（88）

编委会主任　　夏南凯　俞　静
编委会成员　　（以下排名顺序不分先后）
　　　　　　　赵　民　唐子来　周　俭　彭震伟　郑　正
　　　　　　　夏南凯　周玉斌　张尚武　王新哲　杨贵庆
主　　编　　　周　俭　王新哲
执行主编　　　管　娟
本期主编　　　莫　霞　罗　镔
责任编辑　　　由爱华
编　　辑　　　管　娟　姜　涛　顾毓涵　余启佳　栾晓颖
　　　　　　　舒国昌　张鹏浩　周　玥　钟　皓
责任校对　　　徐春莲
平面设计　　　顾毓涵
主办单位　　　上海同济城市规划设计研究院有限公司
地　　址　　　上海市杨浦区中山北二路 1111 号同济规划大厦
　　　　　　　1408 室
网　　址　　　http://www.tjupdi.com
邮　　编　　　200092

出版发行　　　同济大学出版社
策划制作　　　《理想空间》编辑部
印　　刷　　　上海颛辉印刷厂有限公司
开　　本　　　635mm x 1000mm 1/8
印　　张　　　16.25
字　　数　　　325 000
印　　数　　　1-3 000
版　　次　　　2021 年 12 月第 1 版　2022 年 02 月第 1 次印刷
书　　号　　　ISBN 978-7-5765-0110-0
定　　价　　　55.00 元

购书请扫描二维码

# 编者按

　　国土空间规划改革背景下，北京、上海、广州等城市明确提出了国际大都市的建设目标，以促进国土空间功能重构、协同优化，不断提升自身的国际影响力。而国际大都市时代新幕的拉开，既离不开既有的高质量发展基础，更是一个需要持续创新、多元协同推进的过程，离不开先进理念与模式借鉴，以及多元化、多层次的规划设计与管理手段的共同擘画。因此，本专辑将重点着眼国际大都市规划实践与更新设计、城市治理与技术管控的视角，涉及精细化管理、旧城改造与风貌保护、社区有机更新、实施技术管控以及彰显人文与科学的创新设计等，结合新时期实践项目、优秀案例、技术科研成果等进行有益探讨。

　　本专辑涵盖四个版块：主题专访、规划实践、更新设计、技术管控。其中，"主题专访"版块，密切关联时代语境，把握建设"人民城市"这一社会主义现代化国际大都市的核心内涵，对业内专家进行主题访谈，着眼高品质发展与精细化管理，强调以人为本、文化为先，展现多位业内专家站在战略高度、彰显民生考量、体现深邃思考的理论与实践观点，为我们厘清思路、分享经验。"规划实践""更新设计""技术管控"三个版块，则是希望把握本专辑与时俱进、多元探讨的特质，从宏观到微观、从政策到行动，结合多专业视角、多类型的技术分析，以及代表性的实践案例分析、创新的技术及管理举措等展开探讨，以期为国际大都市在全球竞争的背景下强化设计和管理提供多元路径与模式参考。在此，为研究学者、规划设计师、建筑师、政府管理人员等提供交流平台，共同围绕一个核心主题展开讨论、介绍经验，为本专辑提供了一种更广泛的专业认知维度、更开阔的思想交流视野。

　　《理想空间》一直坚持高专业水平、强实践特征，把握时代脉搏、弘扬优秀文化、注重社会效益，为行业贡献一份勤恳和极具实效的技术力量。正是在丛书的成长过程中，过去的读者成长为作者、专家、编者，借助这个平台集聚更多思想，展示更加多元化的知识与观点。长远来看，国土空间规划改革仍在进行中，关于国际大都市设计与管理新导向的探讨，势必不会局限在本专辑内容之中，而是需要我们持续关注、不断探索。

U0347434

上期封面：

# CONTENTS
# 目录

主题专访
Theme Interview

# 以人民为中心、以文化为精髓：邢同和先生谈城市精细化治理与创作实践

## People As the Center and Culture As the Essence: a Talk on Urban Delicacy Governance and Creative Practice by Mr. Xing Tonghe

邢同和，华建集团资深总建筑师，同济大学博士生导师。

[文章编号]　2021-88-A-004

1-2.中共一大会址

**问：您作为一名 "人民建筑师"，五十余年来在上海城市建设和建筑创作领域做出了卓越贡献，见证并深度参与了上海城市建设发展过程，先后主持设计了外滩风景带、上海博物馆、龙华烈士陵园等重大工程项目。在推进存量更新、追求高质量发展的新时期，您认为上海城市建设发展中需要重点关注什么问题？应从哪些方面来实现提升？**

我觉得为人民做建筑是一个最基本的课题，人民建筑师应当身处人民中间，与人民群众紧密联系。自工作伊始，我接触和参与的就是医院、学校等直接为人民服务的公共建筑设计；此后随着经验的累积，主持或承担了越来越多的重大工程项目，坚持至今，明年就是我职业生涯六十周年了。可以说，我的工作学习都是为了人民，这是一种理想信念，也是我坚持的初心与使命。

上海"2035总规"提出上海是国际经济、金融、贸易、航运、科技创新中心和文化大都市。上海面临着区域一体化融合发展、建设卓越的全球城市的机遇与挑战。在高质量发展的新时期，上海作为长三角世界级城市群的核心城市，需要更多地发挥龙头引领和辐射带动作用，不断提升城市能级与核心竞争力。在这一背景下，从战术上讲，我们应该抓住城市更新、城市品质、城市素质这几个关键进行提升。尤其在人文上，要从精细化上推进、从水平上提升，引领高品质文化生活，以满足人民群众多层次多样化的需求。

我们对上海城市文化的梳理，不仅要关注海派文化，更应注重发掘和弘扬红色文化。实际上，结合这几年的精细化治理和文化本底梳理，我们发现在上海市内有六百多处的红色文化资源——红色基因早已在这片土壤上扎根，我们希望它能够不断得到传承。当下，城市红色文化内涵已经越来越多地在城市发展和建设中得到彰显，一大纪念馆就是一个很好的案例。通过类似于一大纪念馆这样的项目实践，将红色文化与城市精细化管理很好地结合起来，红色文化得以传播并入融入我们的市民生活。城市中很多的展览馆、图书馆、音乐场馆等，也都构成了城市文化的延伸。只有拥有了先进文化精髓的支撑，才能更好地提高城市居民的素质和提高城市的品位。

**问：一直以来您秉持精益求精的工匠精神，注重将东方文化与当代建筑设计相结合，追求建筑文化与城市和谐的时代精神。在党的百年华诞之际，中共一大纪念馆于2021年6月份正式开馆。纪念馆重现了都市的历史文化特色，在党史学习教育和"四史"学习教育中发挥重要作用，取得了良好的社会效益，前来参观的游客络绎不绝。您是项目设计总负责人，能否请您谈一下设计过程中印象最深刻的感悟？**

上海是中国共产党诞生地，而中共一大会址作为党的发源地，富有深刻的文化内涵与历史价值，是人民重温党的历史的重要资源、感悟红色文化的重要载体。一大会址由于其原真性的历史建筑特征，不宜进行大规模改扩建。但会址内部空间较小，难以满足百年历史的充分展示与大量市民来此参观的需求，因而我们将历史场景原样保留在一大会址建筑内，同时将从一大到现在的党的一百年历程展示置于新的纪念馆，以向公众作详细阐述。

一大纪念馆是紧紧围绕一大会址来进行空间组织和创作构思的，二者之间建立了视线上的对应关系，会址、新馆、广场、游园等多个要素得以有机结合起来。一大会址参观完毕后即可步入一大纪念馆，形成了一个完整的空间叙事，也体现出对延续红色精神、弘扬红色文化的美好希冀——恰如我们参观一大会址、见证历史上党的诞生，而后进入一大纪念馆、细数党的百年征程。参观者们从纪念馆出来，可以看到在象征革命者高贵品质的汉白玉旗台上，五星红旗高高飘扬；人们若将视线放远，则可以看到上海国际化大都市的繁华面貌。在功能关系上，一大会址与一大纪念馆共同构成了一个纪念意义浓郁的城市红色文化展示区域，与周边的新天地街区、太平桥公园在建筑肌理、整体风貌上是协调的，在功能上也是相互融合和互补的。

**问：您多次提及并强调"规划留白，文化留魂"这一重要理念。您认为在未来上海城市规划设计与管理方面，有哪些路径与措施可以贯彻和体现这一理念？**

结合这次中共一大纪念馆来看，纪念馆设计本身即是一次留白。纪念馆的地上部分设置了大厅和通往地下部分的出入口，真正的展览功能以及辅助设备用房等全部布置在建筑的地下部分。可以说地上部分只是营造了必要的纪念氛围，并与周边建筑肌理、环境景观相呼应。未来则可以结合城市发展的新需求，赋予纪念馆建筑地上部分一些新的功能。城市中的规划建设活动应以当前的需求为考量，也需要为未来的规划建设留有余地，避免空间与资源的浪费。再扩展到更大一些的尺度来看，像世博会、花博会这样的区域，都是利用当时城市发展中所留存的可供更新的地块进行的改造升级。借助规划设计统筹、优秀的建筑设计方案等，使得这些地块成为人民所共享的重要文

化场所。

从另外一个视角来看，我认为城市—区域发展也需要有过渡。当前，上海正在大力推进五个新城的相关规划和建设，城市各个区域之间可以说连接得越来越紧密了。如果中间缺乏过渡，则容易变成"摊大饼"式的区域蔓延。我认为上海五个新城要形成复合型的中心，强化地上地下的联动发展，并融入整体的城市网络，在强化辐射带动作用的同时，避免蔓延式的连绵发展。

文化留魂，我们也可以结合红色文化来看。上海的历史与红色是分不开的，特别是近百年来的近代史，上海的租界与红色文化的发源是相联系的。自近代以来，上海成为许多红色历史人物的居所与工作创作基地，这构成了城市特色与文化积淀；在下一步的城市精细化治理和更新中，应作更深入的发掘，并予以妥善保存和保护。例如近期发掘并以修缮建设的"上海田汉旧居陈列馆"，是田汉同志革命事业和文艺事业的见证物。田汉在这里宣誓加入了中国共产党。这里也是20世纪30年代党领导的"左翼文化"运动和中共地下文委的活动阵地。正是在这里，田汉创作了《义勇军进行曲》歌词；

完成作曲的聂耳则是由田汉介绍在这里宣誓入党。这一红色资源的发掘极具意义，也与城市的功能很好地结合了起来。

当今的科技与文化也是分不开的，很多工业园区的改造、文化创意产业的发展，都深深地植根于文化的土壤。未来的上海要建设成为更加开放包容、更富创新活力、更显人文关怀、更具时代魅力、更有世界影响力的社会主义国际文化大都市，需要更高的资金投入和更好的科技与文化支撑；这需要我们不懈努力，加强体制机制和政策保障，切实提升城市文化治理能力。这将是一个长期的挑战。

问：近些年来，上海陆续发布了《上海市15分钟社区生活圈规划导则》《上海市街道设计导则》等一系列政策法规，启动了城市更新行动计划，并成立了上海市城市更新中心，组建了上海城市更新青年规划设计师联盟等——"人民城市"的重要理念已被贯彻落实到上海城市发展全过程和城市工作各方面，不懈努力将"让人在城市也能'诗意地栖居'"的美好愿景化为

现实图景。请问在城市发展更加注重以人的需求为导向的新时期，您认为社区更新与实施过程中应当关注些什么？

上海市人大于2021年8月25日通过了《上海市城市更新条例》；条例提出了要持续改善城市人居环境，构建多元融合的"15分钟社区生活圈"等要求。实际上，社区更新的相关的政策法规一直在不断地完善与强化。

我认为其中非常关键的是需要加强操作性，并注重实践中的灵活性。在规划和实施阶段，也可以从更大的区域视角去进行统筹与平衡。但坚守底线是城市建设及风貌保护的基本要求。而从"纸上画画"落实到空间实体的这个过程，不仅需要好的政策决策及指导，也需要有像社区规划师制度这样的良好支撑；同时也要充分发动公众参与，获得基层的有效响应与反馈。秉持"以人民为中心"的理念，在各方面的努力下，我相信上海可以真正实现社区更新、精细化发展的大有作为、大有希望，这是一个广阔的舞台。

3.中共一大会址

# 致力于城市的高品质发展
## ——简论城市设计的实践场景

# Towards High Quality Development
## —The Roles of Urban Design in Practice

赵民，同济大学建筑与城市规划学院教授、博导，中国城市规划学会国外城市规划学术委员会、规划实施学术委员会副主任委员；
张颖，同济大学建筑与城市规划学院博士生，高级工程师。

[摘　要] 本文在分析城市设计实践多样性和价值多元化特征的基础上，基于国内外经验，阐释了城市设计在新时代城市发展中的五种主要实践场景，即作为研究过程、作为实施方案、作为法规或规范性文件、作为管理程序及准则和作为协调多方行动的治理平台，并相应分析了其内涵要点及若干改进策略。

[关键词] 高品质发展；城市设计；实践场景

[Abstract] This paper aims to present main urban design practice fields in the governance in metropolitan areas. The attributes of urban design, namely with diverse practice forms and multiple social values, are considered as the root of the wide-ranging applications. Further analysis is conducted on experiences and challenges. We conclude to five main types of urban design governance: urban design as research process, as implementation plans, as regulations and guideline documents established by law, as government content and procedure, and as governance platforms coordinating actions of players.

[Keywords] high quality development; urban design; roles in practice

[文章编号] 2021-88-A-007

　　党的十八大以来，我国经济社会发展进入了"新常态"；在指导思想上强调"以人民为中心"，并较以往更为注重生态文明和质量型发展。在这一背景下，城市发展和建设治理也要有新的思路和举措；尤其是大都市地区，在引领国家参与全球经济竞争、推动区域协调发展、促进自主创新、提升城市品质和提高居民生活水平等方面都要发挥重要作用。

　　国际国内经验均已表明，在城市经历了大规模空间拓展后，必将逐步转向更新发展阶段。在发展目标上，将从聚焦于对建设空间的数量追求转向更为重视城市的功能完善和建成环境的品质提升；因而，聚焦于高品质发展的城市设计的作用也将更为凸显。然而，由于城市设计所涉及的对象很多、工作阶段和性质迥异，对其内涵界定可谓众说纷纭。本文基于系统思维，并从实务角度展开讨论，希望本文的阐述有助于厘清思路和明晰概念，从而增进对城市设计的理解和重视。

## 一、城市设计实践的多样性和价值的多元化

　　城市设计在现实中的形式是多样的。尽管城市设计作为一种实践古已有之，但其在不同的时代，不同的经济、社会、文化及制度背景下，以及在不同的城市—区域环境之中，所呈现的实践场景形式及发挥的作用是很不同的，有的甚至是大相径庭。它既可以是古代"匠人营国"的建城规则，也可以是融入规划编制的空间发展引导；它可被作为城市营销的"亮点"，亦可表现为审议程序和管理过程；针对不同对象，有时也可被称为市镇设计、景观设计、乡村设计，等等。

　　人们对城市设计的认识一直在发展，且多种观点并存，目前已经有了很多定义。如王建国院士认为，"城市设计主要研究城市空间形态的建构肌理和场所营造，是对包括人、自然、社会、文化、空间形态等因素在内的城市人居环境所进行的设计研究、工程实践和实施管理活动"（《中国大百科全书（第3版）》）[1]。而基于对城市设计的综合定义，具体的解读或认知则会极其多样，如有的认为城市设计是平行于建筑设计、城市规划设计、园林设计等的一种设计类型，有的强调对公共空间塑造的引导，有的将其定义为功能组织安排，有的强调其为一种思维方式，还有的将其归为公共政策范畴。

　　另一定义方法则如新近公布的《城乡规划学名词》[2]，将城市设计细分为"总体城市设计""区域城市设计""地块城市设计""专项城市设计""管控型城市设计""实施型城市设计""社区城市设计"等，分别给出定义。本文认为，综合性定义与分类定义各有其优势，但都难以全面包容，因而针对实践场景的专门阐释是有意义的。

　　综合学界和业界的观点，可以认为城市设计的核心任务是对特定的空间环境的塑造；它涉及多个空间尺度、层次及工作阶段，并各有其主要的关联因素。城市设计的这种"离散"与其多样化实践和多元化价值取向有关，也与其自身的属性特征有关。既称为"城市设计"必定具有"设计"的创意属性，因而在实践范畴必然具有很强的直观性、灵活性、创新性和文化艺术属性。这些特性决定了城市设计应易于为公众所理解和参与；可以针对政府、市场和社会等各主体的不同需要而采用相应的形式，进而促进各方主体的互动和达成共识；通过对与经济、社会、文化等相关的物质空间环境的创造性"设计"而促进有关领域的发展或社会问题的解决，以实现既定的目标。在广阔的应用场景中，多样化的城市设计实践其所对应的价值取向也必定是多元化的；城市设计不仅可以赋予物质环境以美学价值，也可以增进经济价值、社会价值、环境价值，以提升地区发展的竞争力，并有利于人的全面发展。

## 二、城市设计的五种主要实践场景

　　透过纷繁的定义，从实务角度考察，可将城市设计解析为五种主要实践场景。具体如下：

1.愚园路街道

## 1. 城市设计作为一种研究过程

城市设计在很多情况下是作为一种研究工作存在的，即不同于城乡规划（目前的国土空间规划）的编制审批和形成具有法律效力的成果，而是通过诸如设计竞赛、方案征集或是委托研究等形式来进行，有时甚至是开展多轮设计研究，其目的在于获取创意启迪，进而有可能转化为地方共识和政府决策。此外，城市的本底文化和景观资源调研和挖掘、城市设计评估等，也都属于城市设计研究范畴。在城市大规模成片开发之前，或者在复杂地区的城市更新过程中，或者面对地域文化及景观风貌敏感地区发展和保护矛盾，均有必要以城市设计研究作为前期工作。例如，20世纪90年代初浦东新区陆家嘴中心区城市设计的国际方案征集，就是一种典型的城市设计研究；当时在五国团队设计方案的基础上形成了三个比较方案，最后确定一个方案后再加以深化，最终形成了城市设计的正式成果。其后我国许多地区开展了新区、新城的城市设计研究；针对整个城市的总体城市设计研究和城市发展战略规划阶段的城市设计研究也广为开展，其主要价值在于为其后的法定城市总体规划和详细规划的编制提供空间发展的思路和优化方案。

城市设计竞赛在世界许多地区都有着悠久的传统。例如早在1908年，柏林就发起了大柏林城市设计竞赛，其研究的重点包括：整合交通系统，引导居民点体系建设；整合绿地空间，规划林荫大道、公园和体育设施网络；塑造统一连贯的城市空间形象；实现交通系统和绿地空间在区域尺度上的关联等。这些研究为后续柏林行政区的扩大、协作联合会的成立，以及城市功能结构调整等奠定了基础[3]。又如大湖世纪（The Great Lakes Century）案例，这是美国SOM公司2009年对大湖区和圣劳伦斯河流域开展的公益性城市设计研究，所提出的指导框架得到相关73个市镇的批准[4]。

除了区域、城市和片区层面的研究，在局部地段的更新中，城市设计研究也有着广阔的应用舞台；在国内外的许多城市复兴和更新探索中，城市设计都曾发挥过重要作用。

## 2. 城市设计作为实施方案

尽管在多数情况下，城市设计是对具体建设工程的指引和间接控制，但对于一些特定的公共投资项目和大型商业性开发项目，城市设计研究成果可以转化为直接实施的方案。例如，2010年上海世博园区以公共投资为主导，其园区城市设计方案通过后便成为实施方案。再如上海新天地片区、创智天地、大宁国际广场等成片开发或改造的地区，其城市设计成果稳定后也都成为实施方案。

另一方面也要看到，在大都市区规划建设的实际运作中，即便是以实施为目的的城市设计，也需要以上位的地区发展框架为指导，其中包括总体城市设计研究和相关的各类指引；并且要与相关的总体规划、详细规划及专项规划等相互衔接。也就是说，城市设计作为指导建设的实施方案是在一系列规划成果和设计研究的基础上形成的。

## 3. 城市设计作为法规或规范性文件

最终形成法规或规范性形态的城市设计，即以地方立法或行政决策等手段赋予城市设计的成文成果（如设计导则）以拘束力，这对于整个城市设计的实践体系而言具有基础性意义。我国在这方面已经有过很多实践，如广州规划部门制定的《广州城市设计导则》，其内容为总体城市设计导控、重点地区城市设计导控、地块城市设计导控，旨在分级、分类、分要素施行城市设计导控，以指导各层级城市设计编制和城市建设；上海为推进"五大新

城"建设,也专门制定了《上海市新城规划建设导则》,其重点聚焦于新城的空间品质提升问题,对新城规划建设和运营管理全过程提出引导要求;该导则由"上海市新城规划建设推进协调领导小组办公室"印发,是"指导新城单元规划、详细规划、专项规划和城市设计的技术指南,是建设实施的行动指南和运营管理的操作指南"。各地同类城市设计导则还有很多,但各地的做法很不一,尤其是导则的地位和作用尚不明确,难以确保有效施行。除了城市设计导则,我国较为常见的做法是将城市设计工作融入规划编制的各阶段,城市设计的相关内容则纳入规划成果文件以及土地出让条件。

考察国际经验,以英国为例,其城市设计内容多通过融入规划政策文件而得以贯彻;如在区域层面有区域空间策略(Regional Spatial Strategies);在地方层面有地方发展文件(Local Development Documents)、地方发展框架(Local Development Frameworks)和核心战略(Core Strategy);在片区层面有片区总体方案(Area Master Plans/ Neighbourhood and Village Plans)、片区设计要求(Design Statements for Areas)和地块开发指引(Development Briefs for Sites)[5]。再如美国,其城市设计成果法定化分为法规和法定文件两个层次,法规层次主要是通过区划条例(Zoning Ordinance)的修订,以增加城市设计的通则式规定,包括奖励区划、特别区规定等,近期还增加了形态准则(Form-based Code)以作为对区划控制的补充。这些内容需要通过地方立法程序。此外还有相关法规的一致性修订,亦即对于与城市设计新增规定不一致的其他法规加以调整,包括地块开发规划条件(Plan of Development Statement)的变更等。

我国需要完善的方面,包括在立法层面要赋予城市设计导则等通则性规定以法定地位,在法定规划编制中要引入城市设计工作、并纳入相关的设计策略。此外还需重视相关法规的一致性调整;若仅有城市设计规定,而相关的交通、停车、绿化、消防、河道等规定不做相应调整,则必将会使各项规定之间相互矛盾,导致难以实施。

## 4. 城市设计作为管理程序及准则

城市设计的管理是保障城市设计得以实施的主要途径,主要包括行政指导、行政规定和行政审查三种程序及相应的准则。其一,城市设计导则(Design Guideline)若由地方政府或规划行政管理部门发布,就成了行政指导文件;城市设计导则一般是对城市空间形象、风貌特征、舒适、安全、健康、环保等方面难以量化的城市设计内容提出指导性要求,并可作为设计审查的主要依据。导则可以是针对具体片区;也可以是针对某类专项配置,如街道、标识、绿道系统等。其二,城市设计标准和准则(Design

Standards/ Performance Criteria）属于行政规定，其中既有可量化的强制性指标，如建筑高度、贴线率、绿地率等，也可有描述性的图示与规则，如色彩、场地划示等。其三，设计审查（Design Review），即在建筑工程规划许可阶段的审查中加入城市设计审查，这堪称是城市设计得以实施的核心环节，通过审查及许可管理来确保建设风貌和品质的水准。

在美国等以区划法的赋权为主流的国家或地区，规划管理在区划法规框架内进行，设计审查只针对有限范围和项目类型开展，区划法规对审查内容、人员和听证会等程序都有明确规定。在英国等实行规划许可制的国家和地区，在许可环节很容易嵌入设计审查；公共部门在设计审查环节拥有较大的自由裁量权，其程序也更加全面，一般包括公众审议（Public Review）、环境审议（Environmental Review）、设计委员会审议（Design Board Review）和规划师审议（Planners Review）[6]。在治理实践中，要使审议要素更为全面、且部门间协调，在审议程序中需引入利益相关者和公众参与，审议原则要公开明确、且体现公共价值，因而要有充分的设计研究和规划作为支撑。当然，这样的设计审议也难免会招致非议，诸如被认为时间冗长、不公平、缺少规则、抑制创新等。

我国的《城市设计管理办法》规定了"单体建筑设计和景观、市政工程方案设计应当符合城市设计要求"，这为开展设计审议提供了法规依据；在具体的制度设计中应借鉴国外的成功经验，同时也要注意避免不必要的烦琐。

### 5. 城市设计作为协调多方行动的治理平台

城市设计的自身潜质使其在城市高品质发展及空间治理中可以发挥重要作用。国际上有诸多经验，例如20世纪90年代的英国城市复兴（urban regeneration）就是以城市设计作为主要的治理工具之一。其策略包括：发布全国性的框架文件、成立协会等实现社会动员与协调，倡导在地方建立政府—社会组织—营利性机构间的伙伴关系，鼓励公众参与城市设计，带动都市区公共空间、滨水区以及棕地等的复兴开发。而日本的社区设计则将空间场所的营造与社会关系的培育有机结合，大众在参与社区设计的同时强化了人与人之间的联系，物质空间设计营造成为了促进解决社会问题、发展社会关系的过程。在美国，奥巴马执政期间曾推行"可持续社区倡议计划"，支持社区伙伴团体参与可持续社区规划。

在我国大都市区城市更新过程中，城市设计亦可以成为协调多方主体行动的治理平台。以上海愚园路城市更新为例，规划部门编制的城市设计促使该项城市更新工作纳入政府议程，使各界了解情况，并达成了共识；所确定的总体目标和节点框架为各主体开展行动提供了接入平台。尽管参与行动的建交委、市容局、教育局、街道、派出所等部门，以及沿线的产业园区、国有企业、文化组织等主体，其实施的项目和节点方案与城市设计图纸并不相同，但是城市更新的效果是成功的，城市设计在此并非起到蓝图作用，而是发挥了整合各方资源和行动的治理平台的作用。

可见，在涉及多方主体和权利关系十分复杂的城市更新过程中，针对具体实施行为的城市设计，比其"蓝图"效用更为重要的是其作为各方交流互动和达成"合意"的治理平台的作用。这也可谓是城市设计的重要社会价值。

## 三、结语

本文针对学界和业界的诸多讨论和纷繁定义，阐释了城市设计的五种主要实践场景，这也是现代城市治理体系中城市设计可以发挥结构性功能的五个维度。还需要指出，本文的探讨并非覆盖当代城市设计的所有内涵。

城市设计在不同的时代，不同的国家和地区，在不同的社会结构—能动关系中发挥着不同的作用。在城市发展中，只有当空间治理体系发生了深层次改变，如由用地指标控制转向空间精细利用谋划、由底线控制转向品质提升、由增量扩张转向内涵创新发展、由经济快速发展转向多元社会价值追求，以及由传统科层管理转向民主和专业治理，城市设计才会发挥愈加显著的作用。城市设计的本土实践和国际经验都已经表明，其在我国新时代的城市—区域发展和治理中有着不可替代的重要作用。

参考文献

[1]王建国. 从理性规划的视角看城市设计发展的四代范型[J]. 城市规划, 2018,48(1): 9-19.

[2]全国科学技术名词审定委员会.城乡规划学名词[M]. 北京: 科学出版社. 2021: 44-45.

[3]易鑫, 吴莹. 百年前/后的城市设计学科发展 从柏林"城市愿景1910/2010"展览谈起[J]. 建筑与文化. 2013(11): 138-143.

[4]SOM. The Great Lakes Century – A 100-year Vision[EB/OL]. (2013-01-11)[2021-6-6]. https://www.architectmagazine.com/project-gallery/the-great-lakes-century-a-100-year-vision.

[5]PUNTER J. UK Urban Renaissance and Its Urban Design Revival[R]. Wales, UK: School of City and Regional Planning, Cardiff University, 2004.

[6]PUNTER J. Best Practice Design Review[R]. Wales, UK: City and Regional Planning, Cardiff University, 2004.

# 人民城市理念下的城市精细化管理之思考

## Thoughts on the Urban Delicacy Governance Under the People's City Concept

高世昀，上海市徐汇区副区长。

[文章编号] 2021-88-A-011

一、"人民城市人民建、人民城市为人民"，在人民城市理念下，上海积极开展城市精细化管理，徐汇在这方面也做了很多工作。请您谈谈徐汇区的城市精细化管理总体目标，以及已经取得了哪些成效？

为响应习近平总书记在2018年提出的"一流城市要有一流治理，要注重在科学化、精细化、智能化上下功夫"，以及2019年提出的"人民城市人民建、人民城市为人民"的重要理念，上海市积极探索城市精细化管理。市委、市政府统一部署，发布了城市管理精细化工作的三年行动计划；徐汇区也制定了相应的行动计划，明确到"十四五"期末，城区更加安全有序干净，高效便捷智慧，宜居宜业宜游，具有品质、温度和活力，成为全市管理水平最高和最精细化的城区，达到与国际大都市一流中心城区相适应且具有徐汇特色的精细化管理水平，实现"打造卓越徐汇、塑造典范之城"的目标。

过去三年，徐汇以推进"美丽街区、美丽小区、美丽城区"为抓手，在架空线入地、绿化景观提升、垃圾分类、小区综合治理、水环境整治、工地安全等城市建设、运行、管理的各领域，都取得了一定成效。架空线入地点亮了"新地标"，垃圾分类成为了"新时尚"，绿化市容塑造了"新风貌"，小区综合治理演绎了"新范式"。例如以武康路、汾阳路等为代表的风貌区架空线入地工程，被誉为"在跳动的心脏上动手术"，让武康大楼、武康路成为市民向往的"新地标"，广受人民群众

1.武康大楼

的好评。龙华地区历史环境复兴和整体景观提升工程，在保护和展示文物古迹、传承龙华历史文化风貌的同时，为市民提供了一处高品质的公共活动空间。徐家汇天桥连廊一期建成开放，既完善了核心商圈的步行系统，也是一处具有吸引力的景观地标，有力地促进了区域商旅文一体化。

## 二、徐汇精细化管理成果社会有目共睹，可否请您介绍一些好的经验？

精细化管理工作要不断实践、不断提炼；我们总结了一些经验，希望逐步形成精细化管理的徐汇方案、徐汇标准。

一是坚持落实全要素、一体化的管理模式。比如在高安路"一路一弄"精细治理中，我们总结了风貌区坚持立面、平面、色彩、灯光、绿化等7大类38项的"全要素"治理经验，一体谋划、扎实推进、确保效果。

二是加快形成精细管理标准。2018—2020年徐汇分别发布了16个区级标准，包含了风貌区景观照明管理、工地围墙建设、老旧住宅小区物业管理、地下空间安全管理、工地扬尘污染监管等内容。

三是用好技术力量。徐汇在风貌区保护工作中探索了社区规划师制度，2019年我们将这项制度推广到了全区13个街道和镇。社区规划师负责参与技术协调和质量把关，大大提升了精细化建设管理水平。

四是以智慧化助力精细化。我们依托"一网统管"大平台，运用智慧手段提高管理效能。比如通过智能道路巡查，搭建路面健康大数据平台，辅助制定市政道路大修计划。

## 三、徐汇在城市精细化管理工作中面临什么困难吗？

在实践中我们确实遇到了一些影响和制约精细化管理实施效果的问题，主要如下：

一是整体效应发挥不足。徐汇老旧小区数量巨大，普遍存在休憩空间不足、街道景观环境不够精致的问题，这些环境短板经年累月而形成，影响居民感受度和满意度；虽然做了一些工作，出彩的项目不少，但是由于项目分散、零敲碎打，没有发挥出整体和联动效应，项目的叠加与辐射效应不明显。究其原因，主要因为对千头万绪的工作内容缺乏系统谋划。比如提升一条道路，只整治了店招店

牌，没有同步整治路面、街道家具，导致老百姓的获得感不强。

二是日常管理机制不完善。精细化管理还缺少常态化机制，没有贯穿于规划、建设、管理的全过程，尤其是维护、运营等环节缺乏高水平、常态化的管理机制，存在设施保洁保养不到位、空间利用不充分等现象，项目整体效果打了折扣。城市建设管理有着强大的惯性，存在重"建"不重"管"的现象；我们推进项目的经验丰富，一次性建设或改造所需的资金投入、人才队伍都有保障，但对后期的管理考虑不够、投入不够，很多时候责任主体不明确，建设成果的作用发挥有限，城市管理的长期性目标与项目推进的一次性目标之间有所脱节。

三是社会参与普遍不足。无论公共服务设施改善还是环境整治项目，除了有限的公众参与外，基本由政府主导实施。一方面，城市建设管理的项目化运作，常以目标和效率为导向，倾向于减少协商环节。另一方面，就当前社区共治基础来看，共同商讨的环境和程序还不健全，也缺少有号召力、有凝聚力的"社区领袖"。总体而言，促进社区公众参与的工作基础较为不足，共建、共治、共享的文化远未形成。

## 四、面对上述这些问题，您认为需要采取什么对策呢？

城市精细化管理是一项长期工作，只有站在整体高度上来通盘考虑，牢固树立"三分建七分管"的理念，并坚持问题导向和着力破解各方面瓶颈制约，才能进一步提升城市精细化管理水平。我认为在工作谋划、工作机制上都要有新的努力和举措。

一是加强城市设计，做好系统谋划。城市设计是统筹城市建设管理工作的重要工具，包括统筹谋划项目清单、建立系统化的管控体系，以及全要素一体化设计等。

二是转变工作方式，促进建管协同。超大城市精细化治理是一项系统工程，强调统筹协同和长效治理。要着力解决突出问题与建立长效管理机制的有机结合，既要重建，也要重管，并要加强部门协作，推动协同治理；同时也要梳理行之有效的经验和做法，使之转化为长效管理机制。

三是坚持民生普惠，探索共同治理。人民城市建设，一定要把握人民城市的主体力量，构筑社会治理新格局。要坚持民生普惠，聚焦群众最迫切的需求，关心群众最基础性的需求，努力满足群众最期盼的需

求。同时要继续坚持专业化和社会化结合，探索上海超大城市社区治理的新路径。

## 五、刚才您谈到了城市设计是统筹城市建设管理的重要工具。是否请您谈谈在城市精细化管理的背景下，徐汇如何组织开展城市设计？

应该说，城市设计在城市精细化管理工作中里有着举足轻重的作用，我们在过去工作中也积累了一些经验。

首先，要统筹谋划如何连点成线、串线成片、聚片成面。根据不同片区总体定位、风貌特色等，通过城市设计工作梳理需重点提升的特色节点和地标、重要街道沿线建筑界面、重要节点区域，并结合居民诉求及政策要求，统筹"点一线一面"相结合的精细化建设管理对象，确定项目清单及行动计划。

其次，要建立系统化的要素管控体系。通过制定负面清单控制与正面引导的手段进行弹性管控，为特色和个性营造留有空间，在追求风貌统一性的同时保证景观多样性。为此，我们针对不同系统，比如城市色彩、城市家具；针对不同地区，比如衡复风貌区，提出有针对性的城市设计管控指引方案。这样既能直接指导项目设计，也可用作评判空间品质的标尺和依据。

最后针对具体项目，如前面提到的高安路"一路一弄"，城市设计发挥了直接作用；首先是对立面、平面、色彩、灯光、绿化等各方面的全要素设计，然后推进一体化施工，以实现市容面貌形象、街道空间品质、交通组织效率等方面的全要素一体化提升。

## 六、今年是"十四五"的开局之年，最后请您谈谈徐汇"十四五"期间的城市精细化管理工作计划？

"人民性"是城市建设和治理的根本属性，为社会提供公共产品是城市建设管理者的基本职责，我们将继续把握好人民城市的人本价值，加快打造高质量发展与高品质生活相融合的典范城区。

"十四五"期间，徐汇城区精细化管理首要任务是更好满足人民群众对美好生活的向往。一要聚焦群众最迫切的需求，着力破解老小旧远，推进零星旧改、小梁薄板改造，优先抬高民生保障底部。二要关心群众最基础性需求，大力推动多层住宅加装电梯

缓解小区停车难等问题。三要努力实现满足群众最期盼的需求，推动公共服务设施和公共空间等民生工程、民心工程建设，让城区更加温暖、更有活力。我们将从人民群众最关心最直接最现实的利益问题出发，统筹旧住房更新改造、美丽街区建设、"15分钟"社区生活圈营造等工作，推动建设安全健康、设施完善、管理有序的社区环境。

第二，系统发力，提升城市建设品质。城市精细化管理，既要求做得细致，还要想得系统。"十四五"期间，我们将围绕徐汇的资源禀赋和发展优势，继续做好风貌区品质提升和人文生态城区建

设。在风貌区内，持续按照全要素城市设计标准，保护文化遗产、彰显历史风貌、促进活力利用。二是加快推进初期雨水调蓄工程、雨污混接改造、内河贯通等，从补齐短板、源头管控、水岸联动、品质提升四方面持续发力，系统做好"水文章"；结合徐汇滨江南拓，高标准建设环城公园带，让绿色走进城区、让城区融进绿色。三是继续推进徐家汇天桥连廊建设，依托水岸秀带、环城公园等绿地建设绿道，并逐步改善人行体验不佳的路段，系统性布局全覆盖、高密度、特色明显的慢行网络。

最后，打造名片，凸显徐汇城市建设特色。面对

百年未有之大变局，我们要把握人民城市的战略使命，站在代表上海乃至国家参与国际合作竞争的全局高度，塑造时代风貌特色、培育城市"精气神"。在徐汇滨江、徐家汇等条件成熟的区域，用好一流规划设计团队和专家力量，勇于创新、敢于突破，拿出能体现世界级中央活动区崭新形象的优秀方案，并以坚定意志攻坚克难、推进实施，努力打造能代表卓越徐汇、典范城区的新名片。

# 大都市建设也需要回归日常生活
## ——国际大都市设计与管理新导向

Metropolis Construction Also Needs to Return to the Daily Life
—The New Orientation of National Metropolis Design and Governance

童明，东南大学建筑学院，上海梓耘建筑工作室，主持建筑师。

[文章编号]　2021-88-A-014

大都市给人留下的印象首先是大与高，但往往容易遭到忽略的是它的广与深。大与高在视觉层面上可以令人即刻看到，深与广则需要通过更为细致的生活体验。国际性的大都市，如纽约、伦敦、香港、东京、巴黎，等等，无不是以巨型的尺度与规模而著称，但给人留下深刻感受的却是它们的多样性、复合性与流动性。丰富多元而富有文化的城市生活是大都市吸引力的最终根源，也是构造大都市的基础性因素。

在许多场合中，大都市的建设被等同于巨构建筑、基础设施或者优美景观，所营造出的光鲜外表，却往往遮掩了一些本质性因素，也就是大都市从根本上是经由众多非物质性的社会经济因素高密度交织形成的，而城市中的多样性则来自城市中的众多人口，它们带来了各种各样的偏好和需求，并且决定了内容相异的兴趣与品位，从而引导了多姿多彩的城市生活。

与之相应，这样一种尺度庞大、内涵丰富的生活环境，也为社会经济的丰富发展提供了基本条件。简·雅各布斯认为："我们很难相信这么一个事实，即大城市是天然的多样化的发动机，是各种各样新思想和新企业的孵化器。但是事实就是如此。进一步说，大城市是成千上万个各个行业的小企业的天然经济家园。"大都市的重要特征就在于所有事务都是共生共荣的，从跨国企业到小微公司、从大型商场到街边小店、从标准住宅到个性居所，它们和谐共处，互为依存。

城市中一些最为活跃、最具生机的地方，经常存在于一些尺度小微的环境里，而不是那些大型的设施场所中，因为正是在微观的领域中，各类城市因素才能够充分交融。与之相应，越是国际性的大型城市，它们为小微单元提供的条件越为友善，这体现在商业零售、文化设施、娱乐活动等各个方面，从而也造就了城市生活的丰富多样性。缺少了大都市这样的环境，许多小型而有特殊性的商家就难以生存，因为众多的城市人口为它们提供了广阔的市场环境，并激发了它们的创新热情，这也反过来相应满足了人们各类不同需求的选择。

因此，关于国际大都市的设计与管理，并不完全在于城市面貌的外表，而是在于内在的活力激发与持续发展。它需要考虑建筑外观形式与环境形象的特征，更需要积极面对经济结构、土地治理、生态修复、社会转型、人口老龄化等诸多深层问题。

要做到这一点，首先就意味着需要珍惜并重视那些已经拥有很好的混合功能并且能够生发城市多样性的街道与地区，而不是采用某个单一性的愿景、构想、空间或环境将其破坏，甚至加以取代。然而较为普遍性的现象在于，无论东西方的城市，当它们在从事规划与设计时，往往会不自觉地受制于庞大的市场资本以及强大的政治意愿，采用所谓"头脑简单、破坏力巨大的正统城市规划理论"，对于这些外表看似衰旧的地区进行大刀阔斧的变革。但是足够多的既往案例表明，这种变革经常带来适得其反的效果。

同时，大都市建设的重点需要放置于公共领域，自古而今，公共环境就是城市建设的灵魂领域，因为丰富而宜人的城市生活就存在于公共环境中。

公共环境是城市生活的主要场所，是一座城市的共享客厅。公共环境之所以重要，是因为它们不断地探讨并融合人类社会的边界和标志。对于居住并生活于城市中的市民而言，公共环境不仅是其从事城市生活的实体领域，而且也是难以割舍的精神依托，同时它也体现着城市的主要形象，是通往城市灵魂的重要窗口。从这一角度而言，公共环境的营造是构筑城市社会生活及其愿景的重要方式。

于是，那些拥有很好的混合用途、并且能够成功地生发城市多样性的街道和环境需要我们倍加珍惜。街角广场、城市花园、文化设施以及各种类型的公共场所，它们的品质可以体现出一座城市对多种人群的接纳，对于新生事物的理解，以及对于不同差异性的宽容，进而也能呈现出一种活跃化的社会生活，以及由此而来的各种商业机遇。

然而，当前在城市建设中所普遍存在的一些问题就是：城市设计与管理得越多，由此而来的生活便利性却在逐步降低，以至于需要通过"生活圈"的方式来进行谋划；公共环境建设得越来越精致，在现实领域中的生活气息却是越来越衰弱，以至于需要通过"烟火气"来进行强调；文化场馆建设的规模越来越大，投资也越来越巨，但是与日常世界的距离却越来越远，由此激发的公共生活越来越少，市民活动的参与性并不是很高。

对于国际性的大都市而言，所谓高品质的城市环境建设，不仅表现为其物质环境营造的精致程度，更重要的是表现为其中城市生活的丰富程度，其难点就在于如何协调这两者之间可能存在的矛盾关系，若非如此，一个融洽而鲜活的城市环境就会失却其界线与层次。

高品质公共环境的建设要点就在于如何实现既精致又鲜活，既有序又动态，它不仅适用于城市的一种庆典模式，更重要的是能够兼容并激发日常生活；它不仅需要考虑向外来的宾客、参观者进行展示，同时需要更加能够兼容普通的市民、孩童、老人、残疾人士……一个城市环境中那种无形的隔阂界线消失了，它的公共性也就自然得以成立。

换言之，高品质的城市公共环境显然不是通过一种单纯的"设计"或"管理"所能创造的。自古以来，公共空间是城市中素不相识的人们进行自由交往的地方，因此城市中充满了活力。公共环境是需要有内容的，也是多元而丰富的，它可以容纳并综合不同的功能，生发足够多的多样性，从而繁衍出充裕的城市文明。公共环境的品质只能由其中的公共性来衡

1.浦东新区昌里园微更新

量，并与城市生活的贡献进行比较，而不能成为某种城市管理效率的体现。因此，公共空间的含义意味着它兼具包容与开放，它的品质不仅在于具象性的外表，而且体现于其中包容的城市生活以及公共性特征，这相应的也是由市民的各类行为活动所塑造。

国际大都市的建设不是一个工程，而是一个过程，它必定不是一次性形成的，而是存在于动态变化的过程中。关于城市环境"品质"的议题只能在社会和历史的语境加以探讨，它必然是在一种协同机制的情况下形成的。针对城市环境中陈旧、凋敝的现象进行整饰是其一个方面，另一方面则是对于城市生活、文化氛围以及地域特征的培育，以及对于单调、贫乏以及由此而来的吸引力、公共性衰退的应对。各种类型的共处、参与、沟通与交流都是合理存在的，这需要来自各种政府部门的协同参与之外，也需要来自社会各领域的共同参与，只有这样，才能达成社会形态和物理空间、公民文化与建筑之间的关联性，孕育出丰富而多样的市民生活与城市文化。

大都市的形成与发展是一种整体性现象，围绕它所进行的设计与管理，本质上是进行系统性的关联。一个好的设计与管理，体现于它所促进形成的公共环境对于其中生命体的支持程度，同时也昭示了一个城市生态群落进行自身延续和发展的能力大小。如何保

护城市旺盛的生命活力，不仅与区域性的产业结构相关，也与地方性的功能链接相关；同时，这也体现于它所促进形成的一个公共环境在时间和空间上可以被其市民感觉、辨识和建构的程度，物质性的空间环境与人们的感知和精神能力、以及城市文化的建构之间的协调程度。体现于强调一个城市公共环境中的空间、街道、设施与其居住者的行为习惯、消费习惯、文化习惯相协同的程度，这也体现为城市环境对于市民们各种行动的支撑度，也代表着这一环境对未来人们可能发生的行为的适应能力。

而这些相互链接的内容，可以体现为城市中的市民可以接触到来自其他领域的人、事务、活动、资源、服务、信息等的可能性大小，并进而体现为人们可以接触到的城市元素的数量和多样化程度，连接性越强的城市，其中的人、物、信息和能源的流动效率与质量也就越高，这也成为大多数国际性大都市所共有的特征。

这就需要我们对于一些既往的城市规划思想进行反思。现代城市规划经常强调的是通过一劳永逸的方式来推动城市根本性的变革过程，但也相应导致原有的社会经济关系的断裂。20世纪70年代美国圣路易斯市的普鲁特·伊戈（Pruitt-Igoe）项目的失败，以及其他许多大型城市工程被冷落，提示着人们城市的

演进应当采用一种多元化、历时性的更替过程。

城市设计与管理的重点需要转向日常生活，就在于城市富有活力的环境绝大多数发生在微观领域。正是在日常生活的历史性框架之中，一个由钢筋水泥所构筑的实体环境才会有血有肉，其中的社会价值才能被很好地理解，公共空间的本质才可以得到观察。

因此，我们不能跨越时间和文化，用预设的分析模型来探讨空间形式和城市意义的产生。城市的设计与管理需要把城市环境作为一种微妙的生态系统来进行对待，需要避免由于大刀阔斧对于整体平衡所带来的影响。越是国际性的大都市，其建设越需要通过一种持续性的自我新陈代谢能力，通过众多微观渐进的具体措施，使得社会的自我运转能力得以复苏而变强。在这一语境下，体现于社区尺度的小型化、渐次性的城市修补工作，可以更为有效地成为城市发展可以利用的有效工具。

因此，大都市的设计与管理涉及复杂系统的问题，大都市的设计与管理是一种综合性的社会行动，其中既有来自政府的力量，也有社会资本的介入以及居民的集体参与。多方投入使城市发展变为一种城市生活的正常行为，一种不被明显感觉到但每天都在发生的持续性公众行为。

# 上海"15分钟社区生活圈"规划建设的缘起、意义与实践创新

## The Origin, Significance and Innovation in Practice of "15-Minute Community Life Circle" Planning and Construction in Shanghai

伍攀峰，上海市规划和自然资源局城市更新处处长。

**[文章编号]** 2021-88-A-016

2014年上海第六次规划土地工作会议明确提出了建设用地减量化的总体要求；在经历了大建设的时代，面对建设用地已近"天花板"和资源环境紧约束的形势，上海的规划建设进入了存量时代。在"上海2035"城市总体规划编制过程中，通过充分对标纽约、伦敦、东京等其他全球城市后，发现目前上海的城市建设品质最突出的短板是在社区层面；尤其是部分建设年代较早的老旧社区，社区功能相对单一，社区内的工作岗位微乎其微，且居民缺少交流场所，社区活力显得不足。同时，越来越多的新型服务需求也对社区公服设施的传统配置方式提出了挑战；以前对公共空间较为强调有没有、规模够不够，对于空间的友好性、能不能用、好不好用等关注不多；设施和空间布局缺少网络化、系统化考虑，部分设施和空间的可达性也存在不足。

为保障民生需求、提升社区整体品质，"上海2035"城市总体规划确立了"卓越的全球城市——创新之城、人文之城、生态之城"的规划愿景，将"以人民为中心"的本质要求贯穿其中，"15分钟社区生活圈"的概念由此而提出。15分钟社区生活圈看似是一个新名词，但是它在内容和要求上是有现实基础的。15分钟是大多数人一般可接受的步行时空范围。根据对日常服务需求的出行调查，老年人适宜的步行时间约5分钟，青年人约10分钟。15分钟的步行距离约1~2km，覆盖范围3~5km²，与一般社区规模基本一致，同时与以往的规划居住区和单元规划的划定范围也是大致对等的；因而15分钟社区生活圈可被看成是城市治理和社区公共资源配置的基本单元。

可以从理念和内涵两个层面阐述15分钟社区生活圈规划建设的深刻意义。在理念层面，要突出以人民为中心：社区生活圈的建设，与人民群众的日常生活直接相关，应强调人的需求和人的体验，在人步行适宜的范围内精准配置各类设施，体现用绣花功夫、落实精细化管理的要求。而在内涵层面，注重满足各类社区和各类居民的多层次多样化需求，狭义上包括多样化的住宅，同时注入商业、文化、休闲等功能，强调类型丰富、便捷可达的社区服务，即按照居民的具体要求以及各社区差异化的需求，精准地配置各类设施；例如老年人比例较高的社区，要着重关注为老设施的布局，配置综合为老服务中心、日建照料中心、配餐点、老年活动室等，全面覆盖老人在保健、生活以及精神多方位需求。此外，还要强调营造绿色开放、活力宜人的公共空间；同时也要适度配置开放、创新、便捷的就业空间，并注重绿色、健康、高效的出行方式。

上海在15分钟社区生活圈的规划建设方面已经有了较多实践，我们既要进一步推进15分钟社区生活圈的规划建设，以实现既定的愿景和目标，同时也要及时总结经验，以便推广和指导未来的实践。过去几年，上海这项工作的实践创新主要体现在治理机制、居民参与、项目生成、实施路径、资金保障和社区规划师制度等方面。

探索多元主体协作的治理机制。建立起多部门间"左右贯通"的联动机制，以形成部门合力。如长宁区"两级议事联席会"制度。针对生活圈建设行动中存在的部门条块分离，各自为政的难点问题，长宁区引入了部门联动机制，建立了由区长领衔的两级议事联席会制度；具体由区规划资源局和区地区办牵头，街道作为主要工作推进主体，其他区级相关部门共同参与。通过上下结合，较好地实现了共商共治。

创造丰富多样的居民参与模式。建构起全生命周期的多样化公众参与模式。在共商社区需求阶段，探索采用双主体三级调研法，对社区居民及白领进行调研。在居民方面，按照"街道—居委—居民"三级；在白领方面，按照"街道—营商分管部门—企业代表与白领"三级，层层深入，由整体到局部，深入两类人群，广泛听取诉求。在共谋规划蓝图阶段，可以通过线上线下蓝图公示、邀请社会组织协助开展社区蓝图共绘活动、开发线上蓝图互动小程序等形式，征集社区多方对社区蓝图的意见与建议。在共建社区家园阶段，在不同类型的项目中，植入不同类型的公众参与阶段或参与模式，保障公众的有效参与，如规划调整类项目的图则公示与居民代表意见征询会等。在共评治理成效阶段，通过线上投票与线下设施与空间现场评价的双渠道对居民评价意见加以收集；并通过数字化手段转化为设施与空间居民满意度指数，以此作为设施与空间实施成效评价的重要维度。

强化多样化的项目生成方式。在总体层面，通过三个渠道整合社区项目。一是规划层面项目梳理，通过比对法定规划，梳理未实施的规划设施与空间，形成规划项目清单，具体项目类型包括规划实施、规划调整等；二是建设层面项目梳理，通过整合文教体卫、交通基础设施等各行业部门既有建设计划，形成建设项目清单，具体项目类型包括市政道路辟通、架空线入地、"精品小区"建设、公共绿地提升、街面环境整治等；三是自下而上需求与项目报送，通过街道对社区居民进行意见与建议收集，各个居委可结合辖区内的需求与闲置空间资源情况，自行拟定微更新项目，报送至街道，行动规划在整个街道层面对需求急迫度与资金筹措情况进行统筹，形成社区报送项目清单，具体项目类型包括小微空间提升、闲置设施改造等。三个渠道的项目清单进行叠加整合，形成总的项目实施库。

开辟多元的实施路径。响应社区诉求，合理制定操作路径，高效推进实施，主要包括利用存量地块规划调整、微更新、土地出让前地块评估等多元

1.新华路街景

手段补齐社区服务短板，全面提升社区品质。对于社区品质提升型设施，结合存量地块开展规划调整，提升地区功能的同时，补充社区品质提升型设施，如长宁区新华路街道上生新所项目，依托城市更新政策，通过规划调整增设7000m²社区级服务设施，布局社区体育、文化中心以及党建服务站等功能，打造社区乐活中心，同时，规划要求全面打开围墙，新增不少于12500m²公共空间，24小时对外开放，设置贯穿基地东西向与南北向的多条公共通道，完善区域慢行网络；对于需提升设施可达性的区域，规划对社区既有设施及路径进行统筹，除通过各种方式新增空间外，还结合社区实际情况选择打通局部围墙、开放人行通道等管理运维的手段解决相应需求；对于社区亟需的基础保障型设施，采用微更新或土地出让前评估予以增设，在审批程序上更为简化。

开展多类型的社区规划师工作实践。发挥规划统筹作用，扎根社区持续深耕，长期服务社区建设，推进社区共治共建。社区规划师可以直接带领规划设计团队制定15分钟社区生活圈行动规划，从规划启动至后续建设进行全过程陪伴，并在规划服务、设计咨询、多方协调、宣传推广等多个方面提

供技术支撑。包括社区规划师带领或介绍协调设计团队为街道进行部分微更新项目的设计与实施，帮助街道对各类设计方案进行技术把关，与各类主体衔接协调，贯彻共治共享的规划理念，推动社区各方协同共建，协助落实具体项目实施，同时可通过在地化举办学术论坛、公众参与等各类活动，宣传推广15分钟社区生活圈理念及行动，提高社会各方关注度，吸引社区各类主体参与15分钟社区生活圈共治共建共享。

总结以上实践经验，可以认为15分钟生活圈的构建在以下方面推进了管理机制和实施模式的创新：一是从"被动"变"主动"，通过向街道赋能，市、区各相关部门主动参与，通过社区规划师团队主动开展现状排摸，通过各种类型的公众参与形式和多样化的社区规划师工作方式，真正摸清并解决老百姓生活的痛点和需求，同时也激发居民参与社区共建的热情和积极性，培养社区居民的"主人翁"意识。二是从"散点"更新转变为"系统"谋划，圈的概念对应一定的区域，需强调复合性、多层次，以打造"15分钟社区生活圈"为理念，不能单打一，而是要关注"居住、出行、服务以及城市家具"等全要素的评估和提升谋划；要开展系

统梳理，按计划逐步解决所发现问题，以避免之前的浪费与不精准，切实提高社区整体品质和服务水平。三是从"单一方式、单个项目"转变为"多方式、多项目"协同推进，在之前的探索的微更新基础上，15分钟生活圈的规划建设更强调多策并举，实现保基本、强功能、提品质并行；在实施方式上将通过规划调整、城市更新、土地出让等多类型项目联动，提高社区更新全系统落地的可操作性，以保障社区作为生活、发展、治理三个基本单元的功能均得到显著提升。

# 从创新角度谈我国国际大都市的转型发展

## Discussion on Chinese International Metropolis Transformation from the Innovation Perspective

耿宏兵，中国城市规划学会副秘书长，教授级高级城市规划师，中国城市规划学会理事，中国城市科学研究会理事。

[文章编号]　　2021-88-A-018

**一、我们注意到近来中国城市规划学会协助组织了"南京紫东地区核心区城市设计""太湖科学城战略规划与概念性城市设计""无锡梁溪科技城概念规划与核心区城市设计"等多项国际咨询活动，特别突出了创新发展的理念。您能不能对我国国际大都市在国家创新发展中的角色和地位做一些阐释？**

创新始终是一个国家、一个民族发展的重要力量，也始终是推动人类社会进步的重要力量。当前我国面临国际形势的严峻挑战，原始创新不足和关键核心技术"卡脖子"问题突出。习近平总书记提出："中国要强盛，要复兴，就一定要大力发展科学技术，努力成为世界主要科学中心和创新高地。"因此，2030年跻身创新型国家前列、2050年建成世界科技强国，已经确定为我国科技强国的战略目标。

国际大都市一般是指具有国际综合影响力，且是重要城市群中的中心城市；因其多样性、国际性、科技人才荟萃的特点，使其在实现国家科技强国战略目标过程中，肩负着组织与实施创新战略的历史使命，是国家创新发展的重要引擎。

国际大都市之所以能成为主要的创新策源地，是由于城市深度参与国际化分工，具有吸引全球知识经济和知识产业的优势，如科学人才汇聚、有高水平的大学和研究机构，产业协同互动效应强，同时还具有良好的城市基础设施和配套政策等条件，因而能够满足创新发展特定的需求。

北上广深等国际化程度较高的大都市，可率先发展成为国际一流的创新中心，以支撑全国的高质量发展。比如：上海2035年总体规划在城市性质上，除了保持上版总规的国际经济、金融、贸易、航运中心的表述，还增加了国际科技创新中心、国际文化大都市这两项新内涵。北京2035总规则明确提出了要疏解非首都功能，提出要建设全国政治、文化中心，国际交往中心，还增加了科技创新中心，远景要发展成为具有重要国际影响力的全球中心城市。深圳"十四五"规划提出到2030年，要建成引领可持续发展的全球创新城市，创新能级要跃居世界前列。

**二、我国将创新发展作为新动力，已取得共识。请问国际大都市在发挥创新驱动的引擎作用方面有哪些举措？**

随着全球竞争进入一个新时代，国家之间的竞争优势来源也从最初的资源、劳动力等要素驱动，进而到大规模投资驱动，再向创新驱动演进。其中，城市创新区作为"知识经济"或"创新产业"在空间上的集群，整合和聚集了各类创新资源；可演化为一种新的城市功能区，并逐渐成为城市新的增长核心。

国际大都市一般都经历了建立贸易中心、金融中心、文化中心的若干发展阶段，现在则是更主动地选择发展成为具有国际影响力的科技创新中心。例如一些国际大都市相继成立以"科学城"命名的创新集中区，作为承载科学中心的核心功能，成为拓展人类知识、吸引全球科学家和科创者的城市战略空间。

2016年至2020年间，国务院陆续批复了上海张江、北京怀柔、深圳光明、合肥滨湖等建设综合性国家科学中心（科学城）。如北京继规划建设中关村科学城、未来科学城，又规划建设了怀柔科学城；形成以三城一区为重点，辐射带动多园优化发展的科技创新中心空间格局，以构筑起高端经济增长极和发展新高地。

为充分发挥国际大都市在引领科技创新、人才创新、产业创新、城市创新方面的引擎作用，一批区域中心城市规划兴建的科学城也正在崛起，如成都科学城、武汉未来科学城、松山湖科学城等。地方政府也对此非常重视，要举全市之力，聚八方之智来推动。这些科学城更多偏重技术领域创新，目的是进一步强化创新与优势产业发展的结合，将科学城建设作为驱动地区城市发展和引领城市转型的新增长点。

**三、据了解，目前我国很多城市都在积极谋划以"科学城"命名的创新地区。请问科学城与过去的科技城、科教城、高新区的主要区别是什么？**

在"十四五"规划中，有十多个城市提出要建设综合性国家科学中心；积极谋划"科学城"，将其作为城市品牌，以吸引知识、技术研发以及创新创业等各类资源和信息的集聚。但这些冠以"科学城"的地区其实在区域创新网络中的角色、地位和分工实质上存在较大的差别。

根据我国的实际情况，科学城大致可以分为两大体系：一类是国家战略布局的综合性国家科学中心，即将科学城作为核心空间载体，布局多个国家乃至世界级的大科学装置，体现国家科研能力，重点在科学发现。这类科学城通过对接国家中长期科技发展战略，论证周期长、配套基础设施投入大、建设周期长。顶尖的科学城一般建有世界领先的科学装置。如国家在北京怀柔科学城布局建设了包括高能同步辐射光源项目等29个大科学装置在内的科学设施平台。重大科学装置可以为科研突破创造可能条件，并利于吸引世界一流科学家，从而增加地区乃至国家的世界影响力。

1.太湖科学城建成环境鸟瞰图

另一类是除上述情况之外的科学城，一般以发展较好的科教城、科技园、高新区等为基础，引入创新性高校、建设重点实验室、聚集企业研发总部，预留大科学装置，重点在于科技突破；企业和企业家是创新的主力，通过研、产、城、教一体化发展，形成发展新动力。这应该成为我国大多数城市立足现有资源、融入区域创新而着力探索的类型。

少数国际大都市具备建立第一类科学城的条件。比如：世界知识产权组织识别全球前100个创新集群（2017），我国城市排位深港第2、北京第7、上海第19，苏州第100位。这几个城市都具备了在国际创新领域开展竞争的一定基础。而大多数大城市的"科学城"宜作为科教城、科技城、高新区的升级版，当前应该结合自身产业优势，依托自下而上的企业创新，瞄准科技方面的突破，延伸创新产业链，同时有条件的地区可预留科学装置区，为今后科学城的升级做好预先谋划。

## 四、从空间发展的角度看，科学城的规划建设有哪些规律？

按我的理解，科学城是科学+科学家+城。要突出"科学"与"城"、"科学"与"人"的紧密联系。要吸引顶级科学家和创新人才，除了布局先进的科学设施，还要有丰富的城市功能，即围绕科学家和创新人才的生活、工作、休闲、娱乐，营造一个让他们无后顾之忧的城市"家园"，并实现人、自然、科技的和谐交融；也就是常说的创造一个与工作的人一起生活、与生活的人一起工作的环境。

位于国际大都市中的科学城往往也是城市群（带）科创走廊中重要枢纽节点，新建科学城的区位选址有其规律。为了满足科学研究需要相对静谧的环境要求，选址一般距离喧闹的城区中心20~50km；因为国际交往密切，抵达国际机场也要方便。例如太湖科学城选址距离无锡硕放机场仅30km，距离苏州市中心也差不多30km，都可兼顾。

哪里环境好，人才就到哪里。为了给科学家创造宜人环境，新建科学城选址常考虑具备良好的自然环境。如北京选址怀柔雁栖湖畔，苏州选址太湖之滨，东莞选址松山湖周边，这些地区都具有青山绿水本底良好环境。创新+生态的规划新理念不仅丰富了生态环境保护的内涵，通过规划，还可探索一条创新+生态高质量发展道路，使生态、科技和人文在科学城交相辉映。

国际大都市都具有丰富的地域特色文化。建设科学城，一方面要营造国际化氛围，一方面特别要尊重山水格局，创造有中国特色的城市风貌，彰显文化自信，使创新城市、生态城市、魅力城市合为一体。

鉴于"科学研究灵感瞬间性、方式随意性、路径不确定性"等特点，科学家需要更多的交流空间、独处空间、户外运动空间。规划应尽可能增加非正式交流的场所，包括文化艺术中心、咖啡厅、会展中心、影剧院等，并通过国际化、时尚化文化活动的组织，为不同思想和文化的互动、相互启发提供机会。

我国历史上曾经建成具有影响力的"国际大都市"，如隋唐长安城、元大都城等；当前，我们要以更加开放的姿态融入世界城市网络。城市创新区的布局基于对人才与知识的流动和竞争，是对国际大都市发展新动力与新模式的探索；其成功与否，将决定国际大都市的未来在创新驱动、连接世界、辐射区域等方面的角色。

# 大都市更新中的环境效能提升策略与路径
## Strategies and Paths to Enhance Environmental Performance in Metropolitan Renewal

李麟学 张 琪
Li Linxue  Zhang Qi

[摘　要] 气候变化背景下，我国提出"碳达峰""碳中和"的愿景和目标。国际化大都市作为未来城市发展的重要方向，在引领和示范国内区域发展、参与国际竞争等方面具有重要意义。文章聚焦能量维度，将系统效能的概念引入城市层面，探索一种可持续的聚焦环境效能提升的城市更新模式。同时，由于建筑是城市中的能源消耗大户，本文以建筑介入城市，思考能量、气候、人体与建筑本体之间的相互作用，旨在优化能量使用方式，提升环境效能。

[关键词] 大都市更新；环境效能；建筑介入

[Abstract] In the context of climate change, China has put forward the visionary goals of "carbon peaking" and "carbon neutral". As an important direction for future urban development, the international metropolis is of great significance in leading and demonstrating domestic regional development and participating in international competition. Focusing on the energy dimension, the article introduces the concept of system efficiency to the city level and explores the sustainable urban renewal model focusing on environmental efficiency improvement. At the same time, buildings are the major energy consumers in the city, hence the opportunity to intervene in the city with architecture, consider the interaction between energy, climate, human body and the building itself, optimize the way of energy use, and enhance environmental effectiveness.

[Keywords] metropolitan renewal; environmental performance; architectural intervention

[文章编号] 2021-88-A-020

当前，人类面对的最大挑战之一就是气候变化。2020年在第七十五届联合国大会上，中国国家主席习近平提出了应对气候变化新的国家自主贡献目标和长期愿景，即"二氧化碳排放力争于2030年前达到峰值，努力争取2060年前实现碳中和"。"碳达峰""碳中和"成为我国"十四五"可持续绿色发展的主攻目标，对我国未来发展定位和技术路线将产生重大影响。

随着全球城市治理的变化，国际化大都市将是未来城市发展的一个重要方向，其建设与发展，在引领和示范国内区域发展、参与国际竞争与合作等方面具有非常重要的意义。城市环境效能提升聚焦生态城市设计中的能量维度，将环境和能量议题引入城市层面，运用空间调节、性能驱动的设计策略对城市尺度的自然能量和人工能量系统进行有效的干预。随着全球能源问题和环境问题的日益加剧，一种可持续的聚焦环境效能提升的城市营造模式显得尤为重要。

## 一、都市环境效能

城市建筑领域是碳排放大户，《中国建筑能耗研究报告（2020）》显示，2018年全国建筑全过程碳排放总量为49.3亿吨，占全国碳排放比重的51.3%。单德启教授在《原生态的绿色智慧》一文中提到对环境的追问："我们的大中城市还要一味摊大饼吗，祖先们的绿色智慧是否一去不复返了？……我们的设备、设施还要无节制地消耗能源吗，不安装空调风机，没有到处采暖供热就不能营造良好宜人的人居环境吗？"城市生态学理论的建立使我们意识到城市设计所蕴含的节能潜力。设计是一种干预和再造，通过城市设计来提升环境效能，不仅体现在对空间物理作用的优化方面，也包括对新的低碳生活模式的建构。基于城市设计同能量作用机制的分析，优化城市的尺度容量、空间结构、土地利用、交通模式、步行体系等要素，可以建立更高效的作用机制。

将系统效能的概念引入城市层面，在满足人的适度使用需求和室内外物理环境舒适性的基础上开展设计，通过城市形态和环境设计要素操作，例如土地利用、城市结构、肌理类型、空间尺度、建筑单元、环境界面等内容，优化能量使用方式，提高城市设计对象整体的能源使用效率，减少城市能耗。以被动式节能为主，主动式节能为辅，不采用或很少采用机械动力设备的手段，实现街区交通能耗、基础设施运营能耗、建筑运营能耗和建材含能等能耗的降低。

都市环境效能提升考虑外部环境对城市的影响，立足于热力学第三定律，认为任何系统都是开放的而非平衡的，是一个耗散结构，需要从外界获取物质和能量来维持系统的运转。这一耗散以最大化的能量交换和熵的维持为特征。它改变了以往基于封闭系统能量守恒（热力学第一定律）和系统内部熵不断增加（热力学第二定律）的认知，这意味着城市设计需要打破以往封闭的系统，打破以"系统最大化的外部隔离和最小化的内部使用"为手段的认识。

## 二、国际大都市低碳计划的启示

### 1. 芝加哥市中心零碳计划

在城市更新进程中，芝加哥为应对气候变化，开展了积极广泛的环保行动。资料显示，2000年芝加哥的碳排放中，建筑占比为城市总排放量的70%，更有甚者，公共建筑密集分布的城中心占地不到1%，但其建筑群碳排放却占到城市碳排放的9%。2008年，芝加哥提出芝加哥气候行动计划（Chicago Climate Action Plan，CCAP），应对气候变化对城市环境产生的实质影响。Adrian Smith等在《迈向零碳：芝加哥城中心的低碳计划》（Toward Zero Carbon: The Chicago Central Area Decarbonization Plan）一书中，对于该计划要处理和执行的问题，以芝加哥环线地区为例进

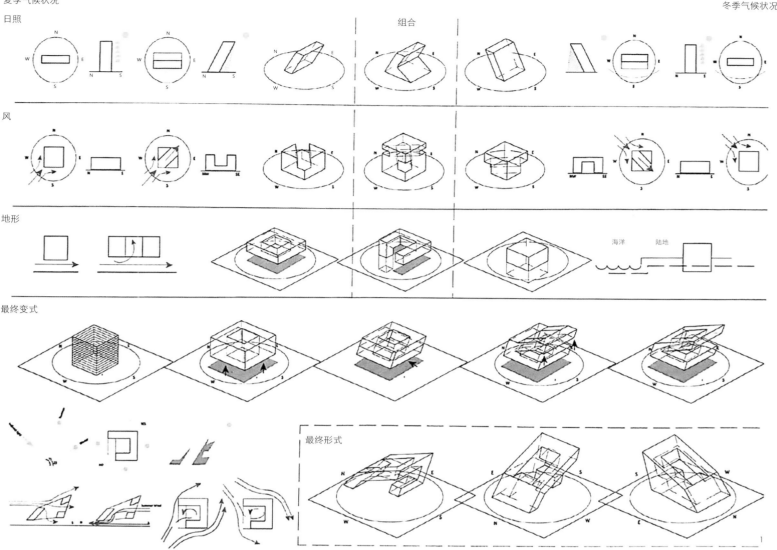

1.Abalos+Sentkiewicz事务所的热力学建筑生成方法

行了调查和研究，从8个方面，包括建筑物、城市矩阵、美观的公共建设、流动性、水资源问题、浪费问题、社区担保计划和能源问题，用图表和模型进行了阐释，为进行有效和高效的减碳提供了革命性的且有深刻见解的策略；并预测了2030年的挑战，即到2030年，为了全新的建筑，碳的排放量要减少80%。

## 2. 都市低碳发展策略对比研究

人类活动对全球气候变化的影响已得到广泛认可，气候变化带来的严峻挑战促使国际社会行动起来，共同减少以二氧化碳为主的温室气体排放。低碳发展已成为国际大都市的主流共识，纽约、伦敦、东京、新加坡等城市均提出了有力的二氧化碳总量削减目标，并将绿色低碳发展作为城市核心发展战略及展示城市国际形象和提升竞争力的重要方面。

## 3. 上海城市规划目标定位

2001年5月，国务院在《上海市城市总体规划（1999—2020年）》批复中明确将上海的城市目标确定为现代化国际大都市，把上海市建设成为经济繁荣、社会文明、环境优美的国际大都市，国际经济、金融、贸易、航运中心之一。2017年，《上海市城市总体规划（2017—2035年）》经国务院批复指出，规划"坚持以人民为中心，坚持可持续发展，坚持人与自然和谐共生，坚持在发展中保障和改善民生，注重远近结合、城乡统筹，注重减量集约、多规合一"。

卓越的全球城市发展目标。"上海将建设成为卓越的全球城市"，建设成为"令人向往的创新之城、人文之城、生态之城"，把生态放在了非常重要的地位。国际权威的英国拉夫堡大学世界城市研究小组GaWC（Globalization and Word Cities）过去对世界城市等级体系的变迁研究发现，上海的城市排名从alpha-跃升至alpha+，充分反映了其在世界城市体系中国际地位的持续提升。从这个意义上，上海未来的战略定位，就需要在全球门户城市的基础上，向顶级全球城市目标看齐。生态城市建设既是上海自身发展的迫切需求，也顺应了全球和国家层面追求低碳生态的潮流与趋势。上海必须坚持生态优先理念，着力应对全球气候变化和超大城市多元化风险，优化能源结构，引导低碳健康的生活方式。

绿色导向的发展规划定位。上海要从增量扩张时代进入存量优化时代。一方面，在生态之城分目标中，对上海未来发展在生态、环境、资源3个方面的目标有整体性的布局谋划；另一方面，把绿色思想渗透到城市形态、创新之城、人文之城的建设之中，强调产业、交通、建筑等方面的源头绿色。把生态的绿色化与发展的绿色化整合起来了，符合可持续发展背景下新版全球城市的要求和内涵。此外，与国际先进对标，提出到2035年，一些重要的发展指标达到国际水平，能够与纽约、伦敦、东京等对标。

可持续的发展理念。将可持续发展理念融入城市建设中，环境方面强调低碳环保，提出二氧化碳排放到2025年达到峰值，2035年进一步减少5%，并通过4个路径体系化地实现低碳发展，即能源转型替代、产业节能减碳、交通节能减碳、建筑节能减碳。但上海现在的发展还不平衡，仍存在环境方面的短板。在日本发布的"全球城市实力指数"（Global Power City Index，GPCI）报告中，上海排名第12位（2016年），但各项指标差距较大、平衡性差。上海要建设成为卓越的全球城市，仍存在非常大的挑战。

## 三、建筑介入城市提升效能

建筑师有助于塑造城市未来空间发展的结构，如让·努维尔（Jean Nouvel）、包赞巴克（Christian de Portzamparc）参与大巴黎规划，库哈斯（Rem Koolhaas）主持了阿尔梅勒中心区重建，从建筑师视角重塑该地区的城市空间结构等。建筑师具有城市空间组织的艺术想象和设计能力，善于把握地形地貌、生物气候等条件赋予的城市视觉环境特征，因此建筑师群体的存在是创造中、微观尺度高品质公共空间和人居环境的基本保证。

能量在气候环境、建筑系统、人的身体之间流动与转化，这个热力学过程要求建筑成为气候与人体之间的桥梁，建筑的形式是对气候环境的转译与反馈。热力学视野下的建筑气候协同，是用特殊的形态、材料、空间组织去反馈环境的热力学状态的表现。在避免技术成为形态主角的同时，确定最优的能源消耗方案，再结合功能和主体审美进行有针对性的深化。Abalos + Sentkiewicz 事务所主持建筑师伊纳吉·阿巴罗斯（Inaki Abalos）教授作为热力学建筑前沿理论的领军人物，其主持事务所在多年来的实践中一直追求气候协同的建筑设计。他认为，用热力学的观点去讨论能量、建筑设计与形式时，推崇的是建筑的能量形式化，即获取最有利于能量转换和流动的建筑界面构造、功能组织、材料使用、几何空间造型及尺度关系。阿巴罗斯在其建筑事务所的设计项目中所建构的设计方法充分印证了这一过程：他们从太阳辐射要素、风要素和地形要素三个层次分别分析了建筑在冬季和夏季不同的能量需求和形式可能；再将这些可能性在各个层次上相结合成为形式原型；原型之间的耦合和深化导向最终形式生成。

阿巴罗斯教授分别于2011年和2012年在巴塞罗那理工大学建筑学院和哈佛大学设计研究生院组织开展了热力学内体主义/立体图景（Thermodynamic Somatisms / Vertical Scapes）的课程设计，参考天生能够保证低熵运转的生物体器官的运作方式，关注能量在高层建筑内部的流动与平衡：基于从热力学角度出发对热量传递原则的实验研究，能量平衡为导向的功能混合器（Program Mixer）的设计，最终完成设计不同气候语境下的热力学实体（Thermodynamic Entity）的任务。2013年与苏黎世联邦工学院结构设计系主任一起合作展开了"运动中的空气/热力学物质化"（Air in Motion/Thermodynamic Materialism）研讨班；2015年与同济大学建筑系合作开展了"热力学物质化——中国高铁站引导的高度建筑集群研究"，期望能结合热力学视角和中国的城市背景，探寻以"集聚"（conglomeration）为特征的建筑聚合模式。除了带领建筑学生开展热力学建筑研讨及设计课程，还有众多跨学科的专家从热力学角度入手，针对能量、气候、环境应变等做了深入研究：阿巴罗斯发展出他称之为"热力学之美"（Thermodynamic Beauty）的设计理念，应用在自己的建筑实践项目中，并提倡从热力学的视野去界定建筑学的空间、时间、形式和室内等核心知识。

建筑作为城市的重要构成要素，在城市建设中发挥了举足轻重的作用，从建筑本体与环境设计结合的角度出发，以建筑介入城市设计，探求城市环境效能的提升，可以建立更高效的作用机制。

## 四、结语

近年来随着人类社会与环境之间的矛盾日趋严峻，以及世界范围内应对气候变化的运动，我国开始大力提倡生态城市转型，提前开始能源革命，以摆脱发达国家先发展后治理的老路，在这样的宏观背景下，大都市更新的环境效能提升显得尤为重要。建筑作为城市中的能源消耗大户，从建筑师的视角，以建筑介入城市，思考能量、气候、人体与建筑本体之间的相互作用，通过城市形态、建筑组织和环境设计要素操作，优化能量使用方式以提升环境效能。

参考文献

[1] Adrian Smith, Gordon Gill. Toward Zero Carbon: the Chicago Central Area Decarbonization Plan[M]. The Images Publishing Group Pty Ltd, Australia. 2011.

[2] GLA. The London Plan-The Spatial Development Strategy for London[Z]. 2016.

[3] 上海市人民政府. 上海市城市总体规划（1999—2020年）[R].2001.

[4] 本刊编辑部. 专家视角：《上海市城市总体规划(2017—2035年)》解读[J].上海城市规划,2018(02):52-56.

[5] 石崧.从国际大都市到全球城市:上海2040的目标解析[J].上海城市规划,2017(04):52-56.

[6] 克里斯蒂娜·马佐尼,安德列娅·格里戈洛斯基,商谦,等.设计"能量城市"：欧洲和亚洲大都市的未来图景[J].城市设计,2017(04):42-53.

[7] 王建国. 中国城市设计发展和建筑师的专业地位[J]. 建筑学报, 2016, 574(7): 1-6

[8] 王建国,戴春.从建筑学的角度思考城市设计 王建国院士访谈[J].时代建筑,2021(01):6-8.

[9] 李麟学. 城市公共空间精细化治理模式探讨 [J].人民论坛,2021(13):71-73.

[10] 李麟学,吴杰.可持续城市住区的理论探讨 [J].建筑学报,2005(07):41-43.

[11] 李麟学. 知识·话语·范式 能量与热力学建筑的历史图景及当代前沿[J].时代建筑,2015(02):10-16.

[12] 李麟学, 叶心成, 王轶群.环境智能建筑[J].时代建筑,2018(01):56-61.

作者简介

李麟学，同济大学，建筑与城市规划学院，教授、博导，同济大学，艺术与传媒学院，院长；

张 琪，同济大学，建筑与城市规划学院，博士研究生。

# 以城市更新为契机，积极推进社区规划和治理

## Taking the Opportunity of Urban Renewal for Actively Promoting Community Planning and Governance

罗锦，华东建筑设计研究院有限公司，教授级高级工程师，上海市建筑学会理事，华建集团规划专业副总师。

[文章编号]　2021-88-A-023

**一、社区是城市的缩影，也是社会治理的最基层单元。上海在建设全球城市的过程中，随着城市建设转向"存量发展"，城市更新工作开始深入各类城市空间。如何以城市更新为契机，积极推进社区规划和社区治理？请您谈谈这方面看法和上海的实践。**

城市更新的内涵绝不仅仅是物质性建设，而是涉及方方面面，包括社会发展和治理，因而与社区规划的关系极为密切。社区规划是基于一定地域空间范围内居住人群共同体利益的目标、计划、措施和行动安排。赵民教授曾提出："着眼于未来，国土空间规划体系下的规划建设和精细化管理，要与社区发展规划和空间的精细化治理结合起来，并作为常态化工作。"在"存量发展"的新时代，有别于以往增量发展时期的自上而下和专注空间的传统住区规划，社区规划的特点是要面对住区的居民，要真正体现"以人民为中心"；因而在规划设计过程中需要引入社会学的调研方式，并结合公众参与和多元主体协作，从而辨析和保障社区居民的公共利益。这样的实践创新，必将有助于缓解、改善上海作为特大城市所面临的社会结构变化与空间重构而产生的矛盾与冲突。

为响应习近平总书记"提供精准化精细化社区服务，打造共建共治共享社区治理格局"的号召，落实上海2035年总体规划"塑造人文幸福之城，构建社区生活圈"的人本目标，上海市近几年愈发重视社区规划和治理。自2016年8月《上海市15分钟社区生活圈规划导则》正式发布以来，上海一直在积极探索中心城长效更新机制和社区规划模式，积累可推广复制的社区营造经验，提升城市精细化治理水平。在区域层面，2016年11月，为落实《上海2035总规》中提出的15分钟社区生活圈的要求，黄浦区选取淮海社区和半淞园社区作为典型社区样本，开展了以控制性编制单元为单位的区域系统研究，统筹和挖掘社区规划核心要点及工作路径；同时，2017年起各区开始编制的单元规划也重点强化存量规划背景下公共利益的保障。在街道层面，2019年8月，上海市在全市选取15个"15分钟社区生活圈"社区更新试点，如黄浦区的半淞园路街道、长宁区的新华街道等，并于2020年起在全市范围内各街镇全面推进"15分钟社区生活圈行动规划"编制工作。在街区层面，自2016年起，上海开始推进"行走上海——社区微更新"工作，以设计方案征集的方式选取一些社区空间改造设计，形成了一批如杨浦区铁路新村中心花园等体现社区空间精细化治理的高水平实施项目。

**二、您提到，早在2016年11月黄浦区就选取了淮海社区和半淞园社区作为典型样本，开展社区规划的系统性研究，您作为该项目的总负责人，可否谈一下在这2个社区的规划实践中提出了哪些具体举措？**

地处中央活动区核心的黄浦区，各街道社区在土地资源、住区品质、人口结构、民生设施、街巷环境、历史风貌等方面的共性问题日益凸显。其中西接徐汇的淮海社区，功能多元复合，人文历史浓郁，风貌建筑众多，是一个国际化多元复合型的社区，未来以其独特的区位条件与人文特质将成为黄浦区的战略性资源，甚至是整个城市未来重要亮点；南邻世博的半淞园社区以居住及配套功能为主，是典型的高密度居住型社区，社区中建设用地总量极为有限，多为保留用地，城市更新难度较大。因此，2016年11月，黄浦区选取了淮海（多元复合型）和半淞园（高密度居住型）两个不同主导功能的社区作为典型对象，以15分钟生活圈导则为目标，提出系统性要求，引导社区更新、治理工作的分步实施。规划旨在探索多方参与的中心城存量社区规划模式和长效更新机制，积累可推广复制的社区营造经验。

这两个项目均以城市更新、生活圈营造、社区治理等政策为导向，遵循"区域联动、紧凑高效、共享成长、以人为本"四项发展指引；从"功能产业、住宅人口、服务设施、公共空间、道路交通、历史保护、慢行网络"七个部分入手；由"现状系统评估、核心问题总结、优化策略制定、行动计划协调、示范项目落实"五大环节构建工作框架与技术路线，有序地、成体系地推进社区规划编制及管控实施，为后续行动规划的实施开展提供技术支撑和规划指引。其中，淮海社区规划结合其特色注入商务和文化两大核心功能及居住、休闲、旅游、生态四大配套版块，着重对社区商业进行精细化管理，推动传统产业升级与创新街区激活，提升高端商业商务片区对社区的辐射。半淞园社区规划发展定位为多方向配套服务，居商办协调发展；着重推动社区更新改造，塑造高品质的居住空间。通过提升公共服务能级，形成TOD导向设施集聚区，并持续引入世博衍生产业，强化文创活动与体验，多元复合发展，形成具有空间活力的社区网络。

**三、2019年，上海在各区选取了"15分钟社区生活圈"社区更新试点，其中，半淞园路街道作为黄浦区更新试点编制了15分钟社区生活圈行动规划，请问该规划与2016—2018年开展的黄浦区典型社区规划工作是如何融合与衔接的？**

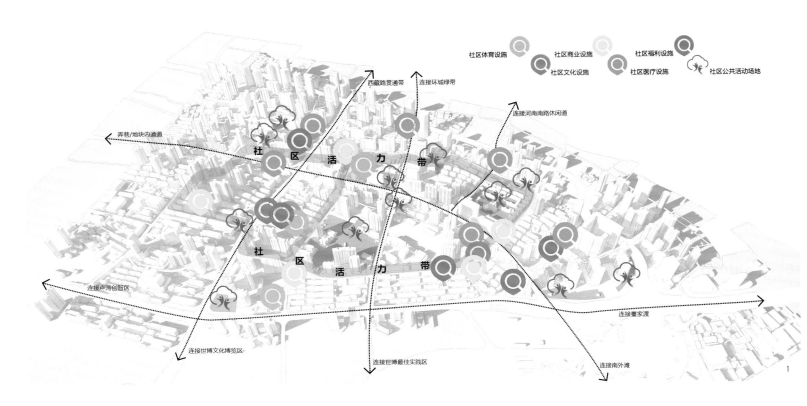

社区体育设施　　社区商业设施　　社区福利设施
社区文化设施　　社区医疗设施　　社区公共活动场地

西藏路贯通带　　连接环城绿带

连接河南南路休闲道

弄巷/地块内通道

社区活力带

社区活力带

连接卢湾创智区

连接董家渡

连接世博文化博览区　　　连接世博最佳实践区　　　连接南外滩

1

典型社区规划通过探索社区规划的编制、实施和管理的长效机制，构建可持续发展的社会治理技术路径，为后续15分钟社区生活圈行动规划的实施开展提供了技术支撑和规划指引。社区规划充分结合社区内旧区改造、功能建设、环境提升和重大设施建设、风貌保护等各种资源和有利因素，多方参与，听取民意，为社区发展提供菜单式的策略包，可选择性地弥补社区存在的短板，并在此基础上形成分阶段的行动与实施计划指引，提出重点整治提升项目建议清单，在其指导下完成了多个控详规局部调整，通过法定规划保障方案实施项目，同时也引起了社区自治团体高度关注，激发居民参与热情，自发开展整治行动讨论筹划，增强社区认同感与归属感。

而后续开展的15分钟社区生活圈行动规划在典型社区规划内容的基础上，进一步提高了规划的可实施性和可操作性。结合典型社区规划中对公共要素的评估，梳理形成短板清单和资源清单，建立"一图一表"形式的行动计划，明确更新项目的更新内容、实施部分、资金来源、操作路径等内容，结合项目需求紧迫度、实施主体积极性、实施难易程度划分近期、中期、远期任务包，确保社区发展蓝图的落实落地。

**四、公众参与已存在于各个层面的规划过程中，上海也在始终秉持"开门做规划"的理念，保障了规划编制工作的顺**

利推进。2020年10月，社区治理与社区规划融合推进工作会议在上海市杨浦区召开，明确要求在全市范围推广试点参与式社区规划制度。请您谈一下上海在推进社区规划过程中有哪些好的公众参与方式？

我们知道，在社区治理与社区规划的过程中，通过多方协商，强调过程参与，创新治理方式，将有利于社会公众力量的优化配置，有利于社会矛盾的疏解，也将更有效地提升各方参与的积极性，实现公众参与的功效。因此，在规划推进的不同阶段，都可以有好的公众参与形式来介入。

比如，在实施推进初期，如何组织队伍、做好需求调查与战略制定是十分重要的，可以由各职能部门成立专门实施推进组，同时结合社会公众、专家技术团队、社区规划师、社会组织等多方力量，将更新项目的推进实施作为社会治理的重要手段，共建共治共享。同时，通过线上、线下的问卷调查和居民访谈，组织听取各职能部门、社区居民、街镇、企业、社团等实施主体以及直接利益相关者的意见和诉求，围绕社区的个性化需求进行深入调研，收集需求清单，明确具体行动计划，形成"分期任务包"。其次，在规划实施阶段，组织社会公众力量参与对社区规划成果进行普及宣传，积极利用社区内各企事业单位等资源，加强社区邻里的共

建共享，实施的设施及空间投入使用后，及时通过举办各类社区活动的组织来提升社区凝聚力和活力。此外，社区规划也愈加注重规划实施后的动态跟踪评价，因此，在跟踪评估阶段，加强项目实施后与社区居民的沟通与宣传，吸引居民及时了解更新的成果，并通过实际的使用体验反馈意见，从而进行切实有效的评价，总结经验；同时通过展示、论坛、公众投票等方式，听取公众意见，强调公众对项目评选的积极作用。

参考文献

[1]吴志强,王凯,陈韦,等."社区空间精细化治理的创新思考"学术笔谈[J].城市规划学刊.2020(03):1-14.

[2]杨贵庆,房佳琳,何江夏.改革开放40年社区规划的兴起和发展[J].城市规划学刊,2018(06):29-36.

[3]袁婷,吕青.社区规划与社会治理体系融合建构的路径研究[J].上海城市规划,2021(01):113-118.

[4]过甦茜.面向问题和需求的上海社区规划编制方法和实施机制探索[J].上海城市规划,2017(02):39-45.

[5]杨晰峰.上海推进15分钟生活圈规划建设的实践探索[J].上海城市规划,2019(04):124-129.

[6]上海市规划和国土资源管理局,上海市规划编审中心,上海市城市规划设计研究院.上海15分钟社区生活圈规划研究与实践[M].上海:上海人民出版社:.2017:155.

1.半淞园社区发展导向图
2.半淞园社区
3.淮海社区

规划实践
**Planning Practice**

# 国际化大都市滨水区更新规划实践策略探讨
## ——多元整合与价值提升

**Discussion on the Practical Approach of Waterfront Renewal Planning in the International Metropolis —Multiple Integration and Value Promotion**

莫 霞 陈 喆
Mo Xia  Chen Zhe

[摘　要]　基于对各国国际化大都市及上海市各类型城市滨水区更新实践特征的梳理，从多元整合和价值提升的双重视域，进行滨水区更新规划实践策略思考。多元整合策略强调多维统筹协调，多样的功能与活动，多要素融合、与社区有机结合，多部门协动、有效的规划传导；价值提升策略则将重心落在滨水区作为生活空间纽带，土地增效利用，生态性、公共性和历史文化价值，以及技术与决策之间关联互动产生的战略及驱动作用所在。既有经验为城市及区域的更新发展赋予了不可替代的作用，为国际化大都市滨水区的更新思路和策略方法提供了重要借鉴。

[关键词]　国际化大都市；滨水区更新；规划；策略

[Abstract]　Based on the combing of the waterfront renewal practice characteristics of the international metropolis and various cities of Shanghai, the waterfront renewal planning practice strategy is considered from the double visual threshold of multiple integrations and value improvement. Multiple integration strategies emphasize multi-dimensional coordination, various functions and activities, multi-element integration, and organic combination with community, multi-department coordination, and effective planning transmission. Value improvement strategy focuses on the waterfront as the living space link, land efficiency utilization, ecological, public and historical and cultural value, and the strategy and driving interaction between technology and decision-making. Existing experience plays an irreplaceable role in the renewal and development of urban and regional areas and provides an important reference for the renewal ideas and strategic methods of the international metropolitan waterfront.

[Keywords]　international metropolis; waterfront renewal; planning; strategy

[文章编号]　2021-88-P-026

## 一、国际化大都市滨水区更新的多元价值导向

随着城市不断变迁与发展转型，国际化大都市滨水区的功能更趋综合、复杂和多元，利用模式更加整合和具有韧性，空间组织与人们的生活结合得愈益密切，营造形式也更加多样而富有特色。滨水区在今天具有更为明显的生态、景观、服务、活动承载及区域联动的特质，构成城市品质与活力的重要体现，也是提升城市竞争力和魅力的重要载体。功能、空间和环境可以说构成了滨水区更新实践的三个重要维度，像英国伦敦泰晤士河的金丝雀码头、南岸艺术区，英国利物浦的阿尔伯特码头，美国纽约伊斯特河南岸等（表1），都带给城市发展极其有益的影响与作用力，为城市提供了发展的契机、重塑了地区特色与形象，也为周边社区和居民生活提供了吸引人的场所和服务空间。事实上，一个地区发展的资源、空间、时间，甚至技术往往都是有限的，但结合上述典型案例的分析可以发现，

通过重视和落实顶层设计、战略性框架，注重生态保护、文化传承、保护利用、特色引领，以及强调持续创新的更新过程等，这些地区的滨水区都在一定程度上实现了重塑和振兴。而具体的规划举措往往发挥着关键性的作用，从系统到专项、从整体到局部，关联多元要素与重大事件等，构成精细化管控与实施的基础。

## 二、上海城市滨水区更新规划实践类型及特征

随着我国对生态和环境品质、人们多层次和多样化需求的日益重视，一方面，多目标的滨水空间建设与规划设计举措得以更加多元整合地推进，关联人、空间与时间进行多维度的统筹协调，促成地区的功能转型、提供活动和交流的场所，融合社区发展、促进创新协作，帮助实现地区更新演化与持续发展。另一方面，源于滨水区自身特质，以及与之相关的战略性框架、适应性举措的制定等，滨水

区在我国城市发展格局中的主导地位益益凸显，往往对周边地区的发展起到显著的带动作用，甚至影响城市的空间格局与发展模式。因此，今天滨水区更新规划更注重彰显核心价值，强调将公共滨水资源让渡于民、优化资源配置、注重特色提升与技术创新等，尤其在上海这样的强调"以人为本"、创新发展的国际大都市。

在建设"卓越全球城市"的背景下，作为河网密布的、典型的河口海岸城市，上海的"一江一河"工作正顺利实施、逐步推进。根据《上海市城市总体规划（2017—2035）》，上海将重点推进"通江达海"蓝网绿道建设，以水为脉构建城市慢行休闲系统。作为上海城市空间框架的重要元素，"一江一河"致力于打造具有全球影响力的世界级滨水区，黄浦江、苏州河两岸更新建设成果已取得显著成效；与此同时，城市内河两岸的区域复兴提升，构成政府、各区县城市建设的重点[①]。新形势下上海内河水系及两岸地区，在其规划设计与建设实施彰显滨水贯通的战略导向、承接黄浦江综合改造辐射效应的同时，本

表1 国际化大都市滨水区更新实践概况及策略分析

| 滨水区 | 概况 | 更新策略 | |
|---|---|---|---|
| 英国<br>伦敦<br>泰晤士河 | 20世纪80年代，随着滨水地区产业活动的衰落，经济活力开始下降，1981年，伦敦港口区发展公司成立；1980年代末开始在原废弃的港口区基础上逐步建成国际中央商务区。1995年，随着伦敦河岸电厂改造作为泰特现代馆，南岸艺术区逐步发展起来，在今天成为著名的艺术中心所在地 | ·实行以市场为主导的革新性策略来促进地区经济发展；<br>·利用废旧港口码头和古老仓库改造形成新兴的文化旅游区；<br>·实施以社区为主体的合作计划，进行历史建筑保护、绿地及开放空间整治、街景美化等 | |
| 美国<br>纽约<br>伊斯特河南岸 | 构成布鲁克林科技产业三角区的领军者。2010年，布鲁克林大桥公园建成，其利用一条滨河绿道将6个河滨码头串联起来，成为融合休闲、运动主题的滨水休闲带；公园最北端区域，则借助地理优势、低价又艺术化的空间，以及完善的生活配套等，吸引众多科技企业入驻，发展为科技创业带 | ·科创激活，环境重塑，地区更新形成科技水岸；<br>·完善相关配套设施，适应产业发展需求；<br>·化整为零设计滨水空间：公园被划分为若干个更小单元，并被赋予不同的功能特点，提供多样化空间体验 | |
| 新加坡<br>新加坡河 | 1992年开始新加坡重建局开始新加坡河滨步道修建工程；1994年进一步颁布《新加坡河开发控制性详细规划》，制定了城市更新的策略和方法，进行地区整体规划管控。如今滨水步道已完全贯通，汇集多元功能，引入大师设计，集中布局城市旅游吸引物，全面塑造都市形象感，公共景观凸显科技和未来感 | ·分段规划定位，区别供地，促成土地使用的多元化；<br>·强化科技与生态技术；<br>·活化保留建筑的功能，强化滨水区公共活动性及活力；<br>·对未开发的空地也进行整体规划，主要用于公园、停车场、露天餐饮和展览馆等的建设 | |
| 美国<br>芝加哥河 | 全长约66km，分为南支流、北支流和流经城市中心区的主支流。1909年完成"芝加哥规划"，对滨水区整治改造提出了很好的主张，对芝加哥湖滨地区发展与保护的公共决策起到了重要作用；1990年，推出"芝加哥河两岸城市设计大纲"，2012年推进滨河步道计划，建成一系列公共空间等，改善了城市生活和工作环境，促进了经济的增长 | ·制定了一系列保障湖滨地区开发与建设的政策措施，规范两岸的规划与开发，促进提供高品质公共空间和生活场所；<br>·将河流生态功能与其他诸多城市功能整合；沿河布置多元功能，汇集多样化的活动；<br>·连续可达的慢行联系，营造休闲、生态、开放共享的亲水空间，提供丰富多样的亲水岸线 | |
| 德国<br>柏林<br>施普雷河 | 在两德重新统一以后，大量用地闲置，而施普雷河有景观价值和吸引力的空间，也与繁忙的公路交通、封闭的沿河区域等出现了矛盾。2013年米特区市政规划颁布了《施普雷河畔散步道可行性研究》，将滨河地区纳入了政府统一规划设计。滨河地区的文化创意功能集聚，公共空间、企业分布不断增加，著名的博物馆岛亦布局于施普雷河畔 | ·两岸更新尊重历史，兼顾现代，持续增加文化创意功能，提升两岸特色与活力；<br>·两岸布置大量的开放空间和公共活动场地，形成水上及水岸游览区域；<br>·区域设施与环境品质不断提升，但目前仍一定程度上存在公共、餐饮设施缺乏，可达性和不行可通过性不足等问题 | |
| 英国<br>伦敦<br>摄政河 | 位于伦敦城区北部，全长14km，沿线有3条隧道、40座桥和12个船闸，途经小威尼斯、摄政公园、卡姆登镇、国王十字、樱草山、伦敦运河博物馆、维多利亚公园等地。两岸传统与现代交汇，河道尺度宜人，沿线串联热闹的商店、餐厅、咖啡店、酒吧和滨水公寓住宅等 | ·传承运河文化，打造城市旅游名片；<br>·沿岸功能融合，与周边社区的日常生活紧密结合，多样化满足发展需求；<br>·沿河两侧布置连续的慢行交通，串联城市历史地段、公共空间、文化设施等 | |
| 英国<br>利物浦<br>阿尔伯特码头 | 2004年，阿尔伯特码头入选世界文化遗产，迅速成为利物浦文化旅游的磁极。滨水区历经多次更新改造，拥有默西塞德海事博物馆、泰特美术馆、披头士博物馆、利物浦博物馆、RIBA North文化综合体等，丰富的滨水空间成为文化活动举办地，地区形成以阿尔伯特码头为核心的城市中心复兴 | ·注重滨水工业遗产保护，进行文化设施建设，借助成功的文化改造项目等，实现文化驱动更新；<br>·营造丰富的滨水空间，承载文化活动，激发城市活力；<br>·滨水区域的公共建筑注重加强空间公共性的设计 | |
| 俄罗斯<br>莫斯科<br>莫斯科河 | 通过修复、重新引导和组织滨河地带及其影响区域，安排活动空间，以此为契机来修复城区并为其营造多重恢复力。流经城市中心的南岸空旷区域，改建为景观公园、博物馆区，形成由美术馆、博物馆、雕塑、波浪长椅、喷泉、人行道等构成的公共活动场所、艺术景观，全年为市民提供服务，吸引了大量人流，为城市创造了新的活力 | ·将文化、历史和自然环境相融合，塑造特色区域、打造城市名片；<br>·强调滨水区的公共生活特质，承载多样化的城市活动，注重空间亲水性、可达性，重建市民与水滨的联系；<br>·营造多彩缤纷的滨水景观，建立人行与景观的良好关系，注重艺术文化元素的多层次体现 | |

1.技术路线图

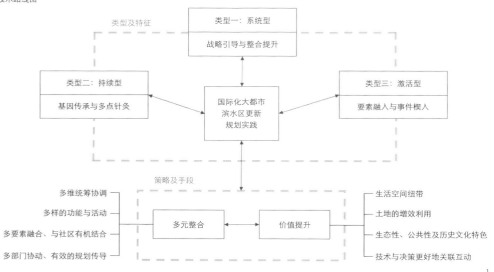

表2 　　　　　　　　　　　上海城市滨水区更新规划类型及代表性案例

| 类型 | 特征 | 代表性案例 | |
|---|---|---|---|
| | | 名称 | 主要策略 |
| 系统型 | 战略引导与整合提升：紧密结合城市格局、政策导向等，制定战略目标与行动计划，挖掘与整合滨水区资源优势、区域特色，借助多个专项的深化研究与技术探索，促进整体格局与长远利益的实现 | 黄浦江、苏州河沿岸地区建设规划（2018—2035） | "一江一河"总体功能定位和资源禀赋、水域宽度各不相同。按照建设世界级滨水区的总目标精准定位，明确功能结构、划分发展区段，进行色彩引导、分区管控等方面的创新探索 |
| | | 徐汇区河道水系专项规划研究 | 覆盖徐汇区41条河道。对接各条线管理部门，梳理河道基础资料，评估现状、摸清底盘级数，进行规划梳理与系统研究，进行河道主导功能分类，建构公共活力圈，并形成"一河一表"，作为实施框图和导则指引，促进管理实施 |
| 持续型 | 基因传承与多点针灸：结合滨水区发展和功能演化，关注地区特征、生态环境、空间特色、历史文脉、景观风貌等，采取复合性的、针灸式的手段，使滨水区更新融入城市网络，促进可操作性与实效性，获得持续发展活力 | 苏州河静安段一河两岸城市设计 | 结合地区特点及资源特色，彰显苏州河在空间尺度、文化内涵和功能能级方面的特征，在此前数次规划设计工作基础上，延续人本关怀和文化复兴理念，进行片区和节点的规划提升，探索滨水区步行化环境的全要素设计框架 |
| | | 苏州河长宁段贯通工程 | 全线贯串串联起沿线10个公园绿地，注重特色、水岸联动，打造具有长宁人文景观特色的滨河步道，改造利用滨水高架桥下消极空间，并将公共空间贯通理念向腹地纵深拓展 |
| | | 蒲汇塘两岸社区更新规划设计及控制性详细规划调整 | 与社区"15分钟生活圈"建构紧密结合，确保多处滨水公共绿地的实施，增加公服设施和租赁住宅配套，将有活力的公共功能嵌入滨水第一界面，保障社区品质提升 |
| | | 龙华港两岸更新研究及实施引导 | 彰显水系文脉，沿承历史记忆与传统生活。紧密结合实施需求，梳理慢行网络，聚焦标志性景观、视线通廊，促进形成滨水记忆点，并提出多类型的更新实施策略建议 |
| 激活型 | 要素融入与事件楔入：无论是作为日常的生活方式、公共活动的舞台，还是生态环境调节地、历史人文再生地，借助一定区域或场所的要素组织、营造提升，以及代表性项目或重大城市事件的推进，以激发性的、创新性的方式促成地区功能转化、发展转型 | 2010上海世博会及后续利用 | 与城市的更新很好地结合了起来，促成地区转型和功能提升，积累了先进理念、设施载体、科技支持、管理运营等多方面资源。部分场馆后续改造利用，作为公共设施、社区设施等 |
| | | 2021上海城市空间艺术季徐汇展区——"花开蒲汇塘" | 选址在蒲汇塘滨水的花鸟市场地块，政府、企业、设计师等多方合作，汇聚绿色发展与文化创意，设置花房驿站、大地艺术田、共建花园等，打造高品质滨水景观与公共空间代表的社区生活新场景 |
| | | 长桥污水厂地块更新 | 结合全市层面的基础设施节地利用研究，落实定位于张家塘港沿岸的长桥污水厂地块更新。结合方案研究、功能调整、完善社区配套和公租房建设，彰显恢复水岸公共性的决策导向 |

身亦构成区域空间发展与生态稳定的重要载体，并可以尽可能多地为市民提供日常生活的公共休闲空间和多样化的滨水空间体验。在本文中，多类型的上海滨水区规划实践案例被纳入进来，结合不同侧重展开分析，并阐释文中所提出的策略是如何具体化地运用于不同情况的实践项目中并发挥作用的，试图启发多维度的实践策略思考，提供有益的经验借鉴（表2）。

## 三、滨水区更新规划实践的多元整合策略分析

### 1. 更多地关联时间性进行空间要素的规划统筹协调

一定城市区域的开发建设往往关联人、空间及时间的多重维度，而由于人与水关系的密不可分，尤其是滨水生活在当今社会中构成不可或缺的角色，使得"以人为本"在滨水区更新建设中的重要性尤为突出。与此同时，无论是借助用地腾让、引入新的功能，还是环境营造、塑造独特景观，滨水区的更新建设都离不开对于空间要素更趋复合性的综合建构，以满足人们对于生活环境的多元需求。然而，容易忽略的是，人们对空间的感知与利用，往往需要一定的过程。不同的时间、过程的长短，人们会产生不同的需求与侧重，也影响着人们对于空间的认知与体验。尤其是，今天的人们更加关注空间品质、场所的安全性、舒适性、体验性等，人与水、人与城市的联结方式更加紧密和交融，滨水空间带给人们的生活和城市的影响都更为巨大。一些重要河流的更新建设往往持续几十年，分多个阶段开展，时间性特征明显。例如，伦敦泰晤士河的金丝雀码头和南岸艺术区的开发，均在不同历史时期引领了城市新的发展格局，并在今天仍不断吸引人们来此工作、生活、参观和体验。

可以说，滨水区更新建设中的时间性承载着城市发展的记忆、脉络及特征，与空间建构共同发挥着联结人与水、人与城市的作用，需要加以充分考量和予以回应。与之相应，开展可行性研究以及制定实施战略、行动计划、导则指引等在滨水区更新规划实践中得到了更广泛的采用，以确保空间要素安排的合理性与长远性、随时间发展的有效性以及适应随时间变化的可能性等。比如，黄浦江两岸地区综合开发自2003年就开始实施"三步走"战略，开展中心段及南、北延伸段的结构性规划等；2020年则基于充分的总体评估，注重针对突出问题和短

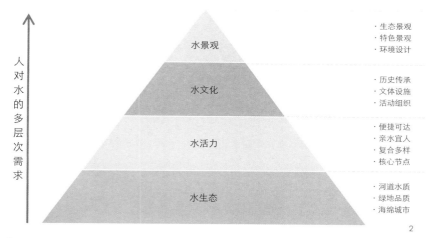

板开展规划引导,公布《黄浦江、苏州河沿岸地区建设规划(2018—2035)》,将规划范围从徐浦大桥向南进一步延伸至闵浦二桥,总面积也从74km²扩大至201km²,更大范围地辐射腹地,容纳更为多样化的公共空间、多样性的水绿生态空间、丰富的水岸人文及历史积淀,对空间景观制定更为精细的标准要求,并强调预控结构用地等,促进形成更加多元地融入滨水生活的方式,也承载着黄浦江两岸随时间变化的持续更新提升。实际上,时间性关联的空间建构还体现在人们日常生活的方方面面,滨水生活亦是如此。比如,公共空间更趋复合性的时间利用;人们对场所的使用更加注重过程体验;市民对项目实施过程中出现的问题更少容忍②,等等。因此,当前更新项目实施的过程性把控需要更为精细化,需要多方更好地协同推进;一定区域的规划实施和更新发展,往往需要完备的评估作为基础性工作,进行合理的时序安排,空间建构的渐进特征也更为明显。

## 2. 提供丰富的功能支持和多种活动交织的布局框架

结合国际上的案例分析可以发现,早期滨水区的开发大多是由于区域的衰败或事件的激发。今天的滨水区更新,尤其是在极具竞争力的国际化大都市,则更多地呈现为主动更新、采取创新举措,以发挥更显著的经济社会价值、应对区域竞争和获取更多资源。面向城市的变化与多元的需求,人、空间与时间的维度都被紧密结合起来,以提供更加丰富的、多场景的、生态的、日常休闲的或是消费性的滨水空间功能。世界级的滨水区更是往往构成城市人气最为积聚、最具有活力的区域,拥有空间和时间上的便利性和舒适性,拥有众多的开放空间,提供给人们有效的服务、多样的感受。因此,在具体的滨水区更新规划实践项目中,试图通过多层次的规划设计举措来促进丰富的功能支持和活力场所,例如美国芝加哥河、新加坡河两岸都在开发过程中进行了分段规划定位,促成土地使用的多元化,进而为更丰富的岸线及区域功能提供可能;再如美国伊斯特河南岸对滨水开放空间、带形公园进行了化整为零的设计,赋予其不同的功能特点,从而容纳了更为丰富的活动,为人们提供多样化空间体验。在徐汇区"蓝色网络"系统规划与更新行动中③,基于上海"通江达海"格局下的内河水系脉络与骨架梳理,以建设公共开放的内河滨水空间为总目标,重点着眼水生态、水活力、水文化、水景观四个块面,进行了从全区系统到重点河道、再到滨水街坊的规划布局传导,进行河道主导功能分类,提出功能分段建议,引导形成滨水公共活力圈、历史人文景观,促进了滨水街坊功能向公共性的转变与实施引导。

## 3. 进行多要素融合以及与社区有机结合的腹地提升

《黄浦江、苏州河沿岸地区建设规划(2018—2035)》中对于黄浦江、苏州河的规划范围,都体现出了向腹地的进一步辐射。在今天,滨水腹地对于城市的重要性可谓不言而喻。国际化大都市的滨水区往往流经城市的中心区域或是重要的功能片区,其腹地亦构成

5-6.苏州河静安段一河两岸城市设计滨水腹地的结构性联系及与现代生活的功能融合
7.苏州河静安段一河两岸城市设计中滨水向腹地渗透的公共活力节点建构
8-9.苏州河静安段

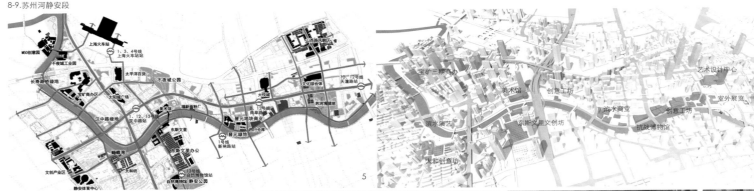

城市空间的有机组成部分，拥有建筑、街道、广场、公园，抑或桥梁、护堤等多样化的空间要素，并往往构成滨水区天际线、城市色彩感知等的重要载体。可以说，滨水区腹地内空间要素的融合与联结，多维感知的有序协调等，对于国际化大都市整体形象与功能提升、特色建构等具有重要作用。在苏州河静安段一河两岸城市设计项目中，首先，腹地功能与城市的结构性联系被凸显出来，苏州河腹地规划形成具有影响力的现代服务业和文化产业功能区，有机地融入上海中央活动区，并与高能级的南京西路集聚带相联结；其次，建构腹地网络化的慢行体系，形成滨水向腹地更好的活动连接与渗透。建议增加联系两岸的桥梁，且采用平桥设计，提升两岸活动联系，提供更为友好的步行环境，并将滨水活动与腹地公共活动点有序连接起来；再者，苏州河两岸具有深厚的历史积淀、丰富的人文资源，城市设计对两岸腹地的历史建筑、风貌道路、风貌街坊及环境要素提出了分类控制要求，保护城市物质文化遗存并使之与现代生活相融合。

结合国际上城市滨水区更新的成功经验来看，两岸腹地应当能够融入城市空间整体的发展格局，具有良好的随时间发展的结构性延展，可以实现对

于城市空间复合性功能的承载。事实上，当今城市的滨水区，越来越需要容纳多样化的城市生活、吸引人的文化设施与活动场所、日常的休闲与商业设施等，尤其是在城市内河滨水区域，人们与"水"更加临近，滨水生活构成了人们日常生活的一部分，人们所处的社区与"水"的联系也更为密切、结合则更为紧密，这一情况在上海中心城区内河滨水体现得尤为明显。以徐汇区为例，其东西向的骨干河流张家塘港、龙华港、漕河泾港、蒲汇塘等，均在河流的不同区段存在既有住区紧紧临水布局的情况，也存在多处滨水空间联系不畅、居民临水不见水以及滨水环境不佳等情况。因此，徐汇区借助从整体到局部的多层次规划的推进与实施，强调将这些骨干河流的两岸腹地综合考虑进来，落点社区来协同15分钟社区生活圈的实施；加强社区与滨水的联系，增加社区内的滨水步道，布置新的设施或构筑物来提升社区内滨水活动的多样性，研究断点打通的多种方式，并系统性组织社区级公服设施与滨河公共空间，如将田林社区文体设施结合布点在蒲汇塘沿线的滨水街坊内，提供具有滨水景观特色的高品质公共服务设施。

## 4. 促成面向实施的多部门协动机制及有效规划传导

滨水区更新规划实践的推展，会受到技术成果、实施组织、社会支持、资金安排等多方面因素的影响，涉及各种利益的平衡和多方参与的决策过程，因而离不开多部门协同，更需要规划的精准传导。由于今天滨水区更新规划实践往往具有较强的综合性、复杂性和动态性，因此仅仅由单一部门牵头，容易受限于自身的职能管辖范围、工作手段，难以确保规划实施和建设成效。例如，水务部门在滨水环境整治工程中，将水质提升、防汛安全作为根本，对防汛墙外观、驳岸形式、滨水通道与景观等则较少关注；规资部门则受限于蓝线范围、土地产权划定等，造成所主持的项目难以与滨水空间连接，甚至造成滨河断点、环境品质难以整体提升等。值得借鉴的是，徐汇区借助多层次、全过程的河道规划管控体系创新，促进实现滨水区更新规划建设的精细化管理。其核心成果"一河一表"，融合了每条河道的基本信息、两岸腹地现状与规划情况，并结合对于河道主导功能的规划建议，进一步提出不同条线管控的项目清单，既作为"河长制"

8

9

10-11.蒲汇塘沿线滨水街坊更新引导示意图
12-13.上海城市空间艺术季徐汇展区——"花开蒲汇塘"展区效果图

管理的河道信息汇总,也构成各管理部门之间信息整合、共享、互通的平台,有序传导、精准实施。作为承接河道水系专项规划、落实项目清单的内容构成之一,优化蒲汇塘沿岸公共空间和公共设施布局的相关法定控规调整已于2020年获批,并将逐步开展实施建设。

## 四、滨水区更新规划实践的价值提升策略创导

### 1. 将资源让渡于民,形成区域的生活空间纽带

多元整合建构思路下的城市滨水区建设与更新,促使更多的公共空间、地区特色、多元活动生成,也使得市民的日常生活与不同层次的滨水空间更为密切地关联起来——滨水区往往成为区域重要的生活空间纽带,使人贴近自然,并为人们提供安全、舒适、健康和宜人的空间。可以说,滨水资源成为人们满足美好生活的重要构成方面;如何将更多更好的滨水资源让渡于民,充分发挥滨水区的社会、经济、人文等多元化价值,亦构成了滨水区复兴的重要议题。

新形势下的上海"一江一河"建设,正是通过提供更多的、更高品质的开放空间,形成多样场所,促成慢行成网、公共贯通,增加桥梁、提升景观品质等举措,不断吸引着更多的市民来此活动和交流。2017年年底,上海黄浦江两岸45km岸线的公共空间正式全线贯通,滨江沿线从封闭走向开放,高品质滨江生活空间满足了人民群众的实际需求,也增强了人民群众获得感和幸福感。苏州河静安段一河两岸城市设计项目则启动于2015年11月,伴随上海市原闸北区、原静安区的两区合并,行政区上这一地区由边缘成为了中心,成为中央活动区的组成部分,需要容纳更多人的活动,增加为"人"的功能;另一方面,苏州河具有兼容并蓄、海纳百川的文化积淀,但在这一地区特色有待彰显,且滨水地带公共功能偏弱,公共活动不连贯,亲水性和滨水景观品质不佳。因此,这一实践项目的开展着重建构滨水活动中枢、文化艺术地标和市民休闲地带,沿承城市的文化传统并使之融入当代城市,进行片区和节点的规划提升,延续并丰富滨水的多样性,构建慢行活力网络,增强步行联系与体验,彰显人本关怀、催化活力再生。至今该项目中关于

活力网络、亲水岸线和历史保护与沿承的多项设计都得到了实践落实。

## 2. 土地的增效利用，构成转型提升的创新载体

与西方很多城市滨水区因为面临衰败继而大力推进改造建设不同，我国滨水区的更新建设更多地被作为一种转型提升的战略举措，将滨水区的功能转变、生态及设施建设、环境改善等，纳入城市整体的空间结构发展格局之中，与城市重点区域的开发、重大工程建设、重大事件的发生等相融合；也更有利于挖掘和整合滨水区的资源价值。而土地是带动城市发展的核心要素，滨水区土地如何增效利用，推动土地使用功能、利用方式、开发策略方面的提升，则构成了转型提升的关键所在。结合国内外案例分析，可以有以下方式借鉴。

其一，土地的混合功能与复合使用。例如美国的芝加哥河，结合滨河立体空间、两岸腹地功能等进行改造，建立新的连接，进行分段设计，容纳多样性功能与活动，营造复合型滨水空间。其二，结合重大工程开展结构优化。例如，借助1992年夏季奥运会举办的契机巴塞罗那重新开发其沿地中海的滨水区，不仅大大提升了城市滨水环境品质、为这一地区注入了巨大活力，也促成了巴塞罗那城市的对角大道，实现了至海滨的延伸，城市空间结构得到优化；再如，2007年启动的上海外滩综合改造工程，与2010年上海世博会的举办相结合，促进了滨水地带的功能转变，优化了中心城区交通结构，大大增加了区域绿化、公共活动空间。其三，消极空间的更新利用。由于滨水区自身所具有边缘的属性，河道形式的多样以及缓坡岸堤的变化，城市建设发展过程中会形成一些难以到达、环境品质不佳或空间破碎凌乱的区域，以及由于桥梁、高架、道路等的架设或穿越关系等，导致出现一些桥下的零散空间、废弃空间、边角空间等。这些消极空间降低了滨水环境品质和景观风貌，也降低了土地的利用率。通过土地整合利用，因地制宜地布置与周边状况相协调、满足居民需求的设施或场所，采取生态、复合、人性化或是有趣味的方式和手段改善环境、提升活力与景观，并尽可能地探索与水体相呼应的积极应对方式，则有利于促进消极空间更好地转化成为活力空间，避免土地浪费、空间割裂和安全隐患等。例如苏州河长宁段中环（北虹路）滨水的桥下空间改造，将消极空间改造成为富有积极乐观氛围的滨水新地标。其四，进行绿色低碳的引导。水滨作为自然资源的重要组成部分，构成人们生活不可或缺的自然生态要素。当城市滨水区更多地布置绿地、公园和慢行步道等开敞空间，并与城市整体绿化、开放空间联系成网，则在提升生态环境品质的同时，有利于促进区域降低碳排放。此外，滨水建筑利用临近水体的特点，可以将水、风、空气循环、植被、生物环境和场地因素等都充分考虑进来，加强

17-18.苏州河长宁段中环（北虹路）滨水的桥下空间改造
19.上海城市空间艺术季徐汇展区——"花开蒲汇塘"展区效果图

建筑绿色低碳节能技术的落实。

### 3. 强化生态性、公共性以及历史文化特色延承

　　滨水区是人与自然交融的重要地带，使得人们在城市中的活动可以更加亲近自然。水体的净化能力，河流的微气候调节、丰富的生物多样性，自然河滩的原始风貌，绿色驳岸或植物群落，连续的或形式多样的自然岸线等，使得滨水的生态性特质如此显著，使得人们在城市中的活动可以更加亲近自然，感受多层次的、多类型的游憩空间，在具有地形地貌特色的场所进行活动与交流，维护城市环境与自然平衡。因此，国内外滨水区更新越来越多地关注河流的生态功能和自然属性，在强调水体治理、提升水质的前提下，强调滨水区生态空间的保有与建设，增加自然驳岸、增强植物多样性，强化生态设计、采用绿色低碳技术，注重将河流的生态功能与城市功能进行整合，布置多元功能、汇集多样化活动。

　　"为了强化生态功能，黄浦江沿岸规划将新增大型生态空间近1000hm$^2$，在此基础上，将进一步加强滨水与腹地生态斑块的连通，增强生态网络韧性，提升区域整体生态效益。"[④]以"一江一河"公共空间贯通开放为契机，上海将黄浦江滨江地区打造为"具有高能级生态效应的城市生态廊道"，徐汇滨江、前滩、杨浦滨江等地区持续发展，滨水绿地、城市公园持续增加，城市环境品质与空间特色大大提升，朝向开放共享的高品质生态空间不断迈进。随着2018年45km滨江岸线全线贯通，黄浦江两岸的公共空间又进一步向上下游延伸，滨水空间的公共活动性不断增加，并提供了更多的公共设施、服务配套，建设滨江驿站与活动步道等；滨江历史文化资源也得到了整合与发掘，龙美术馆、艺仓廊道、浦东滨江民生码头等工业遗产改造与文化设施建设不断丰富，人文特色彰显、空间特色提升，历史文化脉络得以延承，滨水区的公共性、历史文化特色促进了滨水生活的活力回归，也构成滨水区更新发展的价值内核与魅力所在。

　　在近期上海内河水系更新相关规划实践中，蒲汇塘两岸社区更新规划设计及控制性详细规划调整项目正是强调了滨水用地公共性功能的释放，针对沿线多处规划公共绿地的现有权益人缺乏实施动力这一现实状况，协调相邻地块等多方主体的具体诉求，打破地块边界与公共绿地进行整体建设，尽可能多地确保公共绿地的实施，并让居民获得多样化的滨水空间体验。结合其控规实施，蒲汇塘沿岸公共绿地近期可实施性明显提高，另增加出1.8万m的公共服务设施和约570套租赁住宅。另外，与2021年上海城市空间艺术季活动相契合，蒲汇塘沿岸代表性的更新地块花鸟市场，已入选作为2021年空间艺术季的一处实践案例展示地。龙华港项目则是关注历史记忆与传统生活的延承，注重彰显水系文脉，提出结合龙华寺、海事塔等历史文化标识，强化与龙华港沿岸的视线通廊，重塑历史上"龙华塔影"的特色标志性景观。同时，建议通过雕塑、工艺美术、水岸活动等手段实现"龙华民谣"等非物质文化遗产的展示传承。

### 4. 复合性工作中技术与决策更好地关联与互动

　　滨水区作为国际大都市功能转型和提升竞争力的重要载体，亟需技术创新的支持，并探寻地区更新的多元驱动力。例如美国伊斯特河南岸的发展，科创激活、环境重塑、地区更新形成科技水岸；注重科创激活、建设科技水岸；西岸的智慧港建设等。事实上，当今城市治理与政府决策与执

20.龙华港两岸丰富的历史文化要素及规划引导建议　21.龙华港两岸历史要素龙华寺

术发展关联愈加密切，这是社会经济发展的现实推动，也与实践工作自身的复合性相关联。一方面，生态分析、大数据分析、空间句法研究等技术手段的拓展，促使我们更精准、更加拓展性地开展相关研究，为决策提供依据与参考，为治理提供有力的支撑。与此同时，越来越多的技术手段可以帮助人们体验空间、互动交流，规划实践过程中的公众参与也不断增多、方式日益丰富——与城市的政策法规、实施进程相结合，也更好地保障了人们的切身利益，给人们提供了发声的多个通道。另一方面，城市更新发展的相关重大决策，直接关系着城市建设的成效、决定了项目的成功与否；当前政府的信息化程度、工作节奏等还在不断提高，如何结合具体的实践工作，更好地运用多层次的技术手段来帮助推进精细化管理、帮助关键决策的生成，值得总结与探讨。张家塘港沿岸的长桥污水厂地块更新，在全市层面的基础设施节地利用研究统筹协调的基础上，结合多方案比选和评估论证，多专业协作、技术配合，明确市政设施规模和布局建议，进行用地功能调整，节约出1.4hm²土地用于社区配套和公租房的建设，体现了基础设施节约集约利用后恢复水岸公共性的政府决策导向。

## 五、结语

滨水区更新的方式还在不断发展和拓展，滨水区更新的动因也在不断变化，创新的模式不断显现。上海在城市滨水区更新的多层次的规划实践，长期以来积累了许多有益的经验，不断改变和提升着人们的活动场所、生活方式，发展模式富有本土特色、创新特质，发挥的国际影响力也在不断加强。上海多层次、多类型更新规划实践，强调多元整合、价值提升，借助更加多维联结和广泛联系的举措，强调要素融合、创新协作，重视自然生态、历史文脉、公共空间和生活网络，为城市及区域更新发展赋予独特性和不可替代的价值，案例具有先进性和典型性，可以为国际化大都市滨水区的更新思路和策略方法提供参考与借鉴。

## 注释

①2016年10月11日，习近平主持召开的深改组第28次会议通过了《关于全面推行河长制的意见》，指出要还给老百姓清水绿岸、鱼翔浅底的生活景象。与之相联系地，在具体工作机制上，2018年6月底，河长制在我国31个省（自治区、直辖市）全面建立，"百万河长，护水长清"的治河新时代全面推进。上海在2017年初即正式发布《关于本市全面推行河长制的实施方案》，明确提出建立市、区、街镇三级河长体系，实现河长制全覆盖；上海的河长制推行至今，已取得明显工作成效，并为滨水空间的更新发展打下了坚实的基础。
②考虑到今天国际化大都市的社区更新需要满足更加多元化的需求，工程项目复杂性增加，往往需要同期开展多类型的更新建设，造成施工时间长、施工环境脏乱，且各项工程之间的协同性差、容易造成各类对市民日常生活造成影响的突发问题。与此同时，市民对于生活环境在今天则更为关切和重视，也更多地通过参与、讨论、提出建议等方式，来抒发自身观点、维护自身利益。
③自2018年开始，徐汇区推进和整合徐汇区河道水系专项规划研究，蒲汇塘、龙华港以及漕河泾港等骨干河流的更新规划设计及控制性详细规划调整实施落实，开展多层次规划和设计引导、促进管理实施衔接，形成徐汇区"蓝色网络"系统规划与更新行动。
④在"2018世界城市日—上海论坛"上，上海市规划和国土资源管理局局长徐毅松指出，将通过增加规划公共绿地，完善绿网结构，打造滨江互联互通生态网络，并推进全流域水体治理，积极运用绿色建筑等低碳技术，开展重点地区海绵城市建设，营造滨水绿色低碳的示范带。参见：上海浦东门户网站.黄浦江沿岸将增近千公顷生态空间[EB/OL]. http://www.pudong.gov.cn/shpd/news/20181101/006001_ca17793d-de31-4eb9-b5e4-21cee10c8380.htm /2018-11-01.

## 参考文献

[1]刘博敏.发展在水：城市滨水时代来临[J].城市规划.2018(03).
[2]莫霞.城市设计与更新实践[M].上海：上海科学技术出版社，2020：74-90.
[3]徐汇区河道水系专项规划研究[Z].2020.
[4]苏州河静安段一河两岸城市设计[Z].2017.
[5]上海市规划资源局.黄浦江、苏州河沿岸地区建设规划（2018-2035）[EB/OL]. https://ghzyj.sh.gov.cn/ghjh/20200820/8068daedd94846b29e22208a131d52fc.html/2020-08-20.
[6]上海浦东门户网站.黄浦江沿岸将增近千公顷生态空间[EB/OL]. http://www.pudong.gov.cn/shpd/news/20181101/006001_ca17793d-de31-4eb9-b5e4-21cee10c8380.htm /2018-11-01.

作者简介

莫　霞，博士，华建集团华东建筑设计研究院有限公司，教授级高工；

陈　喆，华建集团华东建筑设计研究院有限公司，高级设计师。

# 上海中心城边缘地区的转型发展与规划策略探讨
## ——以徐汇区华泾镇为例

# Practice of Transformation and Development in the Fringe Area of Shanghai Central City
## —A Case Study of Huajing Town, Xuhui District

王璐妍
Wang Luyan

[摘　要]　在城市化不断发展的进程中，上海中心城边缘地区呈现出土地权属复杂、建设主体多元、各类政策交错、城乡风貌混杂等多种问题。通过对上海中心城边缘地区的一个典型案例——华泾镇的调研总结，揭示上海中心城边缘地区的发展特征和普遍面临的挑战；进而围绕能级提升、产城融合、生态优化、跨区域协同等几个维度，探索此类边缘地区的转型发展路径和规划策略。

[关键词]　中心城；边缘区；转型发展；规划策略；上海华泾镇

[Abstract]　In the process of urbanization, the fringe areas of Shanghai central city show many problems, such as complex land rights, diversified construction subjects, various policies and mixed urban and rural features. Through a summary of the practice of Huajing Town, a typical case in the fringe area of the central city of Shanghai, this paper reveals the characteristics and the general development dilemma of the edge area of the central city of Shanghai, and probes into the implementation path of the transformation and development of such marginal areas based on several dimensions, such as energy level upgrading, production and urban integration, ecological optimization and trans regional coordination.

[Keywords]　central city; fringe area; transformation and development; Planning Strategy; Huajing town

[文章编号]　2021-88-P-036

1.上海市城市总体规划（1999—2020）土地使用规划
2.上海市城市总体规划（2017—2035）

　　大城市边缘区表现为城乡用地的混杂，在城乡二元化体制结构下还存在着国有土地与集体土地的混合等，由此形成了这些地区特殊的功能分区和空间形态。这一地带往往由于各类发展政策、土地政策的相互交错重叠，既是城乡之间的过渡、结合地带，同时也是城市运行和未来发展不可或缺的组成部分，在发展的过程中成为不同政策、不同利益主体博弈的地区，甚至有可能成为转型发展背景下最具发展活力的地区。本文研究案例是上海市徐汇区的华泾镇。根据1999年版上海市总体规划，中心城区以外环线为边界，华泾镇的大部分范围位于外环线南段外侧，是上海外环线外侧连绵建设区的组成部分。在上海2035总体规划中，徐汇区全部纳入主城区范围，华泾镇也由城市边缘地区转变为徐汇区重要的战略增长空间。

## 一、上海中心城边缘地区概况

　　城市边缘区是一个描述城市边缘地带的城市区域概念。最早由德国地理学家哈伯特·路易（H. Louts）于1936年提出，近年来国内学者顾朝林、周捷等也均对城市边缘区做了各自的定义。规划学术界还有很多相近的概念表述，诸如"城市边缘带""城市蔓延区""城乡接合部""城市近郊区"，等等。这些用词的差异不仅体现了对于这一

特殊地区认知的侧重不同，也反映出这一地区的复杂性与独特性。目前，对于大城市边缘区的概念，相对普遍的认知是：城市边缘区是城市功能侵入乡村形成的独特地域空间实体，介于城市建成区与农业用地之间，在景观、经济、人口、用地等方面

具有"半城半乡"的二元性，受城市发展的影响较重；区位和范围随着城市化的发展而不断移动、变化，靠近城市建成区一侧城市化程度较高，靠近乡村地区一侧城市化程度较低，呈现由里向外衰弱渐变的形态。

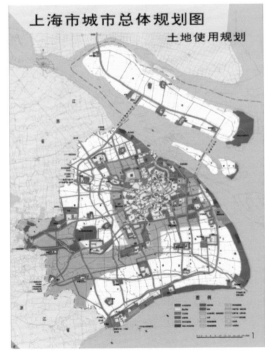

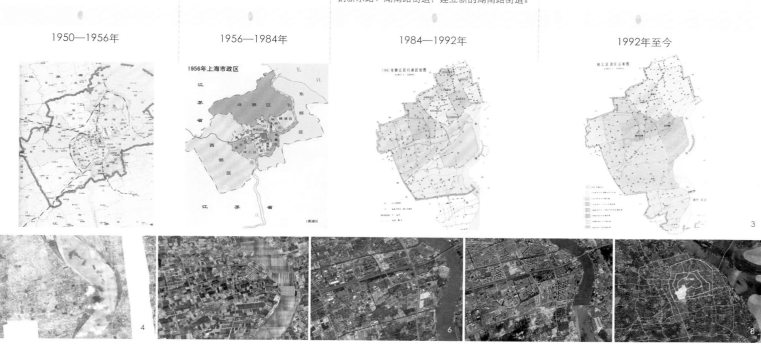

3.徐汇区政区演变图
4.华泾镇航拍演变图（1948年）
5.华泾镇航拍演变图（1979年）
6.华泾镇航拍演变图（2002年）
7.华泾镇航拍演变图（2019年）
8.华泾镇在上海主城区、徐汇区中的位置示意图

上海自1999版总体规划中划定外环以内为中心城范围，并通过外环线外侧约500m宽的外环绿带，在中心城外围形成一道环城绿色走廊，为城乡结合提供过渡空间，并控制城市化地区无序向外扩张，使总体规划制定的城市发展的合理空间布局得以体现。但实际的发展情况却显示中心城及其周边地区呈现建设用地蔓延发展格局。2005年上海市中心城及周边相连地区的建成面积增大到898km²，其中外环线以外面积由1995年的74km²，增加到305km²。至2015年年底，中心城及其周边完整行政边界的相关街、镇，占地超过1250km²，常住人口超过1600万人（中心城内1145万人）。闵行区和宝山区则是中心城向外环线外扩展最为强劲的两个区。

因此，在上海2035总体规划中，从市域层面对城市功能和空间布局进行战略调整，优化原有的中心城、新城、新市镇、中心村的空间格局，形成由"主城区—新城—新市镇—乡村"的城乡体系。其中明确了中心城周边地区不应连绵发展的主思路，将闵行、宝山、虹桥、川沙4个片区，纳入主城区进行考虑，更加突出主城区的整体性

和综合性。

华泾镇正是中心城边缘地区演变发展的一个典型案例。华泾镇古称乌泥泾镇，其前身为龙华乡，隶属上海县。1992年7月，上海市人民政府将龙华乡整建制划给徐汇区。1998年5月，为加快城市化建设进程，撤销龙华乡，建立华泾镇。华泾镇辖区范围：东濒黄浦江，西临老沪闵路，南到关港村，北抵淀浦河，镇域面积为7.27km²。行政区划上，华泾镇是徐汇区13个街镇里唯一的一个镇。

1949年以前，华泾地区以农业为主，工业几乎为零。1978年8月，成立龙华人民公社工业联合总厂，工业的起步是随着公社的成立和发展而起步的。20世纪80年代，抓住市区工业向郊区转移的契机，十余家国营大中型企业与龙华乡实行企业联营。1992年划入徐汇区后，随上海一起进入快速发展时期，镇域内大量农村土地转变为建设用地，并出现了北杨工业园区、华泾工业园区、关港工业园区等集中成片开发的产业园区。2003年上海外环线全线通车后，华泾镇的区位条件发生重大变化，部分用地被划入外环以内，成为中心城区的一部分。在2035上海总体规划中，华泾镇作为徐汇区唯一跨

外环线的地区，全部划入主城区范围。近年来，华泾镇面临转型发展的新形势，但区域转型和更新发展过程中仍存在许多问题。

## 二、徐汇区华泾镇现状发展特征与面临的挑战

### 1. 城乡二元体制导致的困境

城市边缘地区演变的一个重要特征就是农业用地逐步转变为建设用地，而在此过程中，市、区、镇、村集体等多种力量互相作用，形成了集体土地和国有土地相互混杂和穿插的格局。其背景是长期以来的城乡二元体制，这一体制制约目前还没有完全消除。

从华泾镇的发展来看，华泾镇原有20个行政村，其中13个位于镇域范围内，另外7个以飞地形式位于现虹梅路街道、田林街道等范围内。随着徐汇区城市化进程的推进，各村集体土地不断被征用。至2019年年底，改制后的20个集体经济组织中，有15个村的村级集体资产及大部分原村民分布在镇域范围外的7个街道内，社区治理和资产管理处于"一

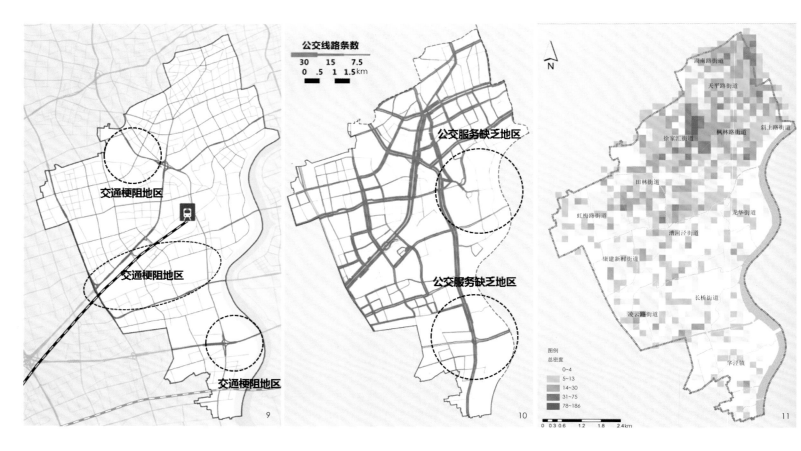

9-10.徐汇区现状道路联系分析图、徐汇区现状公共交通服务能力分析图
11.徐汇区现状公共服务资源各街镇分布对比图

地两管"的状态;还有5个村位于华泾镇行政辖区内。无论是镇域外还是镇域内,土地、物业、资产都呈分散分布的状态,而原村民经过历次的征地动迁也已被安置到不同的地方居住。因此,和郊区及中心城区某些镇、村整建制翻牌为居委会的情况存在较大差别。

**2. 基础设施相对薄弱**

徐汇区南北连通发展面对的最大现实约束条件是交通梗阻——上海南站天然阻隔、南北连通骨干路网缺乏,以及南部地区整体路网密度较低。华泾镇现状全路网密度3.55km/km²(徐汇全区现状5.01km/km²),各等级道路均明显低于徐汇区规划路网密度。既有道路网格较大,大部分为建成区,加密路网难度大。地区路网密度偏低,难以支撑高质量发展及品质城区建设需求。

另外,华泾镇的现状市政基础设施建设速度滞后于城市发展,部分区域雨水排水设施不健全,导致排水系统内自排、强排并存,部分区域内涝积水等问题较突出。同时,现状排水系统中雨水排水设施功能单一,主要为收集雨水径流并将雨水快速排入河道。在

当前水环境治理和初期雨水治理的背景下,需规划建设符合泾流源头减排及净化、绿色生态等多种功能的雨水基础设施。

**3. 公共服务仅满足基本型需求**

以徐汇区总体情况来看,主要的公共服务资源集中分布于徐汇区北部片区,其中徐家汇街道的公共服务设施密度最高,是徐汇区的公共服务核心;徐汇区中环以南片区的分项和整体的公共设施空间分布密度都比较低,凌云、长桥、华泾三个街道镇周边消费需求没有空间承载,社区整体的活力不高。

中环以南地区的公共服务设施配置缺口大,覆盖水平明显低于中心城区,也落后于外围郊区。现状华泾镇内社区级卫生服务设施基本覆盖,但镇内缺乏高等级医院,最近的二甲医院位于长桥社区老沪闵路沿线,华泾镇居民就医较为不便。同时,华泾镇缺乏足够的商业配套设施,现状有两处商业中心和少量沿街商业(龙吴路、华发路、华济路等部分路段),许多小区(尤其是老沪闵路两侧)周边商业配套难以满足居民日常购买需求,不少居民要去长桥街道购买生鲜等食材。

**4. 现有人口结构制约了转型发展**

中心城边缘地区的人口、用地快速增长加剧了城市蔓延趋势,而边缘区的就业岗位较有限,所以这里往往是常住人口比重与就业人口比重偏差最大的区域。

20世纪90年代以后,随着城市化的快速发展,徐汇区中心城内的土地被大量征用,房地产开发的步伐加快,中心城内的动迁安置人口不断导入,华泾镇内居民小区逐渐增加。而外来人口比重大、户籍人口老龄化程度高构成华泾镇面临的人口结构难题。根据2019年年底的统计,华泾镇外来人口占比40%(徐汇区平均为26%),主要从事快递、外卖、滴滴等下游服务型行业。户籍60岁以上老人占比约37%(徐汇区为20.1%),常住人口60岁以上比例为25%。常住人口中本科以上受教育比重为8.3%(徐汇区为23.4%)。从现有的人口结构来看,较难满足华泾镇转型发展所需要的人力资源。

**5. 拼贴式的功能结构和城乡混杂的空间风貌**

华泾镇现状功能板块包括居住小区、工业园

区、生态绿地、仓储码头等。外环南北两侧空间风貌差异较大，外环以北与长桥街道紧邻，用地功能与建筑风貌都具有一致性。外环以南首先被400~500m宽的外环绿带打破了中心城连绵发展的空间格局，呈现城郊结合部的风貌特征。另一方面，华泾镇虽然绿地资源丰富，人均公园绿地面积14.55m²（约为徐汇区平均值的1.7倍），但绿地整体品质不高。镇内占地最大的华泾公园，景观设计和流线组织较弱，配套设施缺乏。

华泾镇还拥有3.7km长的黄浦江岸线，但现状较大部分被码头、仓储和工业用地占据，同时已实施的生态岸线大部分未对公众开放。滨江已建成骨干绿道总长度只有0.5km，仅占华泾镇总岸线的13.5%左右。

## 三、华泾镇转型发展路径与规划策略探讨

随着上海2035总体规划将华泾镇纳入主城区范围，华泾作为徐汇未来发展的战略要地，将更加注重内涵式、高质量发展转型，从人民的实际需求出发，以产业升级为动力，以产城融合为目标，发挥生态资源价值，对标城市副中心高标准建设。

### 1. 借助区域发展联动，全面提升产业能级

一方面，2035上海市总体规划中将华泾镇划入主城区范围，为曾经脚跨中心城内外的华泾镇带来了更多发展机遇。另一方面，针对徐汇区南北发展不均衡的痛点，在2021年1月发布的《上海市徐汇区国民经济和社会发展第十四个五年规划和二〇三五年远景目标纲要（草案）》中，提出"两极驱动、东西循环、南北联动"的发展格局，其中"南北联动"将中环以南定位为南部战略拓展区。充分发挥华泾镇空间资源富裕、生态资源优良的优势，则有利于推动区域发展从空间缝合向空间融合、功能整合转变，对于促进徐汇南北联动提升、协同发展具有重要的战略意义。

中心城边缘地区的转型，可以针对中心城区创新增量空间不足的情况，通过建立共建共享机制，引导科技创新企业和科技产业集群在徐汇区范围内合理纯净度配置，提升全区的科技创新产业整体竞争力。以华泾镇为例，其位于徐汇区轨道交通15号线"科技创新带"的中间区位，北连漕河泾高科技园区，南接紫竹科技园区。漕河泾高科技园区、紫竹科技园区、华泾产业园区在科技创新生态链的价值区段定位有相似之处，也有各自分工。三者均以技术开发为主导功能，紫竹以科学研究为主导功能，华泾以高端生产为主导功能。基于国际产业发展趋势、上海产业发展战略和地区产业发展基础，通过吸纳漕河泾开发区和紫竹开发区的技术开发区段外溢，承接漕河泾开发区和紫竹开发区的高端生产区段转移以及徐汇区商务商业总体产业功能布局，选择人工智能产业、商务会展产业、生物医药产业分别作为北杨园区、华之门、关港园区的主导产业。

### 2. 围绕产城融合，优化城市功能

"产城融合"是发展转型的必然要求，是形成以服务经济为主的产业结构的必然选择，也是优化城市空间结构、提升城市核心功能的主要手段之一。针对华泾镇发展转型面临的各类短板和问题，立足于全区视角合理谋划总体发展格局将中环以南的徐汇南部地区作为一个整体，围绕产城融

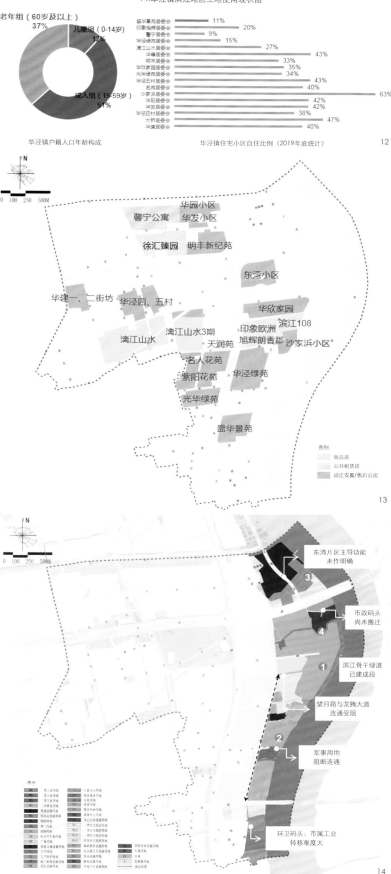

12.华泾镇户籍人口年龄构成、华泾镇住宅小区自住比率（2019年底统计）
13.华泾镇住宅小区分类图
14.华泾镇滨江地区土地使用现状图

老年组（60岁及以上）37%
儿童组（0-14岁）12%
成人组（15-59岁）51%

华泾镇户籍人口年龄构成

盛华景苑居委会 11%
印象旭辉居委会 20%
馨宁居委会 9%
华泾绿苑居委会 15%
滨江山水居委会 27%
朝阳居委会 43%
华欣家园居委会 33%
光华绿苑居委会 35%
华泾五村居委会 34%
名苑居委会 43%
沙家浜居委会 63%
华泾四村居委会 40%
华发居委会 42%
华泾四村居委会 42%
大桥居委会 38%
华建居委会 47%
40%

华泾镇住宅小区自住比例（2019年底统计）

12

13

东湾片区主导功能未作明确

市政码头尚未搬迁

滨江骨干绿道已建成段

望月路与龙腾大道连通受阻

军事用地阻断连通

环卫码头、市属工业转移难度大

14

039

15.华泾镇空间发展格局规划图
16.华泾镇慢行网络规划建议图
17.华泾镇外环绿带与滨江绿地开发容量建议图

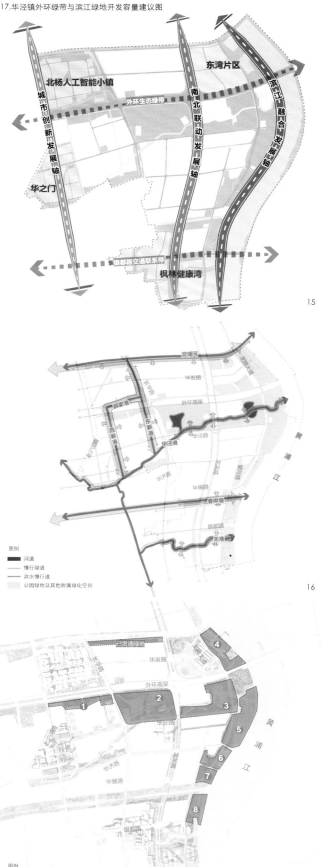

合提出针对住房供给、公共服务设施提供、公共交通组织等几个方面的具体策略建议，从多维度协调产业发展与城区建设的关系。

在住房保障方面，健全可负担、可持续的住房供应体系。发挥华泾镇房屋租售价格和区位平衡的优势，打造面向多元人群，宜居、宜业的华泾家园。结合北杨人工智能小镇和枫林健康湾的打造，配套一定规模的公共租赁式住房，促进科研型、创业型人群的导入，在为产业区发展提供必要的人才保障，快速集聚人气，提升区域发展活力。另一方面，高效利用存量住房资源，探索代理经租模式。例如针对盛华景苑自住率较低的现状特征，摸盘小区内住房资源，开展代理经租模式试点，盘活市场存量房源。提升租赁管理能级，消除群租隐患，面向不同群体提供不同标准的住房供给。

在公共服务设施提供方面，借鉴相关城市边缘地区转型发展的成功经验，通过公共服务设计的先行建设，强化生活中心和商务中心的建设，提高地区品质和人气，丰富地区休闲娱乐、文化体育、教育、医疗、养老等功能，塑造宜居宜业的城市环境，锚固高端人才的生活需求，是营城引人、以人促产的重要策略。同时在《上海市徐汇区单元规划》（草案公示稿）中提出，南部战略拓展区以"品质引领、功能复合"为特色，对标城市副中心高水平建设，全面提升徐汇南部地区的生活品质。考虑到华泾作为南部战略拓展区的主要空间载体，居民目前对于高品质公共服务设施的需求也较为强烈，规划上建议引进高等级医疗设施，有效提升地区医疗综合配套水平。

在公共交通组织方面，2021年年初，轨道交通15号线通车，华泾镇内设有两站，大大改善了镇区交通出行环境。规划通过对接轨交站点，增加短驳公交线路连接华泾镇主要居住片区与轨交站，解决至站点最后一公里出行问题。同时，加强三大产业园区和镇域内部生活组团的公交联系，短驳公交线路同时串联产业园区、主要公共服务设施、居民区，满足居民通勤和日常出行需求。

### 3. 依托蓝绿网络基底，打造优质生态环境

严格维护城市基本生态控制线，通过完善生态用地实施机制和政策保障，促进生态网络的生态保障功能和城市服务功能融合互补，是城市边缘地区转型发展的基本原则。一方面，外环绿带和滨江绿地是上海重要的生态空间，也是华泾镇转型发展过程中必须遵从的生态边界。为促进经济发展模式从资源消耗型向生态友好型转变，同时促进生态价值与社会价值、经济价值的相互转化，规划建议在保证外环绿带和滨江绿地安全防护要求和生态稳定性的前提下，内部适当增加服务配套、活动场地等公共功能，提升绿地的公共属性。

另一方面，从水系梳理和水环境改善入手，理顺地区水系、提升水体品质，形成景观与防洪功能相结合的华泾地区水网系统。针对华泾镇内蓝线控制的河道（除黄浦江外），重点落实沿岸贯通和景观提升；对无蓝线控制的河道，结合所处地块的开发，明确水面率等管控要求。同时，合理开发与利用位于华泾镇内的3.7km滨江岸线资源，保留现有滨江岸线工业遗存，在原有结构特征的基础上改造成为特色不同的休闲活动设施，向公众展现华泾水岸历史工业特色。

### 4. 打破行政管辖边界，跨区域规划协同

在规划编制内容方面，更加关注区域协调战略，积极推进与闵行区梅陇地区的区区合作和协调发展。连接断头路，理顺区域内部路网，围绕机场联络线与轨交15号线站点构建跨区域的综合交通枢纽；增进区域内的市政设施共建共享，在闵行区范围内新建华泾港雨水泵站，提升老沪闵路沿线雨污水输送能力，解决华泾镇中西部和闵行区梅陇镇东北部的内涝问题。

在园区管理模式方面，通过组建联合控股开发公司，对几个重要产业园区的转型再开发实施区、镇、企业联合运作的模式，明确各方权责，实现"事权"和"财权"相匹配。如北杨人工智能小镇是由漕河泾开发区总公司、上海汇成集团、华泾镇人民

政府共同投资开发，华泾镇政府主要负责原有企业和村民的动迁安置，汇成集团负责土地收储和基础设施建设，漕河泾开发区总公司承担产业布局和招商等工作。

## 四、结语

城市边缘地区转型发展目标的实现，需要综合把握产业结构调整、开发节奏、要素支撑及政策引导等多方面的关系，来创造和培育城市转型发展的功能载体。这个过程，是在更大区域范围内，对产业区、生活区、生态控制区内在关系和空间格局的重新调整，实现城市空间资源的优化再生，强化培育新的空间增长点以打破城市边缘地区的同质低水平利用开发，扩大中心城区的影响带动范围，有效发挥边缘地区的使用效能。

**参考文献**

[1]孙施文，冷方兴. 上海城市边缘区空间形态演变研究：以闵行区莘庄镇为例[J]. 城市规划学刊. 2017(06): 16-24.

[2]张尚武，晏龙旭，王德，等. 上海大都市地区空间结构优化的政策路径探析：基于人口分布情景的分析方法[J]. 城市规划学刊. 2015(06): 12-19.

[3]周凌. 特大城市边缘区空间演化机制与对策的实例剖析：以上海为例[J]. 城市规划学刊. 2017(03): 85-94.

[4]王世营. 上海建设具有全球影响力的科技创新中心之规划土地策略研究[J]. 上海城市规划. 2015(01): 5-9.

[5]庄少勤，徐毅松，熊健，等. 超大城市总体规划的转型与变革：上海市新一轮城市总体规划的实践探索[J]. 城市规划学刊. 2017(07): 1-10.

[6]徐毅松. 迈向全球城市的规划思考[D]. 上海：同济大学. 2006.

[7]荣玥芳. 城市边缘区研究综述[J]. 城市规划学刊. 2011(04): 93-100.

[8]刘贤腾. 1980年代以来上海城市人口空间分布及其演变[J]. 上海城市规划. 2016(05): 80-85.

[9]茅路飞. 杭州城北边缘区转型发展规划研究[D]. 杭州：浙江大学. 2018.

[10]华泾镇志编纂委员会. 华泾镇志（1984—2006年）. 2009.

18.徐浦大桥特色景观

作者简介

王璐妍，华建集团华东建筑设计研究院有限公司，高级工程师，注册城乡规划师。

# 上海市单元规划实施评估的方法探索与实践
## ——以宝山区中心城单元为例

# Innovative Practice and Method of Shanghai Unit Plan Implementation Evaluation
# —A Case Study of Baoshan Central City Unit

张蓓蓉

Zhang Beirong

[摘　要]　上海主城区单元规划在规划体系中起到承上启下的作用，其在定位、内涵、工作重点等方面与原有单元规划相比均有较大变化。单元规划实施评估是规划编制的重要环节，当前评估的技术方法和内容重点仍有待进一步探索。基于宝山中心城单元规划实施评估工作，提出以构建数据平台为基础，以梳理三张空间底板为前提、以聚焦实施短板和规划短板两个维度为核心内容，以期从评估技术框架和内容等方面，为新时期单元规划实施评估工作提供建议。

[关键词]　单元规划实施评估；评估技术框架；宝山中心城单元

[Abstract]　The unit plan plays a role as a link between the previous and the next in the Shanghai planning system. Compared with the original unit plan, there are lots of changes in positioning, connotation, work focus, etc. Implementation Evaluation is an important part of unit plan, and the current assessment of technical methods and content focus remains to be further explored. Based on the current assessment of the implementation in Baoshan unit, it is proposed to build a data platforms, and to focus on the two dimensions of implementation shortcomings and planning shortcomings, in order to provide suggestions for the other units from the aspects of evaluation work framework, methods and content.

[Keywords]　unit plan implementation evaluation; framework of implementation evaluation; Baoshan central city unit

[文章编号]　2021-88-P-042

1.上海"两规融合"规划体系图

上海新一轮城市总体规划明确了"总体规划—单元规划—详细规划"三个规划层次的规划体系。其中，单元规划层次包括主城区单元规划、浦东新区和郊区新市镇总体规划暨土地利用总体规划、特定政策区单元规划。单元规划层次突出承上启下的作用，上承上海2035总规要求，向下指导未来控制性详细规划修编。2018年根据上海市规划和国土资源管理局统一工作要求部署，正式开展中心城与主城片区共11个行政区的单元规划编制工作。本轮单元规划明确规划实施评估是单元规划编制的第一阶段工作，应在2035新目标导向下对发展现状与已批控规进行规划评估，发现问题、寻找短板。本文从新时期单元规划实施评估的新要求出发，结合宝山中心城单元实施评估实践，提出规划评估框架的思考。

## 一、单元规划评估的新要求与再认知

### 1. 规划评估的新要求

根据《上海市主城区单元规划编制技术要求和成果规范》中对规划实施评估的要求主要可归纳为四方面。一是总结上版单元规划的指导效用，分析上版单元规划主要内容和核心指标在控规中的传导情况。二是控规编制调整情况和最新控规的实施情况。三是明确底线型、公益性设施，以及经营性用地的规划实施情况是评估重点。四是在上海2035总规的目标导向下，与新要求比对，本轮单元规划在指导控规调整和实施上需要重点优化的内容。

### 2. 评估作用的再认知

过往规划实施评估工作主要侧重于反映城市过去一定时期内规划实施总体情况的评价，用以检验各专项的规划建设工作是否实现规划的预定目标，即以实施性评估作为重点内容。本轮单元规划作为规划体系中承上启下的衔接层次，其落实总规指导控规的作用不断加强。因此，笔者认为单元规划评估除实施性内容评价之外，更应侧重既有控规与总规新目标之间的差距与短板评估。在上海2035新要求下，审视目前的规划是否适应地区发展的新趋势、是否满足2035总规的新目标与新指标要求，寻找规划短板，提出重点关注方向，为新一轮单元规划方案编制提供建议参考。

| 上海市城市总体规划和土地利用规划 | | |
|---|---|---|
| **总体规划层次** | | |
| 浦东新区和郊区各区总体规划暨土地利用规划 | 专项规划（总体规划层次） | |
| **单元规划层次** | | |
| 主城区单元规划 | 特定政策区单元规划 | 浦东新区和郊区新市镇总体规划暨土地利用总体规划 |
| **详细规划层次** | | |
| 控制性详细规划 | 专项规划（详细规划层次） | 村庄规划 |

## 二、单元规划评估技术框架探索

基于上海市主城区单元规划的评估要求和评估目的,本轮宝山中心城单元评估工作提出"一个平台、三张底板、两个维度"的总体技术路径。在评估框架内容方面,衔接单元规划新规范要求,既考虑规划内容的全面系统性,又兼顾各事权主体之间的差异性。

### 1. 技术路径

(1)一平台为基础,完善数据支撑。以本次单元规划评估工作为契机,搭建宝山中心城地区的基础数据平台,整合手机信令、人口普查、交通调查、企业信息等多方面数据,形成人口、经济、住房、公共服务、生态、历史、交通、市政八大类空间数据。数据平台的搭建对于完善评估工作、提高评估结论的准确性和科学性具有重要意义。

(2)三底板为前提,摸清空间家底。梳理现状、控规、2035新目标这三张工作底板,现状底板以三调为基础进行校核,控规底板为规划基准年前已批复的法定控规拼合。由于本次单元规划提出重点对经营性用地及开发量进行评估的工作要求,因此现状底板和控规底板的数据深度均需达到地块建筑量。2035目标底板则包括上位区总规、相关专项规划和上海最新的技术规范要求等内容,确立目标底板体现单元规划传导上海2035总规实施、发挥承上启下的重要作用。

(3)两维度为重点,着眼实施短板和规划短板,全面评估过去并寻找未来差距。通过比对现状底板与控规底板,聚焦规划的实施成效与不足。与以往评估侧重实施性内容不同,本轮单元规划评估不仅关注实施情况的对照,更是寻找既有规划与上海2035新目标之间的差距。通过发掘既有控规短板,明确重点优化方向,提出新一轮单元规划方案需要重点关注与优化的内容。

因此,将实施短板和规划短板作为本轮评估的核心内容,既提炼过去规划建设工作的成效不足,又增加对未来单元规划编制工作重点和方向的建议。

### 2. 框架内容

在评估框架内容方面,既保障规划系统性,又兼顾各事权主体之间的差异性。衔接本轮单元规划技术成果规范要求,评估内容包括总体发展情况、重大专项评估两大板块,以及空间、交通、公共服务设施等共十个分项内容。考虑到本轮单元划分对接规划实施的各事权主体("一个街镇划分为一个单元,面积较大的街镇可划分为两至三个单元"),因此在评估阶段辨析不同街镇的发展特点与短板、增加分街镇评估内容具有较大必要性。

## 三、宝山中心城单元规划实施评估实践

宝山中心城单元包括张庙街道、大场镇、庙行镇、高境镇、淞南镇共5个街镇,总面积约69km²。

### 1. 评估重点

(1)突出指标传导:衔接上位总规指标体系,强化实施度与达标度

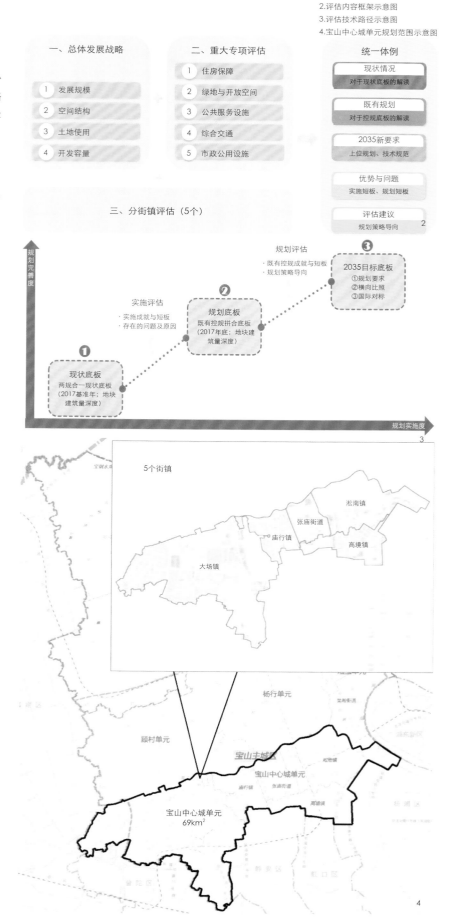

2.评估内容框架示意图
3.评估技术路径示意图
4.宝山中心城单元规划范围示意图

表1 　　　　　　　　　　　　开放空间专项实施度指标表

| 核心指标 | | 现状 | 既有规划 | 实施度 |
|---|---|---|---|---|
| 河湖水面率 | | 3.6% | 3.3% | 较好 |
| 生态生活岸线占比 | | 40.6% | 89.0% | 约50% |
| 人均公园绿地面积 | | 3.0m² | 6.1m² | 约50% |
| 河道两侧公共空间贯通率 | | 41.7% | 86.4% | 约50% |
| 400m²以上开放空间5分钟步行可达覆盖 | 全计入 | 81.0% | 87.4% | 道路两侧带状绿地较多，可使用性较差 |
| | 剔除沿路宽度10m以下绿地 | 46.8% | 75.7% | |

表2 　　　　　　　　　　　　开放空间专项达标度指标表

| 核心指标 | | 2035新要求 | 既有规划 | 达标、缺口情况 |
|---|---|---|---|---|
| 河湖水面率 | | 5.6% | 3.3% | 差距较大，2.3%的比例约1km² |
| 生态生活岸线占比 | | 100% | 89.0% | 差距为11%，需进一步贯通 |
| 人均公园绿地面积 | | 12m² | 6.1m² | 若将控规G2调整为G1，可基本达标 |
| 河道两侧公共空间贯通率 | | — | 86.4% | — |
| 400m²以上开放空间5分钟步行可达覆盖 | 全计入 | 100% | 87.4% | 差距较小，在覆盖盲区增补公园（南大、机场、吴淞） |
| | 剔除沿路宽度10m以下绿地 | | 75.7% | |

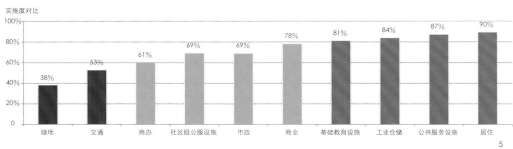

5.宝山中心城单元建设指标实施度比对图

比对

按照单元规划新规范要求，有效分解落实2035全区总规指标是本轮规划编制的重要任务。实施评估作为单元规划编制的第一阶段工作，通过核心指标的比对和分析，有利于充分评估住房保障、绿地与开放空间、公共服务设施、交通和市政基础设施等专项条线的实施成效和规划短板。

指标设定方面，一是充分衔接单元规划指标体系，将单元规划需要分解落实的57项指标中涉及10个评估专项的核心指标进行提炼，如生态空间专项的核心指标包括"人均公园绿地面积""400m²以上开放空间5分钟步行可达覆盖率""生态生活岸线占比"等5项。二是叠加核心指标外其他必要的附加指标，如住房保障专项的核心指标包括"住宅用地面积""新增住房中政府、机构和企业持有的租赁性住房比例""新增住房中，中小套型住房占总套数的比例""保障

性住房套数占全区住房总套数比例"共4项，评估增设"住宅建筑面积""人均居住水平"等附加指标；开发容量专项则增设"TOD站点300m范围内平均开发强度"等附加指标，以期通过定量分析精准判读地区发展情况。

指标测算方面，聚焦实施度和达标度比对。实施度是对城市建设管理的"成效"评估，达标度则是对既有控规与2035年新要求之间差距的"短板"评估。指标比对方面，除纵向比对各专项之间的实施度和达标度以外，通过选取与宝山中心城同类区位和发展条件的单元，如金桥外高桥单元、闵行1单元等，进一步开展横向比照。

（2）突出战略引领：立足全市发展新格局，紧扣宝山中心城自身特点

面向"南北转型"新格局，重新评估战略定位。上海"十四五"规划提出加快形成"中心辐射、两翼齐飞、新城发力、南北转型"空间发展新格局。宝

山、金山要坚定不移推动转型发展，要有序推动产业结构升级，加快塑造发展新动能。评估建议应进一步加强以创新为动力的能级提升，全力构筑上海科创中心主阵地的北部核心承载区。

针对宝山中心城自身特点，客观评估发展导向。本次评估发现宝山中心城地区具有特殊的地理区位和相对充裕的土地资源。其南部与杨浦、虹口、静安、普陀4区毗邻，北部紧邻上海北部枢纽和吴淞城市副中心，既能直接承载中心城区资源，又有条件向外辐射。它是上海主城区的重要组成部分，关乎中心城能级品质提升；亦是推动宝山区全面融入中心城，提升全区核心功能的重要展示地区。评估建议在发展导向上，一是利用较充裕的土地资源，以产业整体转型区域为重点，以大学科技园为特色，提升科创产业能级和集聚度。二是环境品质和服务品质上对标准中心城要求，着力提升地区魅力指数和环境品质。

## 2. 评估结论

（1）实施成效：地区规划实施整体有力、有序和有效

融入中心城发展的空间格局基本形成，以轨交1、3、7号线和快速路网为骨架的基础设施体系建成。主要居住板块逐渐培育成熟，地区常住人口结构趋优，与中心城交通和通勤联系趋紧密。各项民生工程切实推进，特别是与居民生活息息相关的基础教育设施、社区级公共设施实施情况较好。一批新兴功能载体逐步落户，形成复旦软件园、节能环保园、智力产业园等软件信息、文化创意、总部经济等科创空间。吴淞创新城先行启动区、南大智慧城等产业转型地区陆续启动规划建设。

（2）发展挑战：与"紧跟、融入和支撑中心城整体能级品质提升"的要求尚存在差距，带动宝山区整体发展的作用尚未显现

与全球城市核心功能区相适应的功能能级不够，地区经济密度、创新浓度等持续发展动力显著不足。

空间结构发育尚不完善，公共中心发育不足。受重大基础设施、军事用地、大型国企等要素分割，东西板块割裂严重。公共中心体系不完善且建设滞后，亟须增布点、提升能级、加快建设。

城市品质和自身特色彰显不足。结构性生态空间建设严重滞后，蕴藻浜滨水特色尚未显现，高等级、高品质公共服务设施缺口较大。

## 3. 战略思考

针对宝山中心城地区发展动能、空间结构、品质

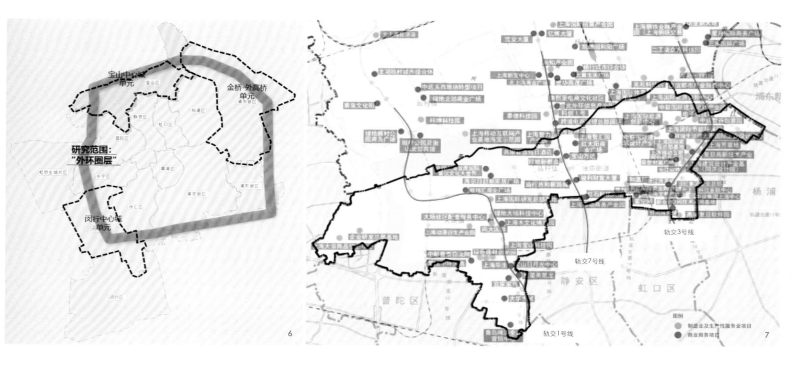

6
7

6.横向参照的其他单元示意图
7.宝山中心城轨交沿线产业发展情况示意图

特色等方面的突出问题，立足全市发展新趋势和新要求，结合该地区的优势和特点，提出以下几方面的战略思考。

（1）科创驱动：加速产业存量转型，推动科技创新与区域转型融合赋能

以科技创新为地区转型注入新动力，重点强化综合功能提升，建设南大、吴淞科创功能集聚区。发挥两大市级重点转型板块空间优势，着力在科创金融服务、大学科创成果转移转化、国资国企科创研发等方面实现突破，打造上海科创中心主阵地建设和新兴产业创新发展的核心承载区。结合轨道交通站点和原有产业用地转型升级，发展科技智慧与电子信息产业，推动蕴藻浜科创中心策源地建设。南大生态智慧城与桃浦合力，打造上海西北地区的智慧核心。加快推进吴淞不锈钢启动区实施，合理谋划吴淞创新城的开发时序。加快形成环上大地区"高校+创新中心+产业社区"的新格局，并与杨浦高校及科研院所合作，发展大学科学园。

（2）空间重构：确保底线约束，分类分片提升城市空间功能

强化生态塑底，加强区域生态环楔廊园体系建设，持续推进外环绿环建设工作，有序开展吴淞楔形绿地、大场楔形绿地规划工作。以交通廊道为骨架，深化公共中心体系，弥补城市功能和产业发展滞后于人口导入的短板。加强功能复合开发，提升公共中心、轨交站点周边等重点地区的开发强度，促进产城融合发展和职住空间平衡。

着眼融入新发展格局，分类分片提升城市空间功能。西部片区依托南大生态智慧城、上海大学及周边产业园区、大场机场转型区、超能新材料产业园（宝山城市工业园）等重点板块，打造上海北部科创策源功能圈。东部片区以吴淞创新城南部地区为核心，联动吴淞城市副中心、淞宝地区中心、滨水文化中心，形成副中心综合服务圈的重要组成部分。

（3）基础锚固：坚持交通网络支撑，打造智慧韧性城区

提升综合交通服务能力，落实"内联外畅、统筹协调"的综合交通体系。结合产业转型减少货运交通影响，打通跨铁路、跨大场机场、跨蕴藻浜等瓶颈节点，强化转型区域与中心城、吴淞市级副中心的交通联系。依托区内道路、公交系统贯通，促进内部东西联动。依托多模式轨道交通系统，大幅提高公共交通出行比重；加密路网密度，构建"安全、连续、便捷"的慢行交通网络。

提升各类基础设施对城市运行的保障能力和服务水平，践行绿色技术，加强重大市政设施的复合利用和智慧化人工智能技术的运用，加强城市安全风险防控，增强抵御灾害事故、处置突发事件、危机管理能力，打造智慧韧性城区。

（4）魅力升级：激活水绿文脉，推动公共服

务、生态环境与创新社区的融合发展

坚持高标准公共服务，加快在南大地区、吴淞地区以及黄浦江、蕴藻浜滨水地区引入高等级的文化、体育、教育设施。促进蕴藻浜沿线用地转型，打通滨水公共空间通道，按照不低于苏州河沿岸地区标准建设蕴藻浜沿线。加强走马塘、西泗塘、南泗塘等城市河道水环境治理，为市民提供开放共享可及的滨水公共空间。

作者简介

张蓓蓉，硕士，上海城市规划设计研究院，区域分院，工程师。

# 基于新经济形态的都市工业园区规划策略研究
## ——以成都金牛区人工智能产业园为例

Study on Planning Strategies of Urban Industrial Parks Based on New Economic Forms
—Take the Artificial Intelligence Industrial Park in Chengdu Jinniu District As an Example

王冬冬　陈亚斌
Wang Dongdong Chen Yabin

[摘　要]　在新经济发展与存量空间提质增效的双重背景下，中心城区的都市工业园区成为适应新经济发展的重要空间载体。文章梳理了都市工业的发展历程，分析了上海、深圳、杭州等地的相关经验，从生态环境、产业、空间及功能四方面总结了新经济形态下都市工业园区的发展趋势；重点以成都金牛区人工智能产业园城市设计为例，从生态环境骨架、产业空间布局、产业载体单元及产城融合社区四个方面深入探讨了园区的规划策略，以期为成都或国内其他城市中心城区打造适合新经济产业内容的都市工业园区提供思路。

[关键词]　新经济；都市工业；金牛区人工智能产业园；规划策略

[Abstract]　Under the dual background of the new economy development and the improvement of the quality and efficiency of the stock space, the urban industrial park in the central city area has become an important space carrier to adapt to the new economy development. This article analyzes the development process of urban industry, based on the development experience of Shanghai, Shenzhen, and Hangzhou, summarizes the development trend of urban industrial parks in the new economic form from the four aspects of ecology, industry, space and function. Taking the urban design of an artificial intelligence industrial park in Chengdu Jinniu District as an example, this article discusses the park's planning strategy from the four aspects of the ecological environment framework, industrial spatial layout, industrial carrier units, and industrial-city integration communities, with a view to creating urban industrial parks that suitable for new economy for Chengdu or other urban centers in China.

[Keywords]　new economy; urban industry; the artificial intelligence industrial park in Chengdu Jinniu District; planning strategy

[文章编号]　2021-88-P-046

1.金牛区人工智能产业园一期效果图

## 一、导言

　　区别于传统经济，"新经济"是以信息技术的发展为基础、以智力资源为主要依托，而产生的高新技术产业链[1]。这一智能化的发展方向使得经济行业市场资源配置发生转变，知识与科技信息得到高效利用[2]。与此同时，新经济在不少城市也越来越多地选择资源丰沛的中心城区作为其落脚点；一方面缓解了中心城区产业空心化问题，另一方面中心城区充足的存量产业用地也为新经济提供了发展空间及相对完备的配套实施。在此背景下，都市工业园区逐渐成为传统工业用地上承载新经济发展的重要空间载体。

## 二、都市工业概况

### 1. 都市工业内涵及发展历程

都市工业是指位于城市中心区域内与城市功能相协调，既为城市内部生产、流通、分配和消费服务，又为城市外部需求服务的各种轻型工业的总称[3]。

总结国内各经济发达地区的都市工业产业发展进程，大致可概括为传统制造业、2.5产业以及现代服务业三个发展阶段。自1998年上海市提出在高新技术产业的支持下构建现代化特色工业体系后，于2000年提出利用市区内旧厂房发展都市工业的思路。该时期，都市工业的发展以传统轻工业为主。随着专业化分工引起的市场细化及扩张，生产性服务业从工业中分离出来，形成了高技术含量、高知识聚集、高附加值和高管理水平的2.5产业；传统制造业则在高地价的压力下逐渐向郊区迁出。而在现阶段工业化后期，基于生产性服务业的迅速发展，科研、教育、信息等现代知识型服务业崛起成为主流业态，都市工业产业类型进一步拓展至现代服务业，更加适应现代人和现代城市发展的需求，不仅提供生产和市场服务，同时也提供个人消费与公共服务。

### 2. 都市工业园区案例

随着新经济的发展，全国各地城市中心区涌现出了一批转型升级传统产业、创新利用存量空间的都市工业园区，为中心城区空间效能的二次提升带来了强有力的支撑，比较知名的有上海市北高新技术服务业园区、深圳蛇口网谷互联网及电子商务产业基地以及杭州滨江物联网小镇。

（1）上海市北高新技术服务业园区——产业转型培育"四新经济"

市北高新技术服务业园区现阶段是上海距离市中心最近、以发展高科技产业为主的都市工业园区，综合发展指数在全市同类园区中排名第一。出于提升主城区工业园区在区域经济发展中的地位和作用的考虑，上海市提出发展以科技创新为引领的新产业、新业态、新技术及新模式"四新经济"新型经济形态。在此背景下，市北高新园区转型规划提出基于园区自身优势主导产业，纵向提升产业能级、强化科技服务平台建设。通过运用互联网平台加大技术创新力度，同时结合未来科技产业绿色化、泛在化、智能化及融合化发展趋势，实现从"传统制造"到"智能制造"的转变，最终形成包括多媒体云平台及金融中后台产业联动发展体系。转型后的园区作为上海市数据智能产业创新主阵地，位居《中国产业园区上市公司白皮书（2021）》"潜力增长TOP5"榜单第三位，实现年度总营收突破2000亿元，成为静安中环区域发展的经济主核[4]。

（2）深圳蛇口网谷互联网及电子商务产业基地——M0新型产业用地实践

作为我国第一个对外开放的工业区，蛇口工业区曾以出口加工业为主，培育了一批知名企业。园区更新路径的关键

2.上海市北高新技术服务业园区
3.深圳蛇口网谷互联网及电子商务产业基地
4.杭州滨江物联网小镇
5.都市工业景观——纽约高线公园

6.智能制造楼宇空间模式　　8.宜居产业社区空间意象
7.无边界街区模式　　9.人工智能产业园区效果图

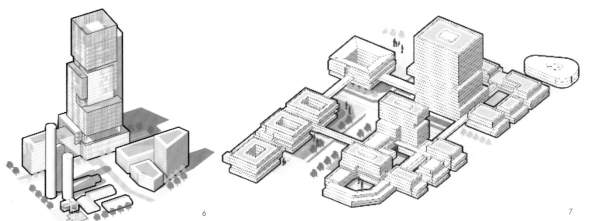

6

7

8

9

6.智能制造楼宇空间模式　　8.宜居产业社区空间意象
7.无边界街区模式　　9.人工智能产业园区效果图

点在于，基于有限的土地资源及产业用地指标，通过引入深圳M0新型产业用地相关政策，以"工改工"的方式将原有普通工业用地（M1）转变为融合研发、创意、设计、中试、无污染生产等创新型产业功能及相关配套服务活动的用地。通过创新探索新型产业用地模式，吸引了大量新兴产业企业。至2017年底，蛇口网谷每平方米土地年产值已由2010年的不足2000元提高到了80000多元[5]，土地效益得到了极大提升。2021年凭借出众的创新发展能力成功入选中国城市更新创新发展优秀案例代表[6]。

（3）杭州滨江物联网小镇——创新工业楼宇打造工业综合体

滨江物联网小镇位于杭州市滨江区政府东南侧，紧邻风情大道、江南大道等交通主干道。小镇以物联网产业为主导，同时大力发展与物联网产业相关的云计算、大数据、移动互联网、信息安全及先进传感设备等基础性支撑产业。为了破解发展用地瓶颈，滨江区创新提出了集中开发建设工业楼宇，打造工业综合体试点都市工业发展的新模式。在该模式下，规划高强度建设地上与地下空间、布局多幢建筑并配以一定规模的公共服务设施。工业综合体以区属国有企业开发实施为主要路径，建成后可以分层或分幢转让给高新技术企业；或以出租的方式先租赁给初期企业使用，待企业发展成熟后再转让。通过供地与供楼的双轨并行，为物联网企业提供灵活的产业空间[7]。发展至今滨江物联网小镇已聚集了如海康威视、大华技术等具有国际竞争力的新经济骨干企业，部分产品市场份额居全国前列。

通过以上案例可以总结发

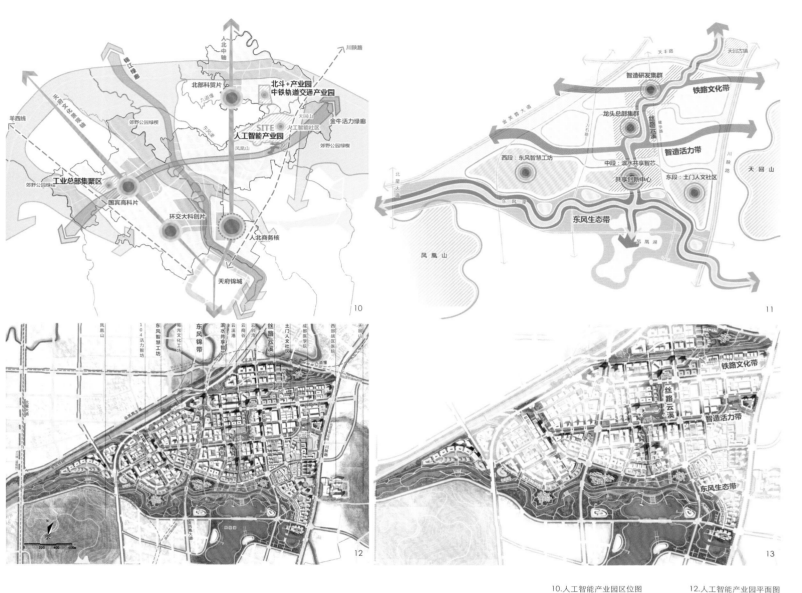

10.人工智能产业园区位图　　　　12.人工智能产业园平面图
11.人工智能产业园区规划结构图　13."丰"字绿廊景观骨架

现，在城市中心区新旧动能转换的大环境下，都市工业产业结构也在不断拓展升级，由单一传统制造业逐渐融合了生产性服务业及相关配套服务业，其载体空间也在不断适应产业发展的需求。

## 三、新经济形态下都市工业园区的发展趋势

新经济形态下都市工业园区因业态及人群空间使用需求的转变而产生迭代变化，其发展趋势主要体现在生态环境、产业载体、空间布局及配套设施四个方面。

### 1. 生态环境成为空间塑造的先导因素

新经济时代城市的发展更加注重生态价值。当经济发展到一定阶段后，人们对生态环境的诉求日益增加[8]。美国波兹曼市的成功转型发展也表明，有风景的地方就有新经济。同时，由于都市工业园区自身优越的地理区位，使其能够通过重新梳理生态空间实现自然生长、衔接城市整体景观系统，从而促进城绿空间可持续的自然演化。因此新经济形态下都市工业园区的生态环境成为了取代工业建筑、组织园区空间塑造的先导因素。在生态景观重塑过程中产生的新城市界面也将吸引更多的活力和人气，进一步推动园区更新。

### 2. 产业载体具有更强的适应性和弹性

基于互联网的推动作用，新经济形态下技术流、信息流及资金流等已超越时空的限制[9]，在其影响下都市工业产业载体空间也将具有更强的适应性和弹性。其中，先进制造业具有较高的产品科技含量和附加值，生产方式逐渐倾向于网络化、智能化，企业组织也呈现出扁平化和虚拟化特征。较传统工业而言，先进制造业具有占地面积小、生产效率高以及节能环保等突出优势，能够通过纵向网络协同实现分散式生产[10]。因此都市工业中先进制造业空间载体可以实现小型化、立体化、集成化的特点，表现为传统厂房改造升级智能微工厂或新建专业智能制造楼宇等。

### 3. 空间布局更加强调街区化与公共性

受级差地租的影响，处在城市中心区的都市工

业园区未来需要实现产业价值与空间价值的双重突破[11]，产业的空间组合方式将充分满足高技术人才的研发服务及消费空间需求，空间布局更加强调街区化与公共性。有学者分析国外传统工业城市转型中的空间特征发现，24小时活力街区及高品质、共享化的公共空间环境是新经济时代产业空间建设的重点方向[12]。除了新建总部经济楼宇外，由科技推动城市更新造就的"硅巷"亦是中心城区可推广的产业空间布局模式。作为依托都市产业发展出来的创新模式[13]，"硅巷"是一种无边界的创新型街区，不仅能够为高技术初创企业成长提供良好的业态系统，同时也为创新创业人群打造了优越的工作环境。

### 4. 配套设施更加多元并突出人文属性

此外，随着都市工业高技术人才的不断引进，未来产业空间应具有完备的配套服务设施，尤其应提高用地的兼容性，布局一定规模的生活性服务业。相关研究表明，除了常规的科技研发商务活动外，高技术人才对休闲、运动等相关配套同样具有多元化需求[14]。故可在都市工业园区配套设施建设标准的基础上提高文体类、健康类特色化配套功能，将高品质的生活作为经济发展的最强资产之一，打造产城融合的宜居产业社区。同时，也要以满足消费者品味及个性化精神需求为基础鼓励软性产业发展[15]，关注都市人文属性，建立地区认同感与归属感，进而推动园区更新、吸引更多的高技术创新人群进入。

## 四、成都金牛区人工智能

## 产业园城市设计实践

### 1. 人工智能产业园概况

　　人工智能产业园位于成都市主城区金牛区的天回镇街道辖区；北邻天丰路，南至东风渠，东起川陕路，西至北星大道，规划面积约5.1km²；地理位置优越、对外交通联系便捷。周边生态资源包括天回山、凤凰山以及东风渠、九道堰等，同时紧邻人民北路城市发展功能轴、金牛大道天府文化景观轴以及锦江生态绿廊、金牛活力绿廊，具有较好的区位资源优势。2020年3月，成都市印发《优化调整后的成都市产业功能区名录》。人工智能产业园所隶属的高新技术产业园区位居其中，定位为成都市都市工业典范区，是成都市发展人工智能的重点区域之一。

### 2. 人工智能产业园的发展基础与战略机遇

　　园区早在2005年即被市政府确定为都市工业集中发展区，当时明确的产业方向主要为制造业及仓储物流业。因近年来园区产业定位的调整，大量工业企业外迁，现状园区有一定规模、具有都市工业特征的企业数量逐年减少，留存的企业规模普遍较小且缺乏行业领先企业，产业集聚效应较弱。

　　2018年成都市提出"中优"发展政策，倡导从增量主导的外延式发展转变为增存并重的内涵式发展，优化中心城区现有工业业态，通过二次"腾笼换鸟"为中心城区结构调整、新动能注入带来机遇。在此背景下，金牛区以高新技术产业园为主阵地，将都市工业作为中心城区高质量发展的重要抓手，并形成"一区三园"的发展格局[16]。其中人工智能产业园重点发展以大数据、5G、云计算等应用为主的人工智能、智能制造等主导产业，将全面助力金牛区现代都市工业发展，加快金牛区转型升级步伐。在此背景下金牛区委托上海同济城市规划设计研究院开展了人工智能产业园的城市设计工作。

### 3. 人工智能产业园城市设计方案

　　城市设计方案以打造都市工业创新区、人工智能集聚区、公园城市示范区为总体目标，依托现有的东风渠、九道堰"两河"环绕，天回山、凤凰山"两山"相依的地形布局，打通场地南北向景观联系，形成了"依东风

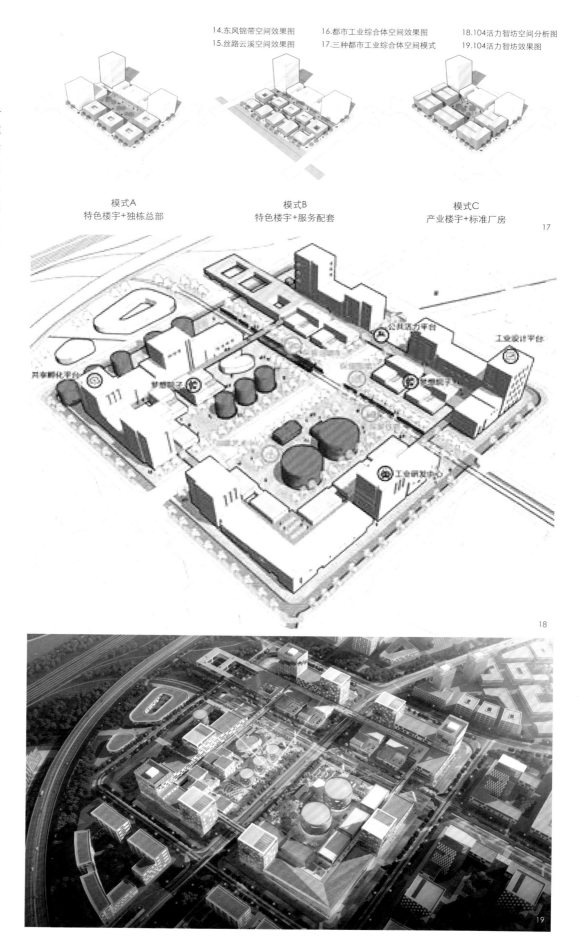

14.东风锦带空间效果图　　16.都市工业综合体空间效果图　　18.104活力智坊空间分析图
15.丝路云溪空间效果图　　17.三种都市工业综合体空间模式　　19.104活力智坊效果图

模式A　　　　　　　　模式B　　　　　　　　模式C
特色楼宇+独栋总部　　特色楼宇+服务配套　　产业楼宇+标准厂房

17

18

19

'20

20.首开地块——云锦一期的建设实景照片

筑锦带、引云溪塑智廊、织绿网营智城"的规划格局。方案充分依托基地南部城市级河道东风渠打造东风生态带，自西向东依次连接东风智慧工坊、滨水共享智芯及土门人文社区三大段，同时引水入园塑造南北向空间主轴——丝路云溪，串联云创湾、云溪港、云商谷三大发展极核；并借助原铁路与道路空间打造铁路文化带、智造活力带，整体构建出"丰"字绿廊生态空间，极大提升了园区的整体空间价值。

### 4. 人工智能产业园城市设计策略

（1）生态骨架先行，构建"丰"字绿廊空间底板

城市设计通过具有区域吸引力的高品质生态项目带动片区景观活力的全面兴起，匹配新经济的发展需求。方案构建了铁路文化带、智造活力带、东风生态带及丝路云溪"丰"字绿廊景观

骨架。其中东风渠东西联动周边凤凰山及天回山城市重要生态节点，南侧链接凤凰湖景观规划片区，丝路云溪南北打通九道堰与东风渠，整体实现了园区与城市景观体系的相融生长。梳理景观骨架内部渗透性生态绿廊，塑造多样性、层次丰富生态廊网，以生态景观作为园区更新的催化剂带动片区活力和人气的提升，充分体现开放型生态空间的包容性。

（2）沿水沿绿发展，塑造两条核心产业走廊

在构建生态格局的基础上突出生态价值转化，改变传统沿路发展方式为沿水沿绿发展，重点结合东风渠、云溪河塑造东风锦带与丝路云溪两条核心产业走廊，发挥生态景观资源的服务功能，增强生态价值转换。

其中，东风锦带以生态人文创新为主题，布局计算机视觉、科技推广及一站式企业服务，沿线配套文创坊、锦绣坊、蜀工坊及俳优坊多组林盘聚落承载文

化创意产业、创新型商业等。景观部分融合东风渠文化与天回蜀锦文化以灵动的曲线和大开大合的空间打造了生态山水段、工业复兴段、文化展示段、滨水风情段四段城景共兴的人文水岸，为创新人群提供泛在化的交流空间。

云溪河两岸则重点布局人工智能与轨道交通、智能制造、智慧物流等主导产业，构建云创湾科技服务平台、云商谷龙头总部集群以及云溪港共享创新中心三大产业空间节点。同时，沿线结合川西园林体验带营建了林水相依、朴素典雅的滨河八景。建筑群体拥绿梯度布局，水景、绿景和城景融为一体，文景呼应。

（3）复合功能布局，探索三种工业综合体模式

改变以往相对粗放的都市工业用地模式，推动园区由单一功能向综合功能转型，继而由平面复合向立体复合升级。基于园区用地性质以工业为主导的基本格局，结合新经济业态的空间需求与特征，

规划构建了"特色楼宇+独栋总部""特色楼宇+服务配套"以及"产业楼宇+标准厂房"三种工业综合体组合模式，作为不同功能地块的空间设计指引。对有条件开展原主体更新的地块，在不改变土地性质、相关产权的前提下，适度提升开发强度以承载产业升级转型，同时适当保留旧厂房的基本元素与传统风貌，塑造新旧结合的地块空间风貌。另一方面通过在轨道交通站点、园区门户位置以及环境条件优越处新建特色楼宇或产业楼宇、开展高能级总部项目的招商和运营，充分发挥新经济形态下轨道交通的支撑作用。

（4）人文场景赋能，活化工业遗存价值

新经济的发展更需要多元化的配套设施以吸引并留住创新人才。规划以公用共享为目标，均衡布局公共服务设施，打造集新零售、社区文教卫体于一体的产城融合公园社区全时场景。通过构建互动性、参与性的户外体验场景展现园区工业人文精神，为创新人才提供兼顾富有人文气息的生活场景。规划最大限度保留了园区内有价值的传统工业元素进行活化利用，如旧厂房、铁轨、龙门吊等；同时结合天回镇、土门村民俗文化及金牛道蜀锦文化，构建古今文化共兴的都市工业社区。在104油库地块保留部分储油罐和输油管，进行工业遗存空间织补，植入文创及生活服务设施，打造成都的油罐艺术中心——104活力智坊，成为园区工业文化体验中心和先锋文创基地。

# 五、总结

新经济产业导入都市工业园区激发了新的活力，也促使传统园区形态因产业业态与人群使用需求转变而产生显著的迭代变化。在此背景下，本文以成都金牛区人工智能产业园城市设计为例，从生态环境骨架、产业空间布局、产业载体单元及产城融合社区四个方面深入探讨了都市工业园区的规划提升策略，为成都中心城区都市工业园区的升级发展提供了思路，也希望对国内其他城市都市工业园区的规划建设提供一定借鉴。

目前，金牛区正全力加快人工智能产业园控制性详细规划落地、道路管网等配套设施完善、标准厂房产业载体建设、重大项目招引等各项工作，首开地块"交子智谷·云锦一期"及东风渠滨河景观示范段已于2021年6月竣工并投入使用，力争早日呈现一个公园形态与城市空间有机融合，人城境业和谐统一，生产生活生态"三生共融"的高品质园区，塑造成都都市工业发展的新样板。

设计团队：匡晓明、刘文波、陈亚斌、欧阳恩一、朱弋宇、王冬冬、包国星、符骁、姚琦伟、顾倩、程宇航

参考文献

[1]谢永建."新经济"基本特征与企业管理变革方向[J].现代商业,2018,000(021):107-108.

[2]刘晓茜,郭鑫.新经济内涵特征理论研究[J].商讯.2019(13):123-124.

[3]汪夏明.城区都市型工业网的形成和发展—兼析南宁市新城区都市型工业网的创建[J].学术论坛.2003(01):75-80.

[4]上海证券报.《中国产业园区上市公司白皮书（2021）》发布 市北高新园区上榜[EB/OL].https://www.sohu.com/a/488027530_120988576

[5]前瞻产业研究院.深圳蛇口网谷产业布局分析[EB/OL].https://f.qianzhan.com/chanyeguihua/detail/180809-3e39a5fc.html,2018-08-09

[6]鸿业工程项目管理.招商蛇口旗下蛇口网谷入选2021中国城市更新创新发展优秀案例[EB/OL].https://mp.weixin.qq.com/s/ERdNBv0doBmiYS8EAd-jyg

[7]潇湘晨报.供地供楼双轨并行，节约集约高质量发展[EB/OL].https://baijiahao.baidu.com/s?id=1684958752967524644&wfr=spider&for=pc,2020-12-02

[8]董淑敏.张亢.李鹏飞.等.新经济时代传统工业城市的动力转型与空间应对——以湘潭市为例[J].城市规划学刊,2017.000(0z2):33-37.

[9]陈宏伟.张京祥.耿磊.网络布局与差异整合："新经济"背景下城镇带空间规划策略探索——以宁宣黄城镇带为例[J].上海城市规划,2017(4):107-113.

[10]袁博.先进制造业在城市中的空间布局分析[J].城乡建设,2015.000(010):41-43.

[11]王晓羚.蒲卓岩.杨存.等.发展都市型工业的互鉴经验——发达地区发展都市工业经验及对成都启示[J].产城,2020(01):36-39.

[12]唐子来.王兰.城市转型规划与机制:国际经验思考[J].国际城市规划.2013(06):5-9.

[13]万勇.沙龙主题:城市更新[J].城乡规划.2018(04):111-126.

[14]万斌.产业升级背景下的高科技园区规划与建筑设计研究 ——以苏州国际科技园为例[D].苏州科技学院,2015.

[15]张海冰.从工业城市到新经济城市:城市发展的新模式[J].国际融资.2018.217(11):17-22.

[16]金台资讯.成都市金牛区投资环境推介暨人工智能产业园城市设计发布会举行[EB/OL].https://baijiahao.baidu.com/s?id=1682219124305407521&wfr=spider&for=pc

作者简介

王冬冬，上海同济城市规划设计研究院有限公司，城市设计研究院城创所，主创规划师；

陈亚斌，上海同济城市规划设计研究院有限公司，城市设计研究院，院长助理，城创所所长。

# 武汉东湖综保区产业配套科技园规划建设模式探讨与启示

## Discussion and Enlightenment on the Planning and Construction Mode of Industrial Supporting Technology Park in Wuhan Donghu Comprehensive Protection Area

李泉权
Li Quanquan

**[摘　要]** 本文通过武汉东湖综合保税区产业配套科技园规划建设模式与分期建设中发现的问题，提出优化与解决路径，对武汉东湖综保区配套科技园已建成部分运用城市更新方式优化提升，对配套科技园新规划用地及未来发展提出"以产促城，以城兴产"的发展模式，并统筹园区资源搭建园区内配套设施平台，笔者希望通过武汉东湖综合保税区产业配套科技园规划建设模式的探讨，对其他同类型综保区配套园区规划建设起到一定的启发与借鉴作用。

**[关键词]** 武汉东湖综合保税区；武汉东湖综合保税区产业配套科技园；规划建设模式；更新改造；产城融合

**[Abstract]** This article passed the issue of the planning project construction model and installment of Wuhan East Lake Comprehensive Bonded Area Industrial Supporting Technology Park, proposed optimization and resolution path, and proposes an external interregion in the regional interregion in the future construction of Wuhan East Lake Comprehensive Insurance Zone, and has been built The use of urban updates to optimize the established parks, and propose "production promotional city, urban development", and coordinate the park resources to build a facility platform in the park. The author hopes the planning and construction mode of Industrial Support Technology Park in Wuhan East Lake Comprehensive Bonded Area has certain inspiration and reference in the construction of the same type of park.

**[Keywords]** Wuhan east lake comprehensive bonded area; Wuhan east lake comprehensive free trade zone industry support technology park; planning and construction mode; update and transformation; production city

**[文章编号]** 2021-88-P-054

1.武汉东湖综合保税区产业配套科技园总体鸟瞰图

　　武汉作为中国中部地区的战略和经济重心，是长江中游地区最大的港口城市，也是长江中游地区最大的港口城市，2013年正式封关运营的武汉东湖综合保税区也在国家自贸区发展的大背景下升级成功，成为湖北省的经济发展新的增长引擎。武汉东湖综合保税区的建设有利于中部地区尤其是武汉在进出口贸易中的份额的扩大，增强沿海地区产业转移的能力，加速武汉地区融入经济全球化的进程，

对武汉实施国家"一带一路战略"、长江经济带战略，具有一定的意义。

　　2006年国务院正式批准设立苏州综合保税区以来，综保区在过去十余年的时间里对我国经济贸易的增长起到了很大的推动作用。综合保税区是我国内地最具有保税港区功能的海关特殊监管的区域，它由海关进行投以管理，并按国家税务的法律法规进行管理，也是当前国家享有最多优惠政策、商品跨境流通完善、功能最

完善、程序上最优化的开放的商贸活动区，其区别于其他的国家级开发区，其实行全封闭管理模式，为保证进出综保区的货物在海关监控范围内，必须在综保区与周边区域之间安置符合海关监管要求的卡口工程、围网工程、视频监控系统以及海关监管所需要的设施及设备。由于其特殊性，围网范围内一般以加工物流区、保税物流区、保税加工、保税综合服务区四大功能为主，园区内员工所需的"衣""食""住""行"等配套设施

均规划布置于园区外，形成了以综合保税区为载体的配套科技园区。

## 一、武汉东湖综合保税区及产业配套科技园建设概况

2011年8月获国务院批准同意设立武汉东湖综合保税区（以下简称"武汉东湖综保区"），位于东湖国家自主创新示范区内，规划总面积5.41km²，规划范围内以围网进行全封闭管理，规划结合用地条件形成了"一轴、两廊、七区"的规划结构，即：沿高新六路功能联系轴；两条生态廊道；主卡口区、副卡口区、保税物流区、三个保税加工区、保税服务区。2017年中国（湖北）自由贸易试验区武汉片区正式挂牌，标志着武汉东湖综保区在原基础上进行改造与升级。武汉东湖综保区周边产业集聚，但建设初期配套设施尚不健全，周边主要功能以研发办公为主，办公、生活无法满足武汉东湖综保区的配套需求。规划与建设产业配套科技园服务综保区内部及周边产业，完善产业功能，对片区发展起着至关重要的作用。

武汉东湖综合保税区产业配套科技园（以下简称"武汉东湖综保区配套科技园"）为东湖综合保税区首个区外配套项目，项目于2014年3月21日获得立项批复，用地面积约132亩，总建筑面积约30万m²。项目共分三期建设，首期于2014年下半年开工建设，一期、二期现已建成投入使用，三期正在积极建设中。武汉东湖综保区主要依托综保区产业为核心 为综保区提供各项服务设施及基础配套设施，最大限度提升武汉东湖综保区的承载能力。

## 二、配套科技园的建设模式

### 1. 综保区产业定位为主导，统筹规划布局

制定园区产业规划是设计的重中之重，产业园区没有产业规划或者产业规划模糊，将给园区招商及运营带来巨大的麻烦，本案在建设之初就紧密围绕武汉东湖综合保税区内产业定位，东湖综合保税区主要依靠周边产业，以光电子信息产业为主导，包含电子代工及集成电路加工、激光产业加工、面板加工、生物医药等产业。

配套科技园规划与建设紧密围绕企业在各自发展阶段的不同需求展开，综保区内主要以生产、物流为主，配套科技园主要为企业自身发展及上下游企业提供基础支撑，根据企业的自身需求定制总体布局及功能业态，并为不同阶段企业提供灵活多变的办公空间

与科技研发空间，并根据企业生产需求提供所需的金融服务、政务服务、商业服务及居住服务等配套服务设施，为企业提供足够的便利。

### 2. "以人为本"完善配套设施，提高园区承载力

人才是综保区活力的根本，但如何留住人才是武汉东湖综保区发展的一个不小的挑战，创造惬意的工作氛围、完善的配套设施及舒适的生活环境，是吸收及留住人才的必要条件。

项目在构建配套服务体系时，充分考虑综保区发展规模的迅速壮大，入驻企业与人口的增加，园区可以承载的能力。为了避免由于园区的生活配套及基础设施的滞后导致园区快速健康的发展，项目在设计之初便通过武汉东湖综保区未来5~10年的发展定位，确定园区常驻企业及人口数量，并以此为条件规划与建设配套设施。

项目在规划中充分考虑办公空间与生活空间的关系，避免产业空间对于生活空间和公共空间的挤压，强调产业、居住和服务组合的平衡，园区以研发办公组团为核心，周边形成了人才公寓组团、综合服务中心组团、配套服务组团服务于研发办公的三大组团。规划设计中不仅仅提供了餐厅、超市、街区商业、人才公寓、银行、邮局、医疗等满足员工这些"基本需求"，还配置了企业员工日常商务及社交的"常规需求"，如咖啡店、西餐厅、茶舍、酒吧、健身、美容、书店、图书馆、影院等。

### 3. 分期建设，灵活调整

项目在规划设计时考虑到资金的投入、市场需求变化及企业发展等多方面因素，将地块分为三期进行建设，既减少了企业一次性的投入，未来也可以根据企业发展需求，灵活地对后续开发进行调整。

（1）一期规划与建设主要以办公为主，并配有一栋人才公寓，以满足前期企业员工基本居住需求，沿城市主干路布置综保区内功能衍生出的保税展示馆，为武汉东湖综保区内产品提供展销空间，这里未来便是保税区商品对外的展示窗口，除了这三大功能外，还配置了街区商业、食堂、便利店等办公、生活所需的基础配套设施。

（2）二期规划与建设以人才居住、生活为主，建设有7栋人才公寓小区，其中根据人才的不同需求分别设置单身、夫妻、三口之家等多种户型，有利于吸引不同家庭需求的人才，最南侧布置有配套服务，以满足人才公寓基本的生活需求。

（3）三期规划与建设以综合服务及星级酒店为主，综合服务包含有政府服务、金融服务、商业、餐

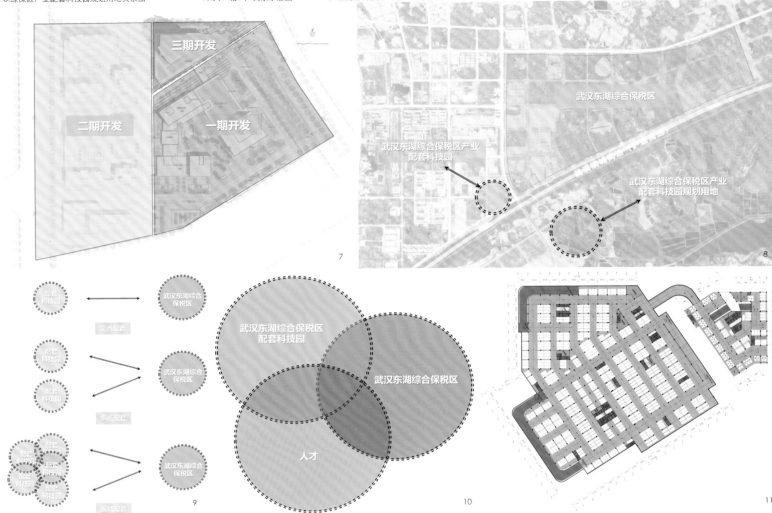

7.武汉东湖综合保税区产业配套科技园分期开发图　　9.配套科技园升级示意图　　　11.一期、三期地下室连通示意图
8.综保区产业配套科技园规划用地关系图　　　　　10.人、城、产关系示意图　　12.产业配套科技园一期、三期效果图

饮等功能，星级酒店即为综保区及周边服务的中高端酒店，为综保区提供商务洽谈、商务会议及其配套居住功能。

## 三、配套科技园建设中的不足及优化提升措施

项目三期于2021年破土动工，距离2014年一期开工建设已过去7年时间，武汉东湖综保区发展速度之迅猛与内部产业调整是规划设计之初始料未及的，配套科技园区作为综保区发展的一块重要组成部分，决定着综保区发展，因此三期建设过程中及时吸取总体规划及前两期建设的不足及综保区需求进行优化更新。

### 1. 配套用地不足

《中国内陆自由贸易试验区武汉片区综合保税区板块战略规划研究》分析，武汉东湖综保区地处武汉东湖高新技术开发区的核心板块，近些年周围5km内

有600多家企业，有将近三万高新产业在此形成，但附近居住、商务服务等基础性配套设施严重不足。

东湖综合保税区产业配套科技园总体规划之初，虽考虑了武汉东湖综保区自身未来的发展，却忽略了区区联动，即武汉东湖综保区、产业配套科技园区与周边园区的链接展开。纵观全国已建成的几大综保区围网范围的生产用地与区外配套用地的比例关系约为4.5：1，反观武汉东湖综保区生产配套用地比例却远远低于这个数字，仅为12：1。

现有配套科技园已无法解决现有区内、区外用地比例的问题，为保证产业的集聚效应，武汉东湖综保区在现有基础上对周边统一布局，将基地南侧500亩规划用地划入配套产业园内，布局形式也从单片区配套服务转为多点配套服务。大大解决了综合保税区自身及周边产业园区居住、生活配套不足的问题，为周边区域发展起到了带动作用。

### 2. 功能缺乏联动

园区在规划与建设之初虽然围绕着综保区产业定位打造功能业态，但随着时间的流逝，武汉东湖综保区也随着市场变化对自身的定位进行调整，综保区的产业升级是它发展核心从建立之初的加工型功能到以研发为主的高科技、高附加值的功能的转型，武汉东湖综保区在近几年在产业发展方面已经形成了以电子信息、新能源、新材料、医药等为主导的产业链。随着武汉东湖综保区的产业结构升级，配套科技园一期、二期在招商与运营过程中出现了很多问题，因此三期建设在通过对前两期建设问题的总结，从城市更新的角度出发，对产业配套科技园布局、功能进行提升。

（1）功能升级与联动

一期综合保税展示馆由于面积无法达到商业综合体面积规模，在招商运营中遇到比较大的困难，因此在三期建设中布置四层商业综合体，并通过连廊将一期综合保税展示馆与三期商业综合体联系在一起，并在一层园区主入口处形成街区型商业，两期商业的纽

合建筑面积达到约4万m²，不仅形成规模也有利于调配与统筹园区内其他商业业态，总体定位从服务东湖综保区，辐射至周边产业园区及5km范围内的住宅区，商业属性从邻里级提升为社区级，缓解周边商业配套设施匮乏的问题。

原本三期塔楼规划之初为星级酒店，但通过对周边酒店的调研，发现目前周边酒店需求处于饱和状态，因此在三期规划与建设中将酒店调整为国际人才交流中心，成为综保区吸引国际化人才的标志性平台。

（2）地下空间连通

三期由于用地紧张，地下空间开发受限，因此设计中统筹园区地下空间，将一期与三期地下室通过连通道进行连通，这样既可以减少三期地下室出入口，也可以将园区内停车位统筹考虑，解决了三期地下室停车位不足的问题。

## 3. 园区基础配套设施缺少统筹

前两期建设中对园区内市政设施没有进行统筹设计，导致园区内消防、电、水、燃气等没有从总体上进行布局，两区建设仅考虑自身需求，没能做到基础配套设施统筹设计，导致了资源的浪费。

三期建设过程中将一期、二期已建设的消防、水、电等设施进行重新梳理与计算，对可共用或设计之初预留有余量的尽量保证将其物尽其用，不足之处再重新布置。

## 四、若干启示

武汉东湖综合保税区由保税区向自由贸易区转型，未来将与武汉其他几大综保区形成联动，打造"东西贯穿、南北纵横"的多种外向型经济物流通道，并且服务于长江流域，发展区域外向型经济，对接"一带一路"的国家战略。配套科技园也将跟随综保区的步伐，对园区内总体进行梳理与改造，笔者希望通过武汉东湖综合保税区产业配套科技园规划与建设模式中发现的问题与解决路径对未来同类园区的规划建设有一定的启发与借鉴。

## 1. 产城融合

对新规划的产业配套园区，应借鉴"产城融合"的规划模式，"产城融合"是我国产业结构与消费结构转型升级的背景下提出的，它要求产业与城市功能融合、价值融合、空间整合，做到"以产促城，以城兴产，产城融合"更多的是在强调生产与城市之间的空间整合、时间协同、规模匹配。本文借鉴产城融合的概念诠释武汉东湖综保区与产业配套科技园发展的关系，"产"是主体，即指武汉东湖综合保税区，"城"是支撑，指综保区配套科技园区，综保区与配套科技园的融合发展的本质是以融合促进发展，武汉东湖综保区配套科技园未来发展将从综保区建设初期的生产聚集、产业为主导的配套性园区，即从功能主义导向人本主义导向的转换，打通"人一城一产"的有机循环，强化产业内涵，让综保区特色产业可以落地生根并发展壮大，最终实现武汉东湖综保区软实力的提升，并带动周边区域发展走向高品质、可持续发展的新模式。

## 2. 更新改造

对园区内已建成项目通过更新改造，统筹园区基础设施资源、优化功能业态、提升建筑品质，以高园区承载能力。优化园区内道路系统，提高园区内通行效率，地下空间整合，将新建地下空间与已建成地下空间连

13.武汉东湖综合保税区产业配套科技园连廊与主入口

通，减少地下室出入口，统筹布置地下室停车位。

根据市场及招商需求，重新整合园区功能业态，形式园区内的商业配套服务中心，有利于形成规模，便于聚集人气。对于办公功能根据企业发展需求，将处于不同发展期的企业分组团布置，并根据企业组团不同需求提供相应的配套设施。

### 3. 搭建配套服务设施平台

新时期综保区产业配套科技园区的功能已不仅是为产业提供基本的物理空间，更是需要通过体系化的园区配套服务设施平台，创造出产业发展的活力高效的生态系统。

（1）空间平台

对园区内基础设施平台做到对市政设施、交通系统统筹规划，搭建除此之外的公共空间、交流空间，为员工提供多样性的空间，有助于激发人们的创造性和想象力，并根据园区不同企业特点，为企业提供有针对性的空间产品，注重空间的通用性和灵活性，以满足企业的发展需求。

（2）政务服务平台

成熟的配套园区要有自己独立的政务服务平台，政务服务设施不仅包括行政服务，还应包含信息服务、政策宣传与对接，搭建政府对园区内企业提供审

批、公共技术服务的平台，针对园区内大型企业，也可提供定制化的服务。

（3）商业设施平台

为企业员工及住户提供公共的商业设施，商业设施不仅停留于满足员工基础生活需求，更需满足员工商务会客、洽谈、休闲娱乐等要求，更能为周边园区及居民提供商业服务功能。

（4）生活设施平台

为员工搭建一个医疗、教育、日常生活等必需的生活设施平台，生活设施平台主要对员工"衣""食""住""行"提供最基本的保障。

（5）金融服务平台

企业对于金融服务的依赖比较大，金融服务也是产业生态的一个重要的构成要素，资本环境已经成为产业园区的重要竞争力之一，更是招商的重要环节，为企业提供一个完善的金融服务平台更是必不可少的。

## 五、结语

随着外部条件的变化，武汉东湖综保区定位也随之政策及市场不断的调整，武汉东湖综保区配套产业园应紧跟综保区的产业及定位的调整，优化既有布局与功能业态，并在未来规划建设中与武汉东湖综保区相辅相

成，做到"以产促城，以城兴产"，不仅能提升武汉东湖综保区的软实力，更能带动城市周边区域的发展。

参考文献

[1]国务院发展研究中心.中国保税区转型的目标模式研究[J].国际贸易，2003（7）：4-8.

[2]许伟.郭子成,卢或.综合保税区升级发展布局模式研究：以武汉东湖综合保税区的升级发展为例[J].规划广角.1006-0022(2014)S1-0060-04.

[3]王超.综合保税区规划设计研究：以武汉东湖综合保税区为例[D]湖北工业大学，2017.

[4]朱玉.武汉综保区向自由贸易区转型研究[D]. 武汉: 中共湖北省委党校，2016.

[5]华程天工.园区配套建设要点-产业园区周边配套的规划思路［OL］.智慧城镇网，2019.

作者简介

李泉权，华东建筑设计研究院有限公司规划建筑设计院，第一设计所，高级设计师。

# 区域协同背景下南通产业全方位对接上海路径研究

## The Research of Industrial Cooperation Between Nantong and Shanghai on Regional Cooperation

邱昕晔
Qiu Xinye

摘 要] 我国对于区域协同的关注已有近40年，尤其2010年以来城镇群快速发展、网络化空间格局的逐步形成，进一步推动了主动的协同规划发展。其中，作为上海和南通这样具体城市主体之间的发展协同，在实际建设上也已取得一定成效。本文梳理上海和南通两个城市主体产业协同的演变历程，从承接上海产业转移、共建产业园区、共建高端综合服务基地三方面探讨南通产业全方位对接上海的路径，归纳出四种产业对接方式。同时，针对航空物流产业、船舶海工产业、生物医药产业等具体产业提供可行的对接实施路径。

关键词] 区域协同；长三角一体化；上海；南通；产业协同

Abstract] The research of regional cooperation has experienced 40 years.The collaborative plan has developed rapidly on account of the development of the city cluster and the network spatial layout since 2010. Besides, the cooperation of Shanghai and Nantong has achieved practical results. Above all, the article reviews the history of the industrial cooperation between the two cities. Secondly, it brings up the patterns and modes of the industries cooperation. Finally, there are the implementation ways for the different industries.

Keywords] regional cooperation; integration of Yangtze river delta; Shanghai; Nantong; industrial cooperation

文章编号] 2021-88-P-059

党的十九大以来，以习近平同志为核心的党中央高度重视区域协调发展，以"城镇群作为城市化的主体形态"成为社会共识。随着长三角区域一体化发展并上升为国家战略，长三角一体化发展进入加速期，初步形成以上海都市圈为核心引领，南京都市圈、杭州都市圈、合肥都市圈、苏锡常都市圈、宁波都市圈协同发展的网络化空间格局。

"上海大都市圈"地处长三角核心区，是推动长三角加强区域协同、参与双循环和全球竞争的基本单元和重要载体，沪通协作是其中重要的一环。南通与上海一江之隔，本地产业基础扎实，近年来地区生产总值已突破万亿，是上海大都市圈内最有潜力的发展区域之一。上海和南通的经济交流历来十分密切，但随着沪通产业的深入发展、协同程度不断加深，不可避免存在分工不明显、重复投资和过度竞争等问题。本文基于长三角区域协同的发展新格局，结合南通产业发展情况，对南通产业进一步对接上海提出路径和方法建议。

## 一、沪通协同历程

沪通协同历程主要分为以下三个阶段。

阶段1：企业自下而上推动的制造业垂直分工合作。20世纪80年代后期至90年代初，南通的经济发展和城市建设速度逐渐慢于上海。这一阶段，上海的国有企业以及其他工商企业，以建立零部件配套体系、原辅料生产基地、产品定牌加工和经济联营等方式，向南通地区进行工业扩散。南通的各种经济主体，也积极与上海市工业企业进行合作，大致形成了一个以全面工业化为基础的、受计划与市场共同影响的产业布局体系，初步建立了以垂直分工为特征的双边分工协作体系。

阶段2：市场和地方政府共同推动的多产业领域合作。20世纪90年代中后期，随着南通经济实力的增强，上海同南通既有的垂直分工关系逐步被带有竞争关系的水平分工所取代，客观上进行产业间分工整合。在协同机制方面，从单一的企业行为向政府搭台、企业发力的方向转变。在协同的方式上，从单一的垂直分工为主，逐步向横向配套协作为主的多生产要素整合转变。在协同的领域上，从单一的制造业领域，逐渐向商贸、旅游、金融、科研等多方面领域展开。

1.江苏省域"1+3"重点功能区

2.南通市域土地利用现状图

表1 　长三角一体化机制发展历程

| 1992 | 长三角15个城市经济协作办主任联席会议制度建立 |
|---|---|
| 1997 | 联席会议升格为长三角经济协调会 |
| 2001 | 沪苏浙成立常务副省（市）长参加的"沪苏浙经济合作与发展座谈会"制度 |
| 2004 | 沪苏浙主要领导座谈会制度启动 |
| 2007 | 国务院发布《国务院关于进一步推进长江三角洲地区改革开放和经济社会发展的指导意见》 |
| 2008 | 长三角政府层面实施决策层、协调层和执行层"三级运作"区域合作机制 |
| 2009 | 安徽正式出席长三角主要领导座谈会、长三角地区合作与发展联席会议 |
| 2010 | 国务院正式批准实施《长江三角洲地区区域规划》 |
| 2014 | 国务院印发《关于依托黄金水道推动长江经济带发展的指导意见》 |
| 2016 | 国务院批复《长江三角洲城市群发展规划》 |
| 2018 | 长三角区域合作办公室成立 |
| 2019 | 《长江三角洲区域一体化发展规划纲要》印发 |

表2 　上海与南通共建园区一览表

| 园区名称 | 时间 | 合作方式 |
|---|---|---|
| 上海外高桥（启东）产业园 | 2007 | 上海外高桥保税区联合发展有限公司和启东滨海工业园开发有限公司出资组建 |
| 上海杨浦（海安）工业园 | 2009 | 上海杨浦区与海安县合作共建 |
| 上海市北高新（南通）海门海宝金属工业园 | 2010 | 上海市北高新（集团）有限公司和南通国有资产投资控股有限公司合作共建 |
| 海门海宝金属工业园 | 2010 | 宝武集团与海门市合作共建 |
| 复旦复华海门高新技术产业园 | 2010 | 上海复旦复华科技有限公司与海门经济技术开发区合作共建 |
| 上海奉贤（海安）工业园 | 2011 | 上海奉贤区与海安县合作共建 |
| 启东江海产业园 | 2011 | 上海城市建设投资开发公司与启东市合作共建 |

表3 　南通市区及启东市与上海大都市圈人口及经济指标比较

| 地级市 | 地区生产总值（亿元） | 人均地区生产总值（亿元） | 一产增加值（亿元） | 二产增加值（亿元） | 三产增加值（亿元） | 常住人口（万人） |
|---|---|---|---|---|---|---|
| 南通市区及启东市（总计） | 3983 | 9.5 | 176 | 1938 | 1869 | 419 |
| 占上海大都市圈比值 | 6.3% | 0.83% | 18.5% | 7.2% | 5.4% | 7.7% |

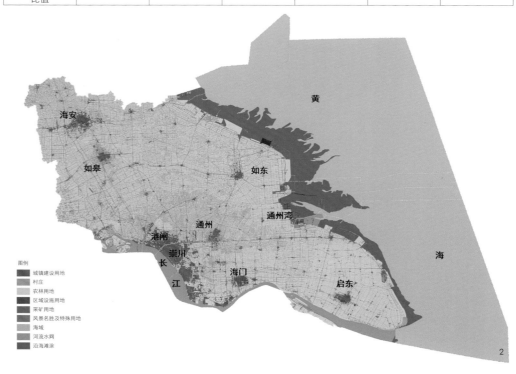

阶段3：长三角区域协调框架下的全面合作。进入21世纪以来，长三角跨行政区划的区域经济一体化热潮，成立了30个城市市长级别参与的长江三角洲城市经济协调会，先后发布了《长江三角洲城市群发展规划》《长江三角洲区域一体化发展规划纲要》等多个重要文件（表1）。2003年，南通明确提出接轨上海、拓展上海的区域发展思路，对于自身定位也从"北上海"发展至"北大门"。一方面，苏通、崇启大桥、沪通铁路和洋口港的建设等重大项目的建设，显著拉近了长江南北的联系。另一方面，关注各类产业项目的引入与政策对接，积极承载产业转移，着力推进南通与上海间的园区合作共建（表2）。

## 二、沪通协同认知

### 1. 机遇与使命

南通是江苏省唯一既滨江又临海的城市，根据江苏省提出的"1+3"战略构想，南通既是"1"扬子江城市群的一部分，又是"3"中的沿海经济带重要成员。2019年3月，江苏省与上海市签订了《上海市、江苏省人民政府共建共享合作协议》，明确了大场机场迁建和南通新机场规划建设事项。7月，南通新机场建设被列入《长江三角洲区域一体化发展规划纲要》。

上海2035总体规划提出完善区域功能网络，加强基础设施统筹，推动生态环境共建共治，形成多维度的区域协同治理模式。重点强调在区域交通设施的协调和联动，推动南通兴东机场共同支撑上海国际航空枢纽建设，建设北沿江城际等机场群联络通道；强化南通等5个主要联系方向上国家铁路干线与高速公路通道的布局。同时，提出疏解上海城市的非核心功能，包括一般制造业、一般加工贸易、区域性物流仓储、部分为周边地区服务的医疗教育产业等。

### 2. 现实与困境

从上海都市圈内各城市核心数据对比来看，上海都市圈内部呈现不平衡的发展能级。南通市区及启东市除一产产值外，与上海都市圈平均水平存在一定差距，且呈现明显的二三一的产业结构，与都市圈整体向三产转型的基本导向有所区别。南通城镇化率偏低，一产比例偏高，也是都市圈内唯一的人口净流出城市。与此同时，南通内部发展也不充分，南通滨江主城的首位度较低，市域空间格局也有待整合，产城融合发展并不充分[1]，江海交通联动有待加强，未能有效带动滨海地区发展（表3）。

## 3. 定位研判

其一，从协同梯度来看，南通南通与上海城市中心直线距离在100km之内，在上海90min通勤圈内，属上海辐射带动效应最强的第一圈层。其二，从协同区位来看，南通具备海陆空水四位一体的顶端优势。拥有165km长江岸线和216km海岸线，长江水运交通成熟，通州湾海港正在成长；具有可扩容的民用机场空域，与上海时空距离近，辐射范围广，机场群组合提升可行性大；公路铁路交通潜力巨大，随着江苏北沿江、沿海交通大动脉的陆续建设，南通将有望承担区域交通OPP（强制通行点）的作用，成为江苏江北、沿海区域对接上海的新起点。其三，从协同基础来看，南通与上海生产互补、生活相联、生态共育、文化相融。南通现状国土开发强度仅为20.2%，是长三角未来增量发展的重要承载区，同时背靠广阔的苏北腹地。南通城市综合服务水平高，基础教育全国闻名，沪通人员联系紧密，并直接与崇明世界级生态岛接壤，共育生态目标一致；吴文化中南通元素与上海海纳百川的海派文化源远流长、相融相生。

综合来看，南通可以说构成了上海区域协同发展的主战场，也是支撑上海建设卓越的全球城市最具潜力的区域。

# 三、产业对接思路

## 1. 总体思路

面向2035，南通将着力建设成为"长三角一体化沪苏通核心三角强支点城市"，积极承接上海制造环节转移和科技创新成果转化[2]，以产业基础、空间优势与交通改善抢占新型产业布局机遇，建设制造、港口、贸易复合发展的世界级智能制造中心城市。拉长智能制造、科技创新功能的长板，发挥比较优势，进一步强化在专业领域的国际影响力。在产业化承载基地、海洋经济等方面发力，突破重大关键核心技术，打造海洋经济转型的新高地；并积极促进"制造+服务"融合发展，推动制造业服务化转型、推广服务型制造模式，着力打造长三角北翼服务中心。尤其，注重以多元化的对接方式强化产业的协同与服务，并紧密结合自身特点与优势，多策并举地有效推进重点产业的实施布局与创新发展。

3.南通滨江主城　　4.南通滨江

## 2. 对接方式

（1）总部（上海）—制造（南通）

上海诸多技术开发区汇聚了中外高科技企业，开发区内庞大的产业链中不乏会有占地较大、劳动密集型的硬件制造环节，此类产业不适合在沪发展，上海应该实现独立化、外置化和专业化，适当地舍弃部分产业，将其转移到南通等周边城市发展，与上海产业技术开发区形成协同效应。

（2）研发（上海）—转化（南通）

上海具有全球总部经济集聚功能，吸引着许多大型企业公司设立总部和研发中心，承接世界范围内的高水平科技研发工作。但由于受到土地、人工成本等因素的制约，研究成果实现在沪孵化落地较为困难。南通拥有良好的条件，可协同上海产业园区的科技成果孵化落地。比如承接化工区科创平台孵化的化工新材料企业，引导该类企业到南通设立生产基地，进行规模化生产；设立生物制药CMO（合同加工外包）生产基地，承接张江医药研发获得上市许可的药品生产。

（3）总包（上海）—分包（南通）

上海作为总承包商，南通承接部分服务分包项目。以市北高新技术服务园区为例，南通可以承接外

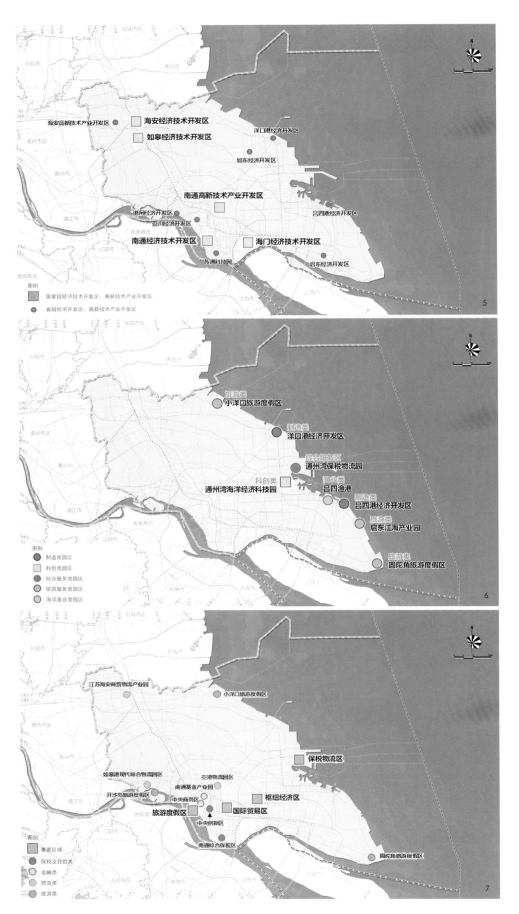

包大数据等产业的数据整理、清洗、结构化、分析等知识服务外包业务，软件开发等技术外包业务，呼叫中心等商务流程外包业务。

（4）总装（上海）—组装（南通）

上海设立大型设备总装制造中心，南通承接部分关键零部件的生产组装，建立制造基地。上海依托良好的创新创业生态和发达的金融市场，成为世界各大顶级生产型企业的聚集区域，其中多数企业的总装车间都分布在上海，如通用汽车总装车间、国产民航客机总装基地等。南通可以提供大型装备的关键零部件的生产配套服务，实现分包服务的功能定位。

## 四、重点产业及实施路径

充分利用空间、设施、服务、合作方面的优势，大力推进和落实重点产业的多路径协同对接和创新协作发展。其中，在航空物流产业方面，利用空域富余、南通新机场、水陆空联运方面的优势，南通加强与上海两场合作，前瞻性地布局好陆海空交通运输体系，联动快递公司，建立航空货运枢纽网络，并协同周边发展航空物流相关产业，建立全国一流的物流仓储中心，承接电子产品维修、飞机大装备硬件检修、医疗设备转运制造等产业。

在船舶海工产业[3]、精细化工产业[4]方面，则是强化与上海企业、园区、科研院校的合作，紧密结合自身区位及产业特色，围绕关键环节或特色鲜明的产品进行生产企业布局，并将不适合在上海发展，但非常重要的一些产业项目转移到南通，形成产业集群式转移；同时，加强新技术研发的孵化承接，并积极推动研发成果的市场产业化，占领技术高地、合作创新发展。

生物技术和新医药产业是南通市极具潜力的新兴产业之一，在实施路径上可采用跟进和跨越并行的战略。一方面，与张江等[5]上海高端医药平台合作、企业合作，建设高端生物医药产业化基地；另一方面，在本土优势细分行业领域，与科研高校、科研服务平台进行深度合作，推动研发成果的市场化。

此外，在高端综合服务方面，沪通可以协作建立高端服务基地，引导不同消费人群入驻。与此同时，对接新零售、新服务企业，打造沪通线上产业服务协同，重点发展农产品服务、人才教育服务、养老休闲服务等生活服务产业。

## 五、结语

我国对于区域协同的关注已有近40年，尤其2010年以来城镇群快速发展、网络化空间格局的逐步形成，进一步推动了主动的协同规划发展。作为上海和南通这样具体城市主体之间的发展协同，在实际建设上也已取得一定成效。本文立足长三角区域协同大背景，探讨南通产业全方位对接上海的路径和方式，并针对具体产业提供可行的实施路径，以期对城市圈、都市圈内核心城市和周边城市产业对接研究提供参考。

注释

①从南通市域发展情况来看，市域城镇体系总体框架基本形成。市域沿海重点镇发展快速，但市域综合交通网络有待进一步完善。沿海县市港口发展迅猛，但是港口与城域相互联系以及一体化发展态势并不明显。通州湾江海联动示范区、海安滨海新区、如东沿海经济开发区、洋口港经济开发区、启东江海产业园、吕四港经济开发区等逐步壮大，其港口资源整合和城镇布局统筹均有待进一步整合。通州湾江海联动示范区港区建设略显滞后，缺乏大型产业项目支撑。

②长期以来，南通市一直是人口流出大于流进的地区，2019年全市净流出36.77万人，这种状况已持续26年。由于南通特殊的产业结构，作为流出谋生发展的人口主体大多为年轻型经济活力人口。南通市每年对外输出高达70万左右的高考生源，返通就业率只有40%左右，大量年轻型、高素质人口外流严重。科创产业的发展，将很大程度上减缓甚至逆转高素质人口外流趋势，推动南通人口集聚。

③南通市船舶配套生产能力较强，船舶产业链完备、配套产品优势、研发服务能力强，近年来综合竞争力逐步增强，且多家企业等已具备冲击世界海工高端产业价值链的实力。

④南通是全国15个精细化工产业基地之一，以纺织助剂、各种功能型涂料染料的研发为主要方向，专用特种的精细化工产品特色鲜明，产值已突破3000亿元。

⑤张江药谷有一批创新创业的中小企业开始进入规模扩张和成果产出期，但是由于园区土地资源紧张、人力资源和商务成本高，众多企业选择了异地产业化和开拓发展。据不完全统计，张江外流的新药研发成果超过50项。

参考文献

[1] 杨玲丽.政府导向、市场化运作、共建产业园：长三角产业转移的经验借鉴[J].现代经济探讨.2012（5）.

[2] 张兆安.长江三角洲经济一体化:正当其时[J].改革与中国经济发展，2012（增刊）.

[3] 邹兵.增量规划、存量规划与政策规划[J].城市规划，2013（2）:35-55.

作者简介

仇昕晔，硕士，上海城市规划设计研究院，区域分院，规划师。

5.南通市域重要制造业空间载体
6.南通市域海洋经济重要空间载体
7.南通市域服务业功能空间规划图
8.南通西站
9.中南城（中央商务区）
10.紫琅科技城
11.紫琅湖

# 上海市近郊区乡村振兴项目实施路径浅析
## ——以嘉定区华亭镇联一村项目为例

## Analysis on Implementation Approach of Rural Revitalization in Shanghai Suburbs
## —A Case Study of Lianyi Village Project in Huating Town, Jiading District

齐福佳　刘　俊
Qi Fujia　Liu Jun

[摘　要]　实施乡村振兴战略是新时代做好"三农"工作的总抓手，而在上海迈向卓越全球城市的过程中，未来乡村不仅是体现城市风貌，更是提升城市能级和核心竞争力的战略空间。本文以嘉定区华亭镇联一村项目为例，通过深入剖析目前存在的问题，探寻乡村振兴项目的主要策略与做法，总结项目实施经验，以期为大都市近郊区乡村振兴项目的规划实施提供一些实践参考和借鉴。

[关键词]　上海市近郊区；乡村振兴项目；实施路径

[Abstract]　The implementation of the rural revitalization strategy is the most important way for the work of "agriculture, countryside and farmers". As a global city, Shanghai's countryside is not only a reflection of the urban style, but also a strategic space to enhance the city's energy level and core competitiveness. In order to provide some practical reference for the rural revitalization project, This paper analyzes the problems of Lianyi village in Huating town and summarizes some implementation experience.

[Keywords]　suburbs of Shanghai; rural revitalization project; implementation path

[文章编号]　2021-88-P-064

## 一、引言

实施乡村振兴战略，是党的十九大做出的重大决策部署，是新时代做好"三农"工作的总抓手，而上海作为一个迈向卓越的全球城市，未来乡村不仅是体现城市风貌，更是提升城市能级和核心竞争力的战略空间。为此，近年来上海市相继出台了系列政策文件以促进乡村振兴。虽然有政策加持以及上位规划控制，但由于乡村地区土地复杂，既涉及建设用地，也涉及农用地，既关乎产业发展，也关乎农民生活，既需要生态保护，也需要景观塑造，在乡村振兴项目实施过程中，牵扯到多方部门、多种规划类型之间的平衡与协调，乡村项目具体落地仍存在一定的困难性。本文以嘉定区华亭镇联一村项目为例，通过探寻乡村振兴项目的具体实施路径，总结乡村振兴实践经验，以期为大都市近郊区乡村振兴项目的规划实施提供一些实践参考和借鉴。

## 二、项目实施面临困境

本文研究范围选定于上海市嘉定区北部，该区域具有良好的农业产业发展条件，项目总规划面积10km²，其中近期启动区（以下称"项目区"）范围约3.2km²。

### 1. 现状权属复杂，发展与保护矛盾突出

乡村作为具有自然、社会、经济特征的地域综合体，兼具生产、生活、生态、文化等多重功能。由于该地区土地的特殊性和复杂性，项目实施会牵扯到多方部门、多种规划类型之间的平衡与协调，乡村项目落地仍存在一定的困难性。

（1）项目区内经营主体多，建设情况复杂

项目区内涉及农业经营主体约29家，包括合作社、农业园区、私营企业、或个人承包等多种类型，各地块土地使用期限不一，对项目的开展造成了限制。

（2）发展与保护矛盾突出

项目所在的华亭镇作为嘉定区的现代农业高地，承载了嘉定区大部分的农业生产功能。根据郊野单元规划，华亭镇划定永久基本农田1 893hm²，其中项目区范围内永久基本农田145hm²，占项目区总面积的45.5%。根据永久基本农田的管控口径，对后续项目区内农业结构调整产生了限制，这加剧了项目区内发展需求与农田保护之间的矛盾。

### 2. 农民收入较低，基础配套不足

随着乡村振兴战略的实施，近年来上海市近郊区的农民生活居住环境得到了极大的改善。但由于城镇化的深入推进，农村大量青壮年转移至城市，导致在乡村振兴建设过程中，仍然面临诸多挑战与问题。

（1）农民收入来源单一，缺少就业机会

由于农民收入来源较为单一，农民收入相对较低，无法满足人们对生活环境水平要求的不断提高。同时和城区相比，区域地理位置较为偏远，就业机会

较少，缺少活力，农村老龄化现象严重。目前项目区内从事农业经营活动的农民大多来自上海周边省市地区，本地农民土地基本都被政府统一流转，收入主要源于土地租金和周边工厂务工，也有少部分村中年长者给农场打工。

（2）基础配套不足，居住环境较差

项目区现有农户约496户，现状宅基地分布零星分散且农民住房部分占比较陈旧，年久失修急需翻建，整体居住环境较差。由于农村对外交通不便、大部分地区地形复杂多样、农村居民点分散且不集中，限制了农村基础设施建设，目前该区域周边生活、医疗、教育等配套设施集中在华亭镇东部，车程约3km。项目区缺乏中高端娱乐设施配套、无管道燃气工程，采用灌装液化气和电炊满足居民和餐饮业对燃气的需求，同时存在污水未完全纳管、路面照明效果差等问题。

### 3. 产业化水平低，品牌竞争力不足

项目区现有一定特色的农产品种植基础，但缺乏系统化、产业化发展规划，对周边辐射带动能力较弱。

（1）机械化发展程度不平衡，经营缺乏联合发展

虽然项目区内设施大棚有一定规模，水稻种植机械化程度较高，但由于涉及个体经营主体较多，小户蔬菜种植机械化程度低，设施化、机械化发展程度不平衡；项目区原为现代农业产业园区重要组成部分，具有一定的现代农业基础，但项目区内种植品类众

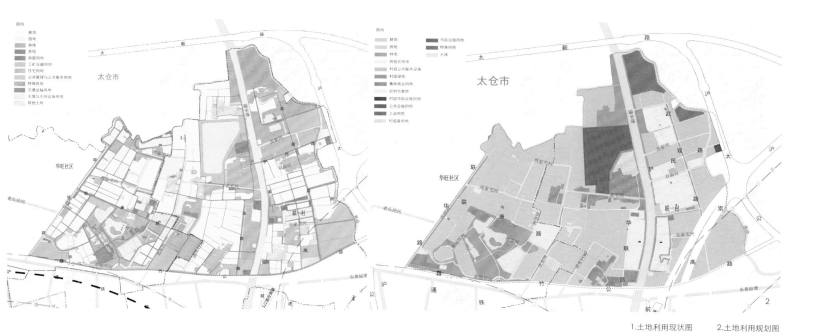

1.土地利用现状图　　2.土地利用规划图

多，包括蔬菜、水果、水稻等，同时还包括甲鱼等水产养殖，经营主体相对多而乱，缺少有实力、有影响力的经营主体，技术应用水平参差不齐。

（2）品牌竞争力不足，未形成区域联动

一方面项目区农产品销售以批发商收购、自销送往周边农贸市场为主，少有品牌、注册商标等包装销售，整体产业链条不长，品牌存在缺失、产品溢价能力弱，农产品精深加工及加工转化率不足。另一方面项目同质化竞争较大，项目周边休闲农旅类项目主要在霜竹路沿线分布，包括哈密瓜主题公园、毛桥集市、亨嘉庄、城市休闲农园等十几个农业旅游景点，项目同质化竞争，差异度较小，缺乏联动发展与区域合力。

## 4. 环境污染严重，乡村风貌有待提升

（1）项目区内环境污染严重

项目区内现有工业企业占地453亩，主要集中于联一村以东区域，现状企业大体呈现数目多，规模小，布局凌乱的特点。由于现状企业占地面积较大，对环境承载造成巨大压力。另外，项目区河道众多，水系丰富，但河道连通性较差，部分河道淤塞严重，加之村庄污水的排入，导致项目区内河道水质较差。

（2）乡村风貌有待进一步提升

项目区村宅基本临水而居，河道水流的回转形态形成了各类不同尺度的围合空间，滨水特征明显。然而现状村宅建筑新老不一，建筑本身体验地域特色较少，空间布局错落缺乏引导，乡村整体环境维持一般，不能满足村民对乡村环境的要求。

## 三、项目规划策略

### 1. 一张图协调解决各类规划冲突问题

立足于郊野单元规划，以全面翔实的现状调研为基础，通过统筹考虑交通、市政、水系、农业、景观、建筑等条线内容，明确近期建设重点，集聚各方力量形成合力，确保项目落地，力争做到"一张蓝图画到底"。

（1）多维度排摸现状，夯实规划基础

原则上企业在项目开发的前期，需对现状进行详尽的排摸，然而由于乡村地区土地权属等资料的难以获取性，实施主体并不能掌握全维度的现状资料。本次项目区内建设情况及现状管线比较复杂，基于地形、影像等基础数据，对项目启动区内土地进行详细摸底，通过影像对比、实地踏勘、地块/项目访谈等形式，分地块进行梳理，摸清不同地类的名称、土地面积、权属情况（权属性质、使用权人、所有权人、土地取得方式、土地登记文件等）、审批情况、土地用途、建设情况等基础信息，形成一地一档成果，同时对规划范围内的管线情况展开物探工作，摸清现状区域的地下市政管线情况，为后期工作的开展提供了充分的支撑。

（2）多条线统筹，形成规划实施方案

乡村地区有别于城市地区，城市开发边界内建设项目具有明确的流程及条线的程序，农村地区建设情况复杂，涉及永久基本农田、河道、水系、道路等条线规划，由于缺乏条线的统筹，实施落地仍存在一定困难。在乡村振兴战略背景下，基于市场与政策机遇，编制实施方案，统筹各专项形成一张空间蓝图，

指导各项的实施落地。

### 2. 农村集体经济组织造血机制探索

华亭镇在充分尊重原住民的基础上，本着"以新换旧、美丽升级、宜居宜业"的初衷，对联一村的农民住房进行升级布局，农民不花一分钱可得到新的住房。同时，通过产业的长效运营，给农民与集体经济带来长期稳定收入。集体经济收入来源包括承包地租金收入、康养产品开发建设收入、资产性持续收入、农民通过采摘或接收溢出游客获得经营收入、在园区工作，直接参与运营而获得就业收入等，规划确保了农民收入的多元化，实现区域内发展收益的共享化。

（1）集体建设用地出资（或入股）的探索

对于失去集体建设用地使用权的村集体经济组织，除建议优先安排农民在项目区就业外，鼓励采用"以集体建设用地出资（或入股），实行保底分红、股份合作、利润返还"等利益分配模式，为集体经济组织创造源源不断的经济收入。通过共同经营，形成集体经济发展的内生动力，从而培养集体经济的市场化经营能力，培养专业人才，实现农村产业持续发展。

（2）"政府+企业"合作模式的探索

通过多方协商，确定了政企合作形式、合作范围、运营机制等相关合作内容，并签订《美丽乡村华亭项目合作协议》，协议中明确项目公司组建、集体建设用地的腾地费用支付方式及进度、财税优惠政策、农用地承租、建设用地规模、项目范围内地上附着物的合理使用等多个环节内容，形成"资源统一调

配、土地统一调配、经费统一筹措、工程统一建设、安置统一分配"的基本合作机制。

（3）"1+1+X"经营模式的探索

从企业间合作的"1+1+X"（功能性国企+特色小镇综合开发的龙头民营企业+多个专业团队）框架入手，围绕项目的土地一级开发和二级开发、产业开发、产业链整合所涉及的商业模式，以项目为核心，研究多方企业合作的模式推动作用。

## 3. 培育新型业态以推进产业融合

项目区围绕农田资源和农业生产特色，结合当地资源优势，以康养产业和循环农业为发展主线，坚持一二三产业融合的发展理念，打造集生产、生活、生态于一体的"乡悦华亭田园综合体"。由于乡村地区的现代产业发展应当遵循乡村自身发展规律，保留村庄肌理及自然水系，不能简单复制城市建设形态，其关键是破解矛盾难题，根本要靠改革推动。

（1）优化调整农业产业结构

坚持以市场为导向，提高效能，积极发展生态产业模式。加大本地优质农产品推广力度，加强机械精量播种、高效节水灌溉、设施保温栽培、稻田综合种养等高效技术的推广，大力推进生态高效农业示范区的建设。

（2）积极推进农产品精深加工全产业链的建设

鼓励项目区内优质企业延伸产业链条，打造集育种、培植、生产、加工、销售为一体的全产业链。将项目区内第一产业的田园种植产业与第二产业的加工仓储产业和第三产业的销售、文创、旅游等产业进行产业聚集，产业融合，发展生产加工销售产业链，实现全链发展。通过倡导项目区内农民、匠人、科研人员、游客等不同职业人群的全民参与全民体验，实现全民共同发展，创建乡村振兴示范田园综合体。

（3）着力推进一二三产业的有机融合

通过深入挖掘本地农村文化资源，提炼特色旅游相关元素，融合农业种植、农业加工、农业服务业等产业，建设农耕文化体验区。加快发展"信息化+农业"，实施"智慧农业"行动计划，支持建设智慧农业平台、农产品电商销售中心、农业技术研究中心。

## 4. 乡村景观风貌的还原与提升

通过提取传统村落的景观元素及景观特质，以景观还原自然村落形态为目的，旨在展现传统江南耕读文化。

（1）强化生态环境整治

将项目区内低效高耗的工业企业进行减量复垦，并将农田进行统一布局，在保护区内物种多样性的基础上，注重生态系统稳定发展。强化生态环境整治，顺应基地自然肌理，重点保护原乡景观风貌，打造恬静的乡村景观。

（2）提升原乡景观风貌

建筑风格上，基于对传统元素的提炼，延续白墙粉黛的色彩关系，辅以水乡迷人的自然韵味，结合村落周边的良田树林，打造烟雨江南的水墨风格。规划以河为泾，临水布局，通过优化街巷空间组织，营造景观交通节点，塑造原乡景观，并以农作物、苗圃等农业生产为基底，填充零碎地块，把握尺度与视线对环境的影响，合理划分农田空间，实现高品质的乡村景观效果。

9.安置房效果图
10.安置房实景照片

## 四、结语

作为实施乡村振兴的首块试验田，嘉定区华亭镇联一村走在前列，是上海乡村振兴战略"三园"工程的首个实践，目前已完成一期187户安置房的交房。规划前期依据当地农民生活习俗，反复琢磨安置房户型设计，关注宅前屋后景观塑造、街巷空间与集会空间设计，使得项目所在联一村成为上海市首个动迁签约率、分房抽签率的双百村。规划基于前期现状摸底、项目策划与研究、政策汇编等内容，编制项目区实施方案，为项目的实施提供发展蓝图，同时也通过专题研究、专项规划等内容为其实际操作提供技术依据和参考。

一是研究供地及建设审批流程，为全市乡村规划实施手册提供基础。项目协助行政管理部门研究乡村建设用地规划土地管理操作办法，在全市率先探索乡村经营性建设用地供地及建设审批优化流程，并纳入全市乡村规划实施手册。同时，积极探索郊野地区乡村振兴项目的实施方案，形成了全市一策划六方案雏形，为全市乡村规划实施奠定了基础。

二是探索近郊区项目实施路径，为上海乡村振兴提供可复制借鉴的模板。践行"全生命周期管理"理念，委托具有相关资质的设计单位从项目前期策划、政策衔接、专项研究，直至项目的实施建设，进行全过程的管理与指导。除了统筹考虑道路市政、河道水系、农田林种植、农业产业、休闲农旅、近期重点地区建设等专项规划，将郊野单元（村庄）规划的相关要求和指标落地外，同时指导协调农民安置房、市民农庄、道路施工等建设工程，合理安排建设及开发计划、有序推动项目实施。

由于当前郊野地区用地使用较为粗放，在土地精细化管理的背景下，建议后续探索郊野地区控制要素的引导模式，以一地一档为基础，对项目区内不同区域分类型进行控制要素引导，明确不同区域规划实施情况，集成式表达空间信息，形成实施要素引导图集，实现乡村地区土地精细化管理及长效管控。

作者简介

齐福佳，硕士，上海广境规划设计有限公司，土地估价师；

刘　俊，硕士，上海广境规划设计有限公司，高级工程师，注册城乡规划师。

# 精细化治理下的历史风貌道路街区更新历程与规划实践探索
## ——以上海长宁区为例

On the Renewal and Planning Practice of Historic Street Block in the Perspective of Delicacy Governance
—A Case Study in Changning District, Shanghai

杨颐栋
Yang Yidong

[摘　要]　历史风貌道路承载着一个城市的记忆和灵魂。长宁区城市更新行动进入常态化推进阶段以来，历史风貌街区保护式更新也显露成效。本文从长宁区城市更新所经历的三个阶段出发，探讨城区精细化治理的运作机制；并从"人文新华、艺术愚园、静雅武夷、漫步番禺"四个示范街区展开，以武夷路美佳乐菜场城市更新规划实践为例，详细阐释了以历史文化风貌区和风貌道路沿线为重点的保护式城市更新工作特色，深入剖析其更新方法和内容。为"有温度""精细化"的历史风貌街区城市更新实践工作提供参考。

[关键词]　长宁区；城市更新；精细化治理；历史文化风貌街区

[Abstract]　Roads with historical features carry the memory and soul of a city. Since the urban renewal of Changning District entered the stage of regular promotion, the renewal of historic block protection has also been effective. Based on the three stages of urban renewal in Changning District, this paper discusses the operation mechanism of urban fine governance, and carry out with four blocks which are "the humanities of Xinhua, artistic of Yu Yuan, elegant Wuyi and strolling down the Fanyu " , demonstration to Wuyi road Meijiale market update urban planning practice as an example, and illustrates in detail the historical and cultural areas, with emphasis on the landscape along with the road protection type urban renewal work characteristics, analyses its update method and content. This paper provides a reference for the urban renewal practice of "cozy" and "elaborate" historic blocks.

[Keywords]　Changning district; urban renewal; elaborate governance; historical and cultural block

[文章编号]　2021-88-P-069

1-2. "行走上海——社区微更新"

在上海中心城进入存量发展的大背景下，长宁区提出全力推进产业发展以及城市更新的两大战略以来，城市更新行动已进入常态化推进阶段，长宁的城区开发建设模式也已逐步适应增量递减、存量优化的要求。"十二五"期间，长宁区在全市率先完成成片二级以下旧里改造任务；"十三五"期间，长宁区在全市率先完成全部旧改收尾工作的基础上，在全市率先基本完成非成套公房综合改造。2017年，长宁区又率先提出了长宁区城市更新总体方案，并制定"2017—2018，2019—2021"两次城市更新行动计划，出台相关支持政策，从宏观战略层面、规划计划层面、具体政策层面落实长宁区建设成为国际精品城区的目标，不断增强城区功能和环境品质。其中，历史风貌街区保护式更新成效显现，人文新华、艺术愚园、静雅武夷等开始印入眼帘，植入心中。

## 一、长宁区三个阶段城市更新历程

根据全市城市更新工作的部署，长宁区的城市更新积极参与了三个阶段的计划行动。作为上海市的中心城区，长宁区在居住社区、产业园区、风貌保护和生态网络等方面均具有明显的特征；同时针对城区特色，呼应上海市城市更新的四大行动计划，编制15分钟社区生活圈行动规划，正在全方位地开展城市更新的实践工作。

### 1.1.0版："行走上海——社区微更新"

从2016年起，长宁区社区微更新利用城市更新的思路，从小处入手，广泛听取社区居民意见，发挥设计师和艺术家的专业特长，从空间使用、交通组织、设施配套、景观设计和艺术营造等方面开展微更新设计，改善社区公共空间体验，优化社区配套环境，呼应民生需求。围绕居民日常生活息息相关的社区公共空间，主要有小区中心绿地改造、小区主入口广场空间改造、小区居民活动室外部空间改造、小区自行车棚环境改善、小区健身步道优化与设施完善等类型。

### 2.2.0版："共享社区、魅力风貌、创新园区、休闲网络"四大行动计划

响应"四大行动"计划，长宁区全面推进城

3.中山公园—愚园路—定西路重点区域的结构分析图　　5.新华路东西特色片区分析　　8."共享社区、魅力风貌、创新园区、休闲网络"
4.武夷路沿线片区地块结构分析图　　6-7.愚园路1088弄愚园路公共市　　9."社区15分钟生活圈"

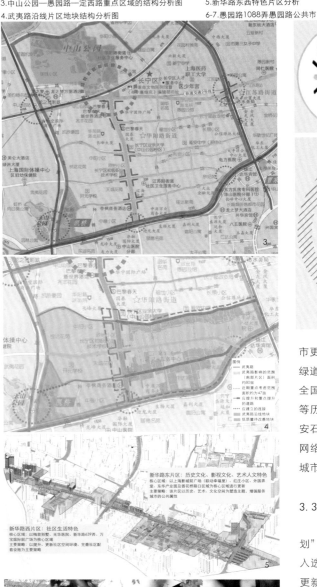

市更新战略，陆续实施了愚园路、上生所、外环绿道及苏河贯通等城市更新项目，形成全市乃至全国知名的优秀案例。武夷路、新华路、番禺路等历史风貌道路的保护式更新，宝地新华、光大安石等经济楼宇项目转型和更新，全区慢行系统网络的不断辟通和提升，精品小区建设等一系列城市更新工作稳步推进。

### 3.3.0版："社区15分钟生活圈"

从2019年起，"15分钟社区生活圈行动规划"的试点工作也在全市展开，长宁区新华街道入选。从对整个街道的规划评估入手，梳理社区更新的需求，统筹出"一张蓝图"和"一份项目表"，集合各类实施通道，逐年推进实施。通过对整个街道尺度的居住、出行、服务、就业、休闲等系统的评估，从较为中观的角度，自上而下地为确定社区空间更新的内容提供了支撑，论证必要性，并厘清可实施条件。

### 二、城区精细化治理的运作机制

根据上海市《关于加强本市城市管理精细化工作的实施意见》及《三年行动计划》，长宁区制订了《长宁区国际精品城区精细化管理三年行动计划（2018—2020年）》，贯彻落实10大项、23小项重点任务，并形成任务清单，明确城市管理精细化的职责范围和实现路径。组建工作领导小组并下设办公室，强化对城市管理工作的统筹协调指导。深化网格化管理体系，调整成立

上海市长宁区城市运行综合管理指挥中心，建成全市一流的三级网格化监管平台。针对美丽街区方面，构建重点特色街区—典型街区——般街区多层次的美丽街区体系，推动美丽街区城管—商户—物业—志愿者—游客多元管理模式，加快小区社区治理和物业管理机制创新，重点突出美丽街区与美丽家园融合协调。

城区精细管理注重规划先行。长宁区城市管理精细化架构结合城市更新及土地管理的方式，在时间上更好地覆盖规划、建设、管理的全过程，在空间上更好的做到了以城区而不是街区为主要载体的全覆盖。将城市产生、发展、运行视为全生命周期，加强构架中不同过程的联动，更助于城市运行的精细化。

### 三、聚焦历史风貌道路特色的四个街区打造

在城区精细化治理的背景下，长宁区以聚焦历史文化风貌区和风貌道路沿线的保护式城市更新为工作特色，打造"人文新华、艺术愚园、静雅武夷、漫步番禺"四个示范街区，践行人民城市理念，进一步提升城区环境品质。

#### 1."艺术"愚园

自2014年起，长宁区开始对愚园路的改造更新进行尝试，包括从规划研究、体制机制等各方面开展了探索工作。从规划方面，邀请了在历史风貌街区更新方面有相当经验的沪上

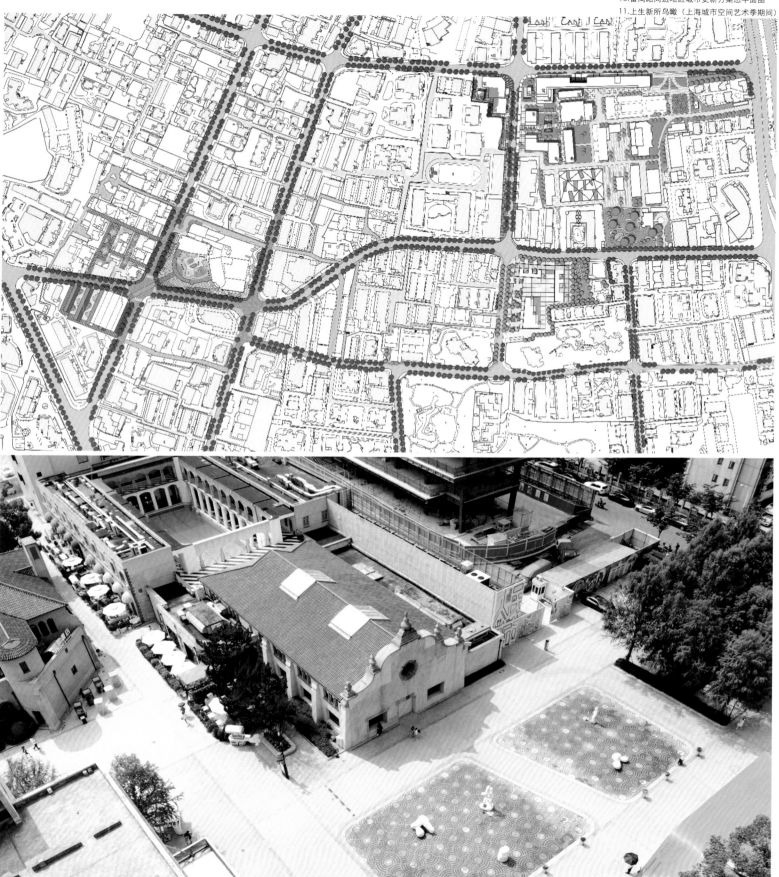

12.茑屋书店实景照片

知名设计师开展了规划研究，提出了以下几方面的更新策略：一是以通过优化沿街绿化以及临街口部提升街道景观，二是重要节点处开放空间优化，三是涉及市政线路和业态相关的整治提升，四是远景结合城市更新工作对部分项目地块进行改造提升。

在体制机制上，由区城市更新协调部门虹桥办总牵头，引入了社会力量参与，搭建了政府及企业共商推进的平台，最初的提升专注愚园路沿线的微更新，除条线部门对沿街绿化改善之外，大部分精力用于沿街业态的调整，协调难度大，各家商户、房东之间意见也不尽统一，收效一般。而后城市更新工作开始向街巷里弄延伸，在微更新改造的同时，更多的文化内容、空间载体开始进入社区，形成了愚园路独特的旅游风貌，地区的活力得到进一步提升。如愚园路1088弄原医职大地块规划转型为文化、社区公共设施用地，具体功能及规模在广泛听取公众意见后确定为周边社区居民提供接地气的生活服务，建成愚园路公共市集；打造愚园路1385号口袋公园，通过拆除违章建筑，逐步拓宽公共空间，改善街区形态，针对拆违以后的空白区域，将其改造成为口袋公园，为市民提供公共空间。

## 2. "人文"新华

继愚园路之后，长宁区开展了《新华路风貌保护更新策略和重要节点设计研究》，研究从宏观、中观、微观三个层面对新华路的现状资源进行梳理，从新华路与上海的空间区位关系、新华路与所在片区的空间互动关系以及新华路自身的街区空间系统关系进行了分析，以风貌和人文为特色，打造兼具都市生活服务功能的慢生活街区。通过空间优化和功能整合聚合片区资源，提出沿线节点的空间织补、沿线功能的活力催化以及沿线界面的品质提升三大规划策略。

同时，根据新华路沿线的资源特点和空间特色分为东西两个特色片区，在整体更新的基础上，发展侧重有所不同。新华路西片区主要体现社区生活特色，以梅泉别墅、光华医院、新华路639弄、万宝国际前广场为核心区域，以提升、更新社区空间环境、完善社区配套设施为主要策略。新华路东片区则展现历史文化、影视文化、艺术人文特色。以上海影城前广场、红庄小区、外国弄堂、东华产业园及香花桥路口区域为核心区域进行更新，以历史、艺术、文化空间为塑造主题，增强服务城市的公共属性。

新华路沿线以居住为主，在实际实施改造提升的过程中主要集中于道路两侧的精细化微更新工作。

完成新华路2.2km架空线入地和合杆政治工作，塑造最美天际线。改造新华路沿线绿化，6个道路节点打造街区景观。持续开展30余个新华路沿线微更新项目，形成睦邻微空间、街区会客厅等特色项目。推进红庄小区等15个精品小区建设、新华路211弄等2个非成套公房改造项目以及历史保护建筑修缮，为居民打造适意的居住环境。

2019年，新华路街道成为15分钟生活圈首批试点街道，正在积极推进涵盖"出行、服务、休闲、特色、居住、就业"六大板块的行动规划。作为社区空间建设统筹的系统设计，通过广泛的公众参与及全要素评估，充分利用社区资源，依托多元手段补齐短板，形成具体行动计划，指导街道包括新华路在内各类项目整体、高效、有序实施推进。

## 3. "静雅"武夷

有了愚园路和新华路的经验，在前期谋划武夷路城市更新的时候，放眼整个街区，建议的更新项目不是简单沿街排成线状，而是有机组成一个巨大模块。不仅仅局限于沿街立面的修缮改造、门面商铺的业态调整，而是结合沿线地块向纵深发展从而带动腹地，同时结合街区的"毛细血管"——公共通道的系统贯通，构成了"点线面"结合的更新体系。武夷路的城市更新，与其说改造一条道路，不如说是改造一片占地47hm²的街区。除了做好一个引领性方案外，武夷路城市更新第一阶段将以重点地块带动片区发展，起到催化剂的作用。

比较典型的引领性更新地块有：

（1）飞乐厂出让文化地块

飞乐厂项目为出让地块，通过土地源头招拍引入优质主体资源，新建文化公服设施为武夷路和周边地区提升文化功能，提升公共服务设施配套水平，疏通街区毛细血管慢行交通系统。通过局部抬升、下沉等空间塑造手法，形成多样化开放交往空间。

（2）美加乐菜场转型更新地块

通过城市更新和既有建筑改造，为武夷路植入更丰富的业态，同时增强社区公共性，强化社区与城市的互动，形成街巷式、成体系的、多元的、有历史感的、沉浸式体验城市里弄活动空间。

（3）仪电地块建筑过渡性利用

仪电集团地块把老旧厂房重新改造利用，打造成一片高科技园区。通过既有建筑的过渡性利用，丰富区域功能，导入多样化业态。通过建筑立面改造，呼应"静雅武夷"的主题，提升武夷路历史风貌道路的界面。

## 4. "漫步"番禺

番禺路沿线社区建成度高，在前期的方案研究过程中，提出了四大规划策略：一是基于行为—环境耦合效应的线性空间提升，二是将功能与空间优化拓展至后街漫步网络，三是街区更新规划中充分关注重点项目带动，四是城市文化品牌营销构建出精品城区名片。从空间上，北部由上生新所项目带动，围绕牛桥浜路沿线潜力地块形成城市更新核心圈；南部以上海影城为核心打造面向2035年卓越的城区文化名片。分别构建两处标志性门户入口空间，后以番禺路为主干，后街网络为载体，串联节点。

通过实地调研发掘若干潜力地块，在下一步通过城市更新实现地块功能转型，完善地区公服，提升土地使用效率，整体运营提升业态水平。

## 5. 小结

历史街区的保护式更新应由沿街界面表皮式的更新逐渐拓展到整个地块，从沿街业态调整发展到整个地块乃至整个街区的内涵提升。城市更新不是一个短期行为，而要讲究精细和章法。长宁区经过几年的探索和实践，沿街立面改造的手法相对成熟，愚园路更因别出心裁的立面更新，一举跻身全城"网红马

**成果展示**
鸟瞰效果图

13

13.美加乐菜场转型更新方案效果图

路"队列，目前已经着手探索如何通过盘活"灰色地块"，疏通毛细血管，连接门面与腹地，最终激活整个街区的活力。

## 四、武夷路美佳乐菜场城市更新规划实践

美加乐农贸市场建于2004年，是武夷路街区唯一的菜市场，与周边居民起居息息相关。由于该市场现状环境较差，建筑破损，亟需进行改造。该地块土地用途为工业用地，产证登记建筑面积935m²，根据相关建设执照，实际建筑面积有2226m²。2018年，为配合打造长宁区四个示范"美丽街区"之一的"静雅武夷"，推动武夷路周边地块的改造升级，武夷路美加乐农贸市场业主拟通过工业用地转型进行改造，将美加乐农贸市场转型为社区商业用地（Rc2）和社区文化用地（Rc3）混合用地，提供更多的公共空间，提高土地使用效率，符合政策发展导向，并通过统一规划、分步实施的策略，从而带动整个街坊的城市更新，并为街坊内未来其他地块的更新打下基础。

按照原控规，美加乐市场地块和东南侧的上汽工业用地一同规划为商务办公用地。本次调整方案，将美加乐市场地块按地籍划出，并将经营性用地改变为公益性用地，总建筑保持原街坊建筑总量不变。本次规划的正向调整属性得到了市规划资源局的大力支持和指导。据此，长宁区人民政府会同市规划资源局委托了华东建筑设计研究院有限公司开展了评估工作，并启动控详调整。后续主要从以下几方面进行了研究深化。

## 1. 历史演变

20世纪四五十年代街坊内主要由商业、高级住宅组成，建筑基本沿武夷路分布，街坊南侧以空地、农场为主，均由武夷路进入地块，南侧为河流尚未形成街巷空间。至今街坊内肌理仍延续沿武夷路以住宅及其衍生出来的公共设施为主，街坊中部以大体量商业建筑为主，其中部分地块保留了街巷南北走向通道的地块肌理。故规划建议D1街坊的风貌区核心保护区范围内延续沿武夷路中部大体量厂房建筑、两侧为小体量的住宅及公共服务设施建筑肌理。

## 2. 街道界面

根据《上海市愚园路历史文化风貌区保护规划》（沪府〔2005〕89号），武夷路位于定西路和延安西路之间的路段被定为上海市64条一类风貌保护道路之一，该路段全长约790m（以道路交叉点计），平均路幅宽度20m。现存历史建筑资源基本位于道路沿线临街第一层次地块内。沿武夷路有较多历史建筑资源，但只在临街正面，背街范围完全是另一番状态。

武夷路筑于1925年，是由公共租界工部局越界所筑。原名惇信路，1943年10月改称武夷路至今。

初建时沥青路面占路幅三分之二，其余为泥土路面，用于居民遛马，1949年后向西延伸。近代时期的武夷路沿线是近代上海西区知名的高级住宅片区，沿线花园住宅为主，集中体现了上海西区近代高级住宅区的风貌特征。沿线历史建筑以西班牙式、英国乡村式和简化的装饰艺术派风格为主，体量不大但特色和品质突出。这一点与上海现存的其他近代高级花园住宅区的特征基本一致。

武夷路南侧建筑界面延续了原有部分居住与公共服务设施混合的界面，建筑风貌延续历史特征，沿街部分段落店招较为破旧、杂乱，建议保持原有道路宽度、尺度的情况下，保护好沿线的保留历史建筑和一般历史建筑，控制沿线开发地块的建筑高度、体量、风格、色彩、形式、面宽、后退距离、建筑间距等各项规划指标，与周边的历史建筑和道路的历史风貌相协调。

武夷路沿线界面大部分依然保留着历史风貌界面不变；而街坊的另外三面定西路、安西路、昭化路沿线道路界面基本已变成现代建筑风貌界面。

### 3. 建筑质量评估

在建筑年代方面，街坊内除洋房类住宅为1949年以前建造，其他商业办公、住宅等建筑均为解放后改造或新建；在建筑风貌方面，街坊内1979年以前的历史建筑整体建筑风貌保存状况一般，除了地块内武夷路284、江苏街道社区卫生服务中心5号楼等历史建筑保存相对较好，其他区域的建筑风貌相对较差；在建筑质量方面，辽油大厦等建筑建造时间较近，现状建筑质量较好，原江苏街道社区卫生服务中心五号楼历史建筑现状建筑质量较好，其他等历史建筑建筑质量一般。

针对街坊内的工业建筑，通过对街坊现状建筑逐栋调研，规划评估街坊内新增2栋建议保留工业建筑。通过现状评估，美加乐农贸市场内2栋工业建筑建筑结构稳固，部分建筑外立面及内部地面、楼梯等有破损，但经过修缮仍具有使用价值；其中部分建筑带有工业气息，一定程度上体现了时代特色，因此建议保留。

此外，本街坊内昭化路321号建筑在《上海市愚园路历史文化风貌区保护规划》（沪府〔2005〕89号）中为其他建筑，已由区属国企中山实业征收，现状建筑经评估，建筑质量一般，立面形式及建筑屋顶形式已有较大改变，历史风貌较差，与周边建筑风格不协调，现状临街为底层商铺，环境较差，非机动车占用人行道情况严重，亟须整治，基本无保留价值。规划建议结合区域公共空间系统，拆除昭化路321号

建筑后为周边居民提供更多的沿街公共空间，提升区域环境品质。

### 4. 社区公共服务设施评估（包括基础教育设施）

规划从技术指标和服务半径两方面进行了评估，以原控详为底板，结合部分公服专项的要求，对标控详规划技术准则，同时对规划实施情况进行了分析，得到以下结论：

（1）整体来说，社区公共服务设施规划建筑面积与用地面积基本可满足使用需求，且不存在服务盲区；部分社区级公服设施的用地配置上存在部分不足，难以达到技术准则所规定的社区级公共服务设施用地面积配置标准。

（2）社区级商业设施建筑面积存在一定缺口，但不存在服务盲区。

（3）社区级文化设施规划设施总量满足需求，但其中12处设施均为规划设施，且近期无法较快实施，现状居民对社区级文化设施需求较大。

（4）社区级养老福利设施由于处于内环内的中心城，用地面积存在缺口，但建筑面积满足相关要求，且距离周边社区级养老福利设施较近。

（5）以本街坊城市更新地块为契机，经区域评估，建议在维持原有控规要求的基础上，补充以社区级文化设施为主的社区公服，重点增加文化活动室、阅览室等品质提升类设施。从而完善地区社区配套服务半径，形成15分钟社区生活圈。

### 5. 公共通道及公共空间

为疏通街坊公共通道系统的毛细血管，统筹周边地块的出行需求，规划对街坊内通道情况进行分析。针对华阳社区规划慢行路网较低的情况，同时街坊内现状已有部分较长南北向人行流线，但多为断头路或因有围墙导致与街坊外围步行流线不连通，提出增设公共通道的需求。结合原控规中要求街坊内设置一处南北向公共通道，建议原美加乐农贸市场与原江苏街道社区卫生服务中心地块之间不设围墙，共享公共通道，同时两地块的运营功能亦可兼顾统筹考虑，并预留好将来上汽地块更新时的公共通道相互连通的可能性。

在公共空间方面，原控规要求街坊内沿武夷路布局一处用地面积580m²公共绿地。根据本市工业用地转型的相关政策要求，美加乐农贸市场项目拟通过贡献地块10%的土地面积进行工业用地转型，沿武夷路提供约300m²土地面积作为公共绿地，与改造后的农贸市场沿武夷路形成良好的风貌界面。

同时，结合昭化路321号旧建筑的拆除，落实约

用地面积300m²公共绿地，既保证了街坊内公共绿地总量不减反增，又与街坊内公共通道串联，在社区公共服务设施周边形成了较好的空间景观，提升昭化路能级和品质。

另外，结合街坊内公共空间系统的梳理以及现状评估，街坊内部新增一处地块内部广场，面积约800m²，在街坊内部形成了"动静"结合公共空间体系。

## 五、结语

城市更新是一个城市发展永恒的主题，历史风貌道路承载着一个城市的记忆和灵魂。从街面到腹地，打造点线面结合的更新体系才能再一次唤醒这个街区的灵魂，赋予这个地区新的活力。政府力量引导，用重点项目催化街区更新，激发市场力量跟进，形成良性的多方合力的局面。在重点项目推进过程中，遵从公共利益优先的原则，从历史风貌特点、城市肌理特色出发，保护一批城市文化和风貌的空间基因，呈现"有温度""精细化"的历史风貌街区的城市更新。

参考文献

[1]上海规划和国土资源管理局，等 . 上海 15分钟社区生活圈规划研究与实践[M]. 上海: 上海人民出版社, 2017.

[2]长宁规土局、上海泛格规划设计咨询有限公司.愚园路-定西路城市空间品质优化设计方案[R].2015.

[3]长宁规土局、上海泛格规划设计咨询有限公司.武夷路历史风貌道路城市更新研究[R].2017.

[4]长宁规土局、上海林李城市规划建筑设计有限公司.新华路风貌保护更新策略和重要节点设计[R].2018.

[5]长宁规划资源局、上海泛格规划设计咨询有限公司.武夷路城市更新深化实施对策研究[R].2021.

[6]长宁区规划资源局、上海现代城市更新研究院.番禺路周边地区城市更新实施行动规划和运营方案策划[R].2021.

[7]长宁区规划资源局、华东建筑设计研究院有限公司.长宁区华阳社区C040102单元控制性详细规划D1街坊暨上海市愚园路历史文化风貌区保护规划019街坊局部调整（实施深化）[R].2020.

作者简介

杨颐栋，长宁区规划和自然资源局规划管理科，科长。

# 治理视域下的社区更新设计实践
## ——以上海市徐汇区长桥街道为例

## Community Renewal Design Practice from the Perspective of Governance
## —Take Shanghai Xuhui Changqiao Subdistrict As an Example

王慧莹　周　鹏
Wang Huiying　Zhou Peng

[摘　要]　结合社区创新治理的要求，上海近年来在社区更新方面进行了多项探索与实践。本项目结合徐汇区社区精细化管理和长桥一体化社区治理要求，基于长桥的街道特质、发展定位，重点组织街道公共空间骨架，打造街道特色风貌，并制定分阶段项目实施计划，明确近、中、远期建设项目清单，有序开展街道微更新工作，为长桥街道的城市建设管理提供高质量、精细化的技术指导依据。

[关键词]　社区创新治理；住区更新；设计实践

[Abstract]　Combined with the requirements of community innovation governance, Shanghai has carried out a number of exploration and practice in community renewal in recent years. In combination with the requirements of community fine management in Xuhui District and integrated community governance in Changqiao, based on the street characteristics and development orientation of Changqiao, the project focuses on organizing the street public space structure, creating the street characteristic style, formulating the phased project implementation plan, defining the list of short, medium and long-term construction projects, and orderly carrying out street micro renewal, and provides high-quality and refined technical guidance for the urban construction management of Changqiao subdistrict.

[Keywords]　community innovation governance; residential renewal; design practice

[文章编号]　2021-88-P-075

## 一、引言

党的十九大报告中明确提出要打造共建共治共享的社会治理格局。2017年6月，《中共中央国务院关于加强和完善城乡社区治理的意见》中也提出"全面提升城乡社区治理法治化、科学化、精细化水平和组织化程度，促进城乡社区治理体系和治理能力现代化"。

上海早在2014年就发布了《关于进一步创新社会治理加强基层建设的意见》，同时结合社区创新治理的要求，在社区更新方面也开展了多项探索与实践。2016年，上海市开展了共享社区行动计划，通过优化居住、就业的土地利用，完善公共服务配套设施，梳理公共开放空间，营造可达性强、服务匹配、功能复合、开放安全的宜居社区，提高社区生活的品质。2018年的上海市住宅小区建设"美丽家园"三年行动计划（2018—2020），则是贯彻城市精细化管理的要求，提升小区运行安全水平和居住环境品质，聚焦综合住房修缮改造、设施设备更新改造、环境综合整治等方面开展的住区更新工作。

此外，每个区也结合各自的治理特点，开展相应的社区更新实践。如浦东新区开展的"缤纷社区建设"是浦东新区在社会治理创新背景下开展的社区微更新实践，围绕口袋公园、街角空间、运动场所等九项与居民生活密切相关的公共要素进行微更新，通过社区微更新这一空间载体，推动浦东新区在社会治理创新上有新作为；杨浦区针对以老工人新村为主的老旧住区，开展社区公共空间微更新试点、美丽家园、美丽社区、睦邻家园等多项工作，取得了一定的效果；徐汇区则在2008年便首推了社区规划师制度，2019年进一步制订《徐汇区社区规划师制度实施办法》，以社区规划师为核心，贯穿社区更新的规划、设计、施工，管理等全生命周期的城区精细化管理模式，进一步提升社区设施品质，优化公共空间。

## 二、长桥街道社区更新诉求与行动计划

本次长桥街道的社区更新行动计划是结合徐汇区社区精细化管理和长桥一体化社区治理要求，在徐汇长桥街道社区规划师的指导下，基于长桥的街道特质、发展定位，重点组织街道公

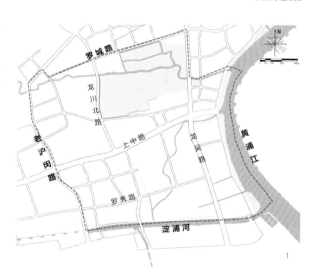

1.长桥街道范围

共空间骨架，打造街道特色风貌，并制定分阶段项目实施计划，明确近、中、远期建设项目清单，有序开展街道微更新设计工作，为长桥街道的城市建设管理提供高质量、精细化的技术指导依据，促进微更新项目设计方案的精准落地。

### 1.现状特征

长桥街道位于徐汇区南部，东至黄浦江，南至淀浦河，西至老沪闵路，北至罗城路，总用地面积约

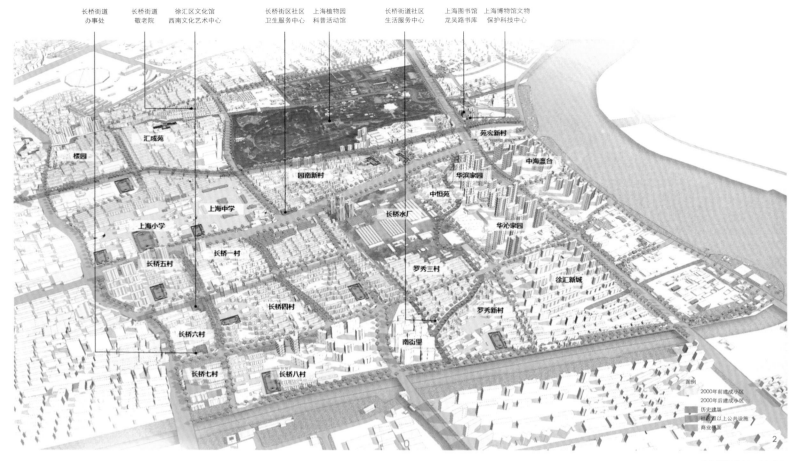

长桥街道         长桥街道        徐汇区文化馆          长桥社区        上海植物园         长桥街道社区       上海图书馆    上海博物馆文物
办事处          敬老院         西南文化艺术中心       卫生服务中心      科普活动馆         生活服务中心       龙吴路书库     保护科技中心

图例
2000年前建成小区
2000年后建成小区
历史建筑
社区级以上公共设施
商业界面

2.长桥街道空间形态特征

5.87km²。长桥街道绝大多数的居民小区建于20世纪八九十年代，这些小区往往面临着社区公共服务设施配套不齐全，基础设施偏陈旧落后等问题。虽然部分老旧居住区已经接受了改造和翻新，如涉及屋面的及相关设施的改进，基础设施的修缮等，但在公共开放空间和公共服务设施建设上，还有待提升改善。

通过研究发现，长桥街道整体空间格局可归纳为"北疏南密，东高西低"。辖区内分布有上海植物园、上海中学、市政水厂等，部分街坊尺度过大，局部路网密度较低，给居民的步行出行带来不便；同时由于上中路和龙吴路等快速路、城市主干道穿过地块，对基地造成比较大的割裂，一定程度上也阻碍了慢行系统的连续性。在公共开放空间方面，区域内现状绿地面积占到可开发用地的15.54%，人均现状绿地面积在中心城区各区人均绿化水平处于中上水平。大型集中绿地占比较大，而小尺度的、供人活动的小型绿地和广场空间较少。

相应地，社区更新行动计划一方面聚焦外部公共开放空间和社区内部环境品质等方面，系统性地提出规划引导策略；另一方面，行动计划提出不仅

需要考虑硬配套的完善，还要考虑软配套结合的综合实施，强调充分采纳社区居民的意见，并鼓励其积极参与老旧居住区的更新计划，提高居民的认可和参与意识。

## 2. 规划策略

### （1）强化长桥植物园社区

上海植物园是国内最大的市级植物园，在对长桥社区发放的调研问卷中，有38%的长桥街道居民认为社区最深印象是上海植物园，上海植物园已成为长桥的名片和形象代表。因此，上海植物园未来的对外开放，有利于打破植物园物理局限，强调公园式街区打造，对周边道路两侧，尤其是百色路两侧的绿化带进行改造优化，改变过去单一的绿化带模式，丰富绿化种类，建设景观小品，将景观融入街区的每一角落，打造"长桥植物园社区"。

### （2）显化长桥蓝绿生态网络

长桥街道共有14条河流，分布街道全域，水系资源丰富，是长桥重要的生态绿廊、公共空间和界面的承载。其中除黄浦江外，有张家塘港、淀浦河2条市级主干河道；春申港、北杨河、进木港等为支级河

道。现状贯通岸线主要集中于植物园内河道与春申港，骨干河道中淀浦河与张家塘港的贯通情况亟需提升。针对长桥街道水系现状局部贯通性不足、驳岸类型较为单一、部分河道绿化情况不佳、用地类型布局有待进一步优化等问题，提出重点围绕淀浦河、春申港北杨河河口地区、汇成片区北部滨河空间等区域开展优化设计，以提升蓝绿空间品质。

### （3）秀化片区街道空间

根据上位规划和现状摸排，长桥街道共有上中路、龙吴路、老沪闵路、龙腾大道等五条对外联系的重要道路，是为长桥街道与外部连接的重要通道，建议以此为骨架进一步强化长桥对外展示面，提升长桥骨干脉络空间品质。此外，长桥街道内部还有长桥路、罗秀路等以生态林荫道为特色的道路、百色路，罗香路等以地区商业为主的生活性道路，通过挖掘潜力街道开展公共空间微更新，突显长桥文化与气质，塑造长桥形象。

### （4）蝶化社区内外空间

长桥街道的居住社区大部分为2000年前建造的老旧居住区，这些居住区往往面临着不同程度上的环境问题，如公共服务设施配套不齐全，基础条件陈旧

公众参与

实施前

实施后

落后等。街道内的部分老旧居住区的建筑已经接受了改造和翻新，但在内外公共空间和公共服务设施建设上，居民还存在较大的提升改善需求。因此，在改造计划和过程中，同样需要对社区的内外部公共空间进行进一步提升，从而改善和提高旧小区居民的居住环境和居住条件。

### 3. 行动目标与项目清单

行动计划提出从核心片区、特色廊道和微更新节点三个方面开展街道的风貌更新提升，把握和凸显区域风貌特色，优化居民社区生活和居住环境，赋予社区新的活力，并为街道后续社区治理工作提供抓手。其中，核心片区涉及汇成片区、园南片区、长桥片区、罗秀片区以及张家塘港河口片区等；特色廊道聚焦龙吴路、百色路、长桥路、龙临路等特色道路，以及淀浦河、张家塘港、春申塘港等滨河空间；微更新节点则重点关注社区公园、街角空间、地铁站点等公共节点空间的品质提升。结合具体的实践更新项目，行动计划又划分为一体化治理活化、特色界面显化和

精细化社区提升计划三种类型，每种类型的计划都形成相关的项目清单，并结合可实施性提出近远期推进的建议。

## 三、长桥社区更新设计实践分析

社区更新设计实践，则是在长桥街道社区更新行动计划所建立的主题计划与项目清单中，挑选紧迫度高和近期容易实施的点位或区域来进一步落实。

### 1. 一体化治理活化——园南社区公共空间系统改善设计

一体化治理活化计划主要是系统性地聚焦多个在地域上临近的小区在交通、停车、慢行系统、公共开放空间方面的问题，通过整合梳理，提出一体化的空间更新提升计划，从而为老旧社区提升温度，软硬结合，切实破解社区治理短板问题，有效提高居民的获得感、幸福感和安全感，打造长桥街道治理品牌。

园南社区公共空间系统改善项目是一体化治理活化计划中提出需要近期实施的项目之一。园南社区与上海植物园隔百色路相望，是长桥街道中部大型居住小区，由园南一村、园南二村、园南三村三个居住小区构成，总占地面积约15.2hm²。通过调研发现，园南三个小区都不同程度地存在公共空间利用度低、总体品质有待提升的问题，在绿地空间的适老化、宜人性，以及满足人们健康活动的需求方面仍有待加强。

在具体设计方面，项目结合园南区域的一体化治理要求，在对园南社区整体公共空间脉络梳理的基础上，提出公共空间系统结构，以园南社区公共空间为载体，重点聚焦六处公共绿地景观的优化设计，着力改善园南社区公共空间品质。此外，结合交通体系的优化和停车点位的梳理，结合局部低效用地，新增停车位近两百个，解决了小区中最突出的停车难问题。

### 2. 特色界面显化——长桥路街区沿线景观风貌

6.街区尺度分析　　　8.现状绿地分析　　10-11.长桥路街区沿线局部景观风貌设计及实施效果
7.风貌提升重点要素　9.计划项目汇总图

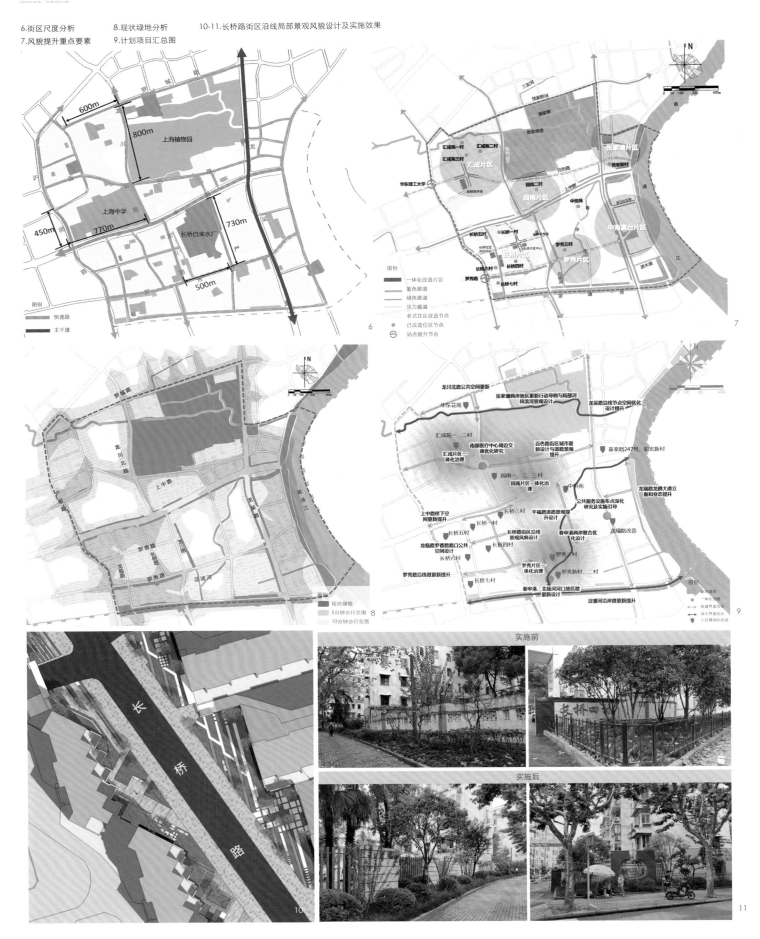

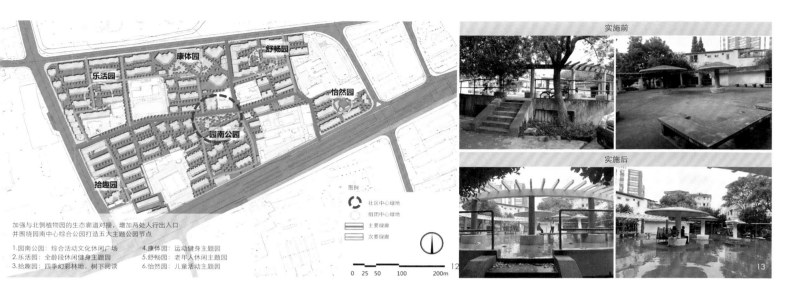

实施前

实施后

加强与北侧植物园的生态廊道对接，增加两处人行出入口
并围绕园南中心综合公园打造五大主题公园节点

1.园南公园：综合活动文化休闲广场    4.康体园：运动健身主题园
2.乐活园：全龄段休闲健身主题园      5.舒畅园：老年人休闲主题园
3.拾趣园：四季幻彩林地，树下阅读     6.怡然园：儿童活动主题园

图例

○ 社区中心绿地
○ 组团中心绿地
━━ 主要绿廊
── 次要绿廊

0  25 50  100      200m

12-13.园南社区公共空间系统改善设计及局部实施效果

## 设计

特色界面显化计划是基于统筹现有资源，发掘长桥街道空间特色的基础上，通过因地制宜地手段，提升街道、滨水界面的空间环境品质，塑造风貌多元协调、环境舒适宜人及人文内涵彰显的精品精致的特色界面，提升长桥社区形象。

长桥路街道沿线景观风貌设计项目是特色界面显化计划计划中提出需要近期实施的项目之一。长桥路绿荫如盖，具有较好的景观优势和形成公共活动街道的基础条件，而且衔接上中路的长桥路北侧入口，是重要的区域形象展示面。然而，现状休闲设施仍有待完善、围墙、铺地等设施老旧，空间品质需进一步提升。

在具体设计方面，项目以提升沿街的景观风貌和空间品质为原则，以丰富居民公共空间生活为需求导向，一方面从街区整体层面出发，聚焦现有短板与主要问题，进行设计引导，提出原则建议；另一方面，以长桥路及上中路沿线为设计重点，提出设计定位，针对围墙、铺地、绿化、配套设施等要素进行设计优化，提升街道形象，注入生活气息，创造高质量的街道景观风貌。

### 精细化社区提升——长桥四村综合提升设计

精细化社区提升计划则是聚焦从人的需求出发，充分下沉社区，推进精细化管理，以绣花态度对待居住社区问题，积极开展社区微更新，同时结合更新后的空间特征策划相应的社区自治活动，从软硬治理结合的角度，提升社区的凝聚力。

长桥四村综合提升设计项目是精细化社区提升

计划中提出需要近期实施的项目之一。长桥四村位于长桥街道西南部，占地面积约10.3hm²，为长桥街道居民户数最多的居民区，属于典型的老旧居住小区。目前，长桥四村经过建筑单体修缮、管道换新、雨污混接等基础改造工作，小区的面貌已经得到良好的改善。但对于公共开放空间的环境品质、慢行系统设置、儿童友好设施等方面，居民还有进一步提升的愿望。因此，长桥四村新一轮的更新提升重点关注了居民诉求以及社区治理的相关要求，梳理社区发展脉络、规划结构、空间特色，重点打造小区公共空间，为居民提供日常活动和参与及议事的空间，精细化提升环境特色与空间品质。依托社区规划师的专业力量，深入社区踏勘访谈，充分收集居民意见，进一步实施"微更新""微改造"，从绿地空间的布局优化、设施的适老化配建、社区活动的多元开展等方面，提出设计方案、规划建议、行动引导，促进实现社区激活、品质提升，使长桥四村成为更具安全感、归属感、成就感和幸福感的社区空间载体。

## 四、结语

伴随着上海进入存量更新发展时代，社区治理需要更为精细化、人性化、系统化的考量。因此，社区更新不仅仅是一个简单的物质空间的建设问题，更多的需要从顶层设计的层面对社区发展进行综合研究，从而制定系统性、针对性的更新行动计划。长桥街道的社区更新实践，整体上通过系统性考量，推动社区更新工作模式转变，更加强调综合性、特色性和精细

化，在三类行动计划的指引下，促进和保障社区更新项目循序渐进地展开，有利于进一步打造更有序、更安全、更有温度的社区。

参考文献

[1]吴海红，郭圣莉.从社区建设到社区营造：十八大以来社区治理创新的制度逻辑和话语变迁 [J].深圳大学学报,2018,35(2):107-115.

[2]金云峰,周艳,吴钰宾.上海老旧社区公共空间微更新路径探究[J].住宅科技.2019,39(06):58-63.

[3]伍攀峰.上海居住社区更新规划和实施的探索[J].当代建筑.2020.05:29-31.

[4]黄怡，吴长福.基于城市更新与治理的我国社区规划探析：以上海浦东新区金杨新村街道社区规划为例[J]，城市发展研究.2020.27(04):110-118.

作者简介

王慧莹，华建集团华东建筑设计研究院有限公司，高级工程师，注册城乡规划师。

周　鹏，华建集团现代建筑规划设计研究院有限公司，高级工程师，一级注册建筑师。

# 基于城轨枢纽的城市微中心设计研究
## ——以北京经海路站为例

Research on Urban Micro-center Design Based on Rail Hub
—Taking Beijing Jinghai Rd. Subway Station As an Example

汪 军 邱小羽
Wang Jun  Qiu Xiaoyu

[摘　要]　本文的研究立足于探索城市轨道枢纽微中心设计策略方向，通过分析总结国内外针对微中心的背景与现状发展，提出了深入现状掌握更新要点、城市设计提升地区形象、加强功能业态复合开发、轨道枢纽提高地区效率、步行空间增加城市活力以及转化指标配合城市管理六点城市微中心设计策略。并以北京经海路站轨道枢纽为例，基于其现状背景与现状问题，对其提出六大设计策略，并以"一环聚集、两轴贯通、四个门户"为其总体结构，从功能业态、地区形象、街区活力、出行方式、交通可达、法定指标等方面全面塑造"全球知名科技创智中心"的城市地标，以期对微中心设计提供可行性建议。

[关键词]　城市微中心；轨道交通枢纽；城市设计；城市更新

[Abstract]　This paper is based on the design strategy direction of exploring orbital hub micro-centers. By analyzing and summarizing the background and current development of microcenters at home and abroad, the paper puts forward six design strategies of urban micro-center, namely, grasping the key points of renewal, improving the regional image by urban design, strengthening the composite development of functional business forms, improving the regional efficiency by rail hub, increasing the urban vitality by walking space, and coordinating the transformation index with urban management. Taking Beijing Jinghai Subway Station as an example, based on its current background and current problems, six design strategies are proposed for it, and its overall structure is "one ring gathering, two axes connecting, four portals". In order to provide feasible suggestions for the design of the micro-center, the city landmark of "the world-renowned science and technology innovation center" will be comprehensively shaped from the aspects of functional format, regional image, block vitality, travel mode, transportation accessibility, and legal indicators.

[Keywords]　urban micro-center; rail transit hub; urban design; urban renewal

[文章编号]　2021-88-P-080

## 一、前言

自20世纪90年代以来，我国城市化进入快速推进阶段，各地城市建设高速发展，城市轨道建设也在大型城市中逐渐展开。同时，许多大型城市中心区开发强度过高，过度集聚的城市中心结构引起了一系列的问题，如交通拥堵、绿地缺乏、房价过高等[1]。在这样的背景下，本文围绕城市"微中心"的概念，进行一系列的研究，并结合北京经海路轨道枢纽站周边设计进行论述。

"微中心"一词最早出现在《京津冀协同发展规划纲要》（2015）（以下简称""纲要）之中，纲要首先提出在出京铁路周边，选择若干地区，高标准、高起点地建设特色鲜明、规模适度、定位明确、职住合一、专业化发展的"微中心"[2]。2018年，北京市政府在《关于加强轨道交通场站与周边用地一体化规划建设的意见》中提出，在轨道交通车站周边打造城市"微中心"，围绕轨道交通场站自身一体化及周边用地开发利用[3]。

针对轨道交通类型的城市"微中心"空间，桑珩等学者结合国内外铁路枢纽的发展趋势以及先进的交通枢纽设计案例，以潍坊火车站更新为例，从枢纽与城市的连接以及交通空间组织优化两个角度阐述了城市中心区的铁路交通枢纽的更新改造策略[4]。王腾等学者研究总结发达国家案例，提出区域再生、步行优化、站点综合体与联合参与的四点TOD模式下的更新模式，最后从空间品质、步行系统、联合机制三个角度提出重点更新策略[5]。冯敏祎则以上海市轨道交通剑川路站点更新改造为例，结合"城市商圈"理论界定服务范围，尊重城市肌理，提出结合城市公园推进生态网络、整合交通资源、完善服务以及提升品质等更新策略[6]。范晓阳等学者以西安市友谊路地区交通枢纽为例，从用地优化、公服完善、组织交通、绿化修复等方面提出交通站点区域更新策略[7]。

本文研究的"微中心"，就是基于城市轨道交通枢纽，进行场站与周边用地的一体化设计，这种设计可以是城市新开发地块的设计，也可以是城市更新的设计。通过"微中心"的建立，依托高效便捷的城市轨道交通网络，构建地区性的居住、就业和商业中心，分解大城市中心区的压力，形成大城市更新建设中的新型模式。

## 二、城市"微中心"的设计策略

### 1. 深入的现状解读掌握更新的要点

城市更新的关键作用是在于对已经功能失调、环境恶化的城市空间和设施等持续地调整、改善与更新。而城市"微中心"更是在物质层面的更新之外尤其重视对场所的记忆重塑与对场地的活力再生。因此设计需深入了解场所在区域的人文业态、土地功能、交通系统等重点要素，为更新设计提取要点，延续"微中心"的场所记忆。

### 2. 通过城市设计手段提升地区形象

在当今城市化不断加速的进程中，通过提升地区形象来增强地区吸引力与竞争力逐渐成为规划设计的共识。地区形象成为地区优化更新发展的一个重要课题，它包含了识别性、文化性、地方性、规范性等功能[8]，而"微中心"设计可以通过重新定位、更新业态、梳理交通、优化环境、建筑设计等角度，全面地提升地区形象，从而为地区带来更强地竞争力。

## 3. 加强功能业态研究促进复合开发

功能业态在彼此割据、独立发展的情况下无法带动区域的协调发展，如何组织功能与业态以激发街区活力、建议高效功能层级是个重要议题。加强功能业态的复合开发，对不同的城市功能业态做出合理配置，以满足区域生活的多种需求，合理地整合区域资源以最大限度地激发活力。

## 4. 发挥轨道枢纽作用提高地区效率

轨道交通枢纽是客流集散与功能集聚的载体，它依附城市开发区域而存在，不仅拥有轨道交通，还包含了多种交通运输方式[9]，以轨道交通枢纽为区域核心，通过高密度开发、可达性、步行友好等规划原则，建设地上、地面、地下的三维高效转换空间，衔接周边公共交通、商业休闲与办公等功能，以激发区域价值最大化，推动地区的可持续发展。

## 5. 注重步行空间营造增加城市活力

"微中心"设计中的步行空间研究重点关注人的体验与空间质量。人的行为与认知、步行过程的感受、舒适度等一直是打造步行空间的重点。围绕站点整合步行空间，打造绿色、连续、立体的步行系统，同时可以植入城市广场、公园绿地等城市开放空间，完善站点周边服务设施，开发地下空间，以点带面地带动整个区域的活力复兴。

## 6. 转化为规划指标配合城市管理

城市更新是存量时代的典型城市治理手段，城市更新设计从计划到实施的流程工作也需与法定规划建立起衔接与联动。控制性详细规划通过对城市空间布局、配套设施、高度分布等方面做出控制要求，城市"微中心"的更新设计需要在此方面与控制性详细规划产生联系，并转化为指标落实进规划中，通过增加城市设计法定图则等方式，使更新设计能够真正地指导城市区域开发。

# 三、设计案例

## 1. 基地现状

本文研究的案例位于北京市亦庄经济技术开发区轨道亦庄线经海路站周边，设计面积为186hm²，是

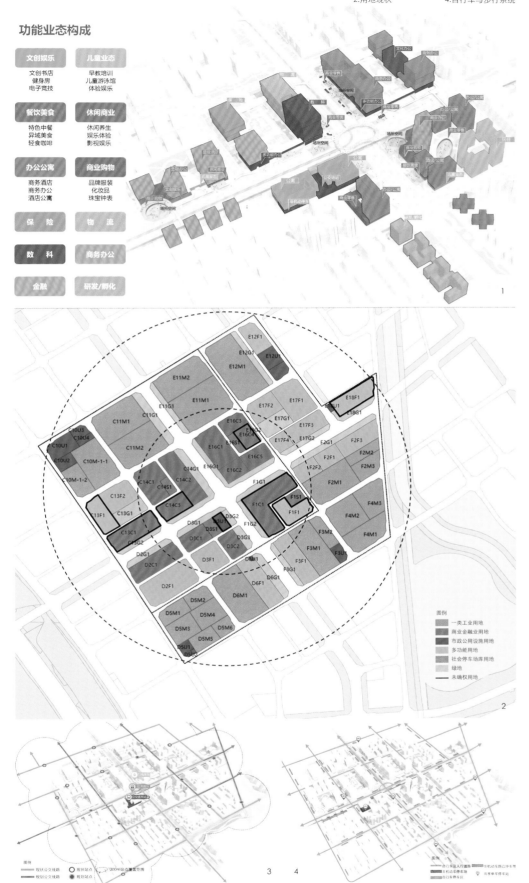

1.功能业态构成　　3.规划公交交通系统
2.用地现状　　　　4.自行车与步行系统

功能业态构成

文创娱乐
文创书店
健身房
电子竞技

儿童业态
早教培训
儿童游泳馆
体验娱乐

餐饮美食
特色中餐
异ococo美食
轻食咖啡

休闲商业
休闲养生
娱乐体验
影视娱乐

办公公寓
商务酒店
商务办公
酒店公寓

商业购物
品牌服装
化妆品
珠宝钟表

保　险　　物　流

数　科　　商务办公

金　融　　研发/孵化

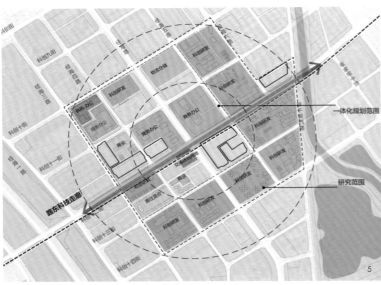

5　　　　　　6

国内某著名电商集团总部所在地。以经海路站为中心的1km半径范围内，现状基本为办公建筑，以商业服务业设施用地、一类工业用地、交通设施用地以及混合功能用地为主。

## 2. 设计策略

### （1）形象营造，树立标志性节点形成地标体系

经海路站位于亦庄线的主要活力聚集点，设计采用"特色门户与城市之环"的手法打造标志性节点、塑造地标体系。"特色门户"主要为"微中心"区域在四个方向上的门户空间，以此形成空间的标识。"城市之环"位于经海路与科创十二街交叉口上方，链接轨道站、有轨电车及四个街区，是步行交通的核心枢纽，成为集商业、休闲、交通等功能为一体的公共场所，同时也将被打造为区域的新地标。设计在总体上重构了慢行流线架构，形成空中、地面、地下立体式的步行空间，提升了区域内的步行舒适度。

### （2）激发活力，复合功能开发提升土地价值

研究范围内现状业态以科创研发和商务办公为主，业态功能较为单一，区域配套不足。设计对业态功能进行重新规划，规划业态包括了文创娱乐、餐饮美食、休闲商业、办公研发等功能，希望以工作、生活、购物、休闲为微中心的内涵，区域内拥有充满活力的城市综合体，集办公建筑、酒店、购物目的地以及住宅于一体，构成地区地标。

### （3）绿色出行，低碳健康的交通模式

积极发展公共交通是解决城市环境污染与能源消耗的关键方式之一，倡导以公共交通与步行为主的低碳出行模式，重新梳理公共交通和步行空间与城市开放空间的关系。

研究区域内重新规划公交站点和线路以增加公共交通覆盖率，通过提供300m、500m双圈层公交站点，保证各组团生活生产便捷通勤，打造更加完善的公共交通。同时，结合公交站点布置企业服务点，提供足够的公共开放空间，加强了站点与开放空间的联系，以达到塑造站点周边高品质、复合功能的公共空间的目的。此外，研究区域内基于绿色出行与低碳健康的理念，设计了完整的自行车和步行道系统，鼓励自行车和步行通行。

### （4）优美有序，营造步行友好的城市活力空间

规划区域内的轨道走廊、漫步走廊、漫步廊桥提供了友好的步行空间，分布在场地内的公园绿地、庭院绿地与广场绿地则给予了人们公共交往的空间。步行空间和广场绿地与街区紧密结合，并提供自然降温、雨水收集与再利用的功能。同时，设计将充满活力、绿意盎然的公共空间打造成社区公园，促进城市空间活力的提升。

### （5）高效转换，快速周转率与便捷可达性

空间可达性主要围绕以公共交通、自行车和步行出行为主导的高周转、高时效的开放街道空间展开，场地内空间的高效转换依托于场地内各级道路体系的分布组合以及空间的垂直交通共同达到效果。除此之外，信息的可达性同样给场地带来高效与便捷，将智慧管理、智慧服务、智慧基础与智慧决策的手段应用后续的运行和管理中。

### （6）提升品质，创建具有强烈场所感体验

通过"微中心"设计创造容纳公共活动的空间，通过街道与广场引入多种活动，增加公共交流与交往的机会，打造出具有场所感的活力空间。在设计多功能的街道同时，对店铺设计类型、尺度、立面式样、甚至营业时间均提出多元化的要求。

## 3. 总体设计

### （1）规划结构

通过对经海路轨道站点的研究与分析，结合其区位、业态、交通等要素，规划确定经海路站微中心更新的目标为"一环聚集，两轴贯通，四个门户"。

其中"一环聚集"指的是城市之环，连接经海路地铁站、电商集团总部、T2有轨电车站、规划商业中心、公交枢纽、数科楼等，形成一个高度集聚、功能紧密连接的TOD核心。

"两轴贯通"则分别包含了动力轴与活力轴。动力轴是沿科创十二街形成的空间界面体系，是主要的运力动脉。经海路地铁站、有轨电车、步行廊桥、地下通道形成立体交通体系，轴线本身通过多样功能和立体空间等复合而成。活力轴则通过经海路两侧后退的空间界面空间营造各种主题相关的活力空间，提供舒适的步行体验，并在两侧汇聚了街区的商业和公共服务功能为周边街区提供服务。

"四个门户"则主要分为东西门户与南北门户。东西门户为形象门户，是动力轴业态的延展和商业服务功能的补足，以建筑和场地空间营造东西门户印象。南北门户为景观门户，是活力轴休闲体验的延续，以景观场地和公共活动营造，形成门户印象。

### （2）交通系统

规划高效的路网系统以强化流量的快速转运，

路网系统在遵循总体规划的基础上适当优化路面结构，改善组团内部道路。以客流周转的快速高效为首要目标，同时兼顾街区的慢行、休闲、交流的需求。为了步行友好的交通组织，设置人车分离系统，通过交通干道释放流量。整体以"十字"形交通干道为中心，外围"井"字形次干道分流，组团内支路疏解。在场地内构建景观大道与环形活力街区，形成了鼓励交流、交往的街道空间。场地依托"城市之环"营造活力街道，结合经海路与科创十二街营造两条景观大道，形成有吸引力、安全、健康、利于社交、可识别的街道空间，强化了社交互动、增强了街区活力。

（3）分期实施

首先，近期塑魂。近期开发南部地块，以"城市之环"为中心连接经海路地铁站、T2有轨电车站、规划商业中心、公交枢纽、数科楼等，形成一个高度集聚、功能紧密连接的TOD核心，从而形成微中心的灵魂空间。

其次，中期塑形。中期阶段场地的流量方向主要以东向亦庄线和北向的T2有轨电车线为主要导向。规划分别在东向规划形象门户，北向规划景观门户，场地将拥有两个门户与一个中心，将研发、总部办公等连成一片形成整体形象。

最后，远期塑名。远期阶段的发展以电商集团为中心形成上下游产业服务链条体系，营造以亦庄东为导流的形象门户。营造连接通明湖公园的南面景观门户，从而形成一个集办公、休闲、沟通、交流、全方位产业服务链条的全球知名科技创智中心。

## 4. 重要空间设计

全场地的中心节点为"城市之环"，它是围绕科创十二街与经海路汇聚点建立起来的步行交通枢纽空间，形成一个高度集聚、功能紧密连接的TOD核心，通过一体化的交通汇聚将主要的商业、商务、出行、公共服务等功能汇聚一体。此外，"城市之环"采用立体交通，完美地将连廊天桥与景观环境相融合，利用下沉广场与空中步道共同组成了舒适多维的公共空间，形成了特色鲜明的开放空间。

对于场地四个方向的重要界面，分别进行了重点设计。西门户是动力轴业态的延展和商业服务功能的补足，是连接亦庄新城的形象门户，以建筑和场地空间营造东西门户印象；东门户包含综合商业、金融办公、公寓、孵化办公、星级酒店等功能业态，是动力轴业态的延展和商业服务功能的补足；而南北门户则是重要的景观门户，南北门户是活力轴休闲体验的延续，南门户连接U谷科创中心与通明湖公园，北门户则连接亦庄科技园区北部区域。

## 五、结语

本文围绕"微中心"这一概念进行研究，以此来阐述城市更新过程中对于区域中心的改造和建设。

文章基于"微中心"的特征，提出了更新与活化的研究视角，提出针对城市"微中心"的六个设计策略，包括深入现状掌握更新要点、城市设计提升地区形象、加强功能业态复合开发、轨道枢纽提高地区效率、步行空间增加城市活力以及转化指标配合城市管理等。在此基础上，引入北京经海路轨道枢纽周边区域更新改造的设计实践，提出"形象营造、激发活力、绿色出行、优美有序、高效转换、提升品质"六大策略。设计提出"一环聚集、两

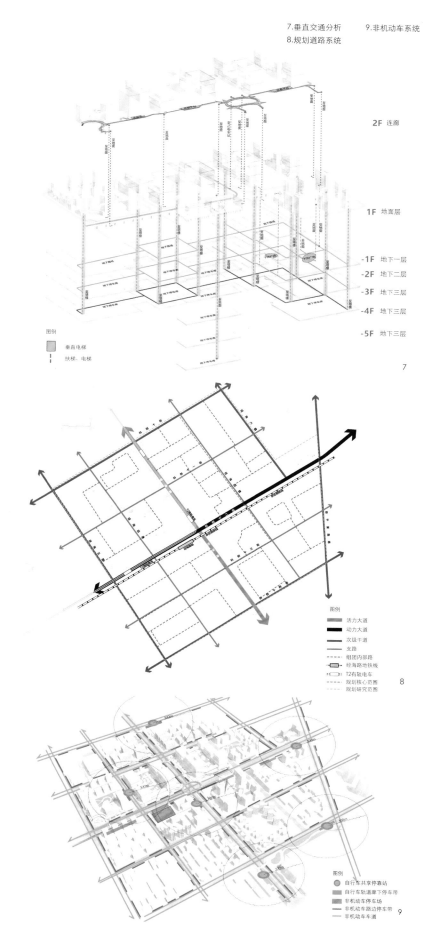

10.地铁桥下空间    11.下沉广场空间

轴贯通、四个门户"的总体结构，以"城市之环"为核心，带动活力轴与动力轴的串联发展，并以东西形象门户与南北景观门户塑造区域对外的形象界面。在提升场地环境品质、立体高效的同时，将设计细节纳入控制性性详细规划中，指导设计方案的实施。

　　本文为城市轨道枢纽类型的"微中心"设计提供了策略，以期为类似的城市地区进行更新改造提供具体的思路与方法。

参考文献

[1]杨玫.城市新区片区级中心区城市设计研究：以南京浦口区城南中心片区城市设计为例[J].建筑与文化.2021(03):172-173.

[2]薄文广，刘阳.精心打造疏解北京非首都功能的"微中心"[J].前

线.2020(04):56-59.

[3]北京市人民政府．关于加强轨道交通场站与周边用地一体化规划建设的意见．2019.

[4]桑珩．张晓明.魏增超.城市中心区铁路枢纽更新改造策略研究：以潍坊火车站为例[C].中国城市规划学会城市交通规划学术委员会.交通治理与空间重塑：2020年中国城市交通规划年会论文集.中国城市规划学会城市交通规划学术委员会:中国城市规划设计研究院城市交通专业研究院,2020:10.

[5]王腾.曹新建.轨道交通站点地区的城市更新策略：基于中外大城市实践的横向比较[J].城市轨道交通研究,2011,14(11):33-39+56.

[6]冯敏祎.普通轨道交通站点周边地区城市有机更新实践：以上海市5号线剑川路站为例[C].中国城市规划学会、东莞市人民政府.持续发展理性规划：2017中国城市规划年会论文集（02城市更新）.中国城市规

划学会、东莞市人民政府:中国城市规划学会.2017:10.

[7]范晓阳.侯全华.杜洋.轨道交通影响下的城市中心区更新策略探析：以西安友谊路地区为例[C].中国城市规划学会、重庆市人民政府.活力城乡 美好人居：2019中国城市规划年会论文集（02城市更新）.中国城市规划学会、重庆市人民政府:中国城市规划学会,2019:7.

[8]蒋琨.蒋观祯.构建城市形象的价值及意义[J].文艺争鸣,2011(08):21-22.

[9]张燕镭.城市轨道交通枢纽的形式及设计要点探讨[J].建筑知识(学术刊),2014(B03):69.

作者简介

汪 军，华东理工大学，艺术设计与传媒学院，副院长，副研究员；

邱小羽，华东理工大学，艺术设计与传媒学院，硕士研究生。

# 存量语境下的城市公共空间更新、治理与传播协同
## ——以"上海城市空间艺术季"为例

Coping with Recession: Urban Public Space Renewal, Governance and Communication Coordination in the Context of Stock
—Take "shanghai Urban Space Art Season" As an Example

李凌燕 叶 晴
Li Lingyan Ye Qing

[摘 要] 当下城市发展存量时代及信息媒介社会的交叠语境下，城市公共空间作为提升城市活力与品质的典型特征区域，其城市更新与治理的协同愈发重要。本文以"上海城市空间艺术季"为对象，探索存量城市发展语境下，上海将城市公共空间作为新一轮城市治理发力点，以综合性空间文化事件为重要复合性载体实现城市空间更新与治理协同新路径与相关经验，以期形成有益启发。

[关键词] 城市更新；空间治理；媒介传播；上海城市空间艺术季

[Abstract] In the current era of stock of urban development and the context of information media society, urban public space, as a typical characteristic area to improve urban vitality and quality, the coordination of urban renewal and governance is becoming more and more important. This article with "Shanghai Urban Space Art Season" as the object, explore the context of stock urban development, Shanghai urban public space as a new round of urban governance point, with comprehensive space cultural events as a significant composite carrier to realize urban space renewal and governance collaborative new path and related experience, to form beneficial inspiration.

[Keywords] urban renewal; space governance; medium communication; Shanghai Urban Space Art Season

[文章编号] 2021-88-P-085
国家社科基金青年项目（16CXW020）阶段性成果
国家自然科学基金青年项目（52008296）阶段性成果

## 一、城市公共空间：更新实践、治理与传播的综合性载体

2019 年 11 月，习近平总书记在上海考察时提出了"人民城市人民建，人民城市为人民"重要理念，形成了以人民本位观引领的具有普遍化意义的当代城市发展新型理论范式，也为当前高质量建设与深入推进上海加快建设具有世界影响力的社会主义现代化国际大都市提供了根本遵循，深刻回应了我们城市发展为了谁、依靠谁的重大时代命题，为以宏观、整体性思维提升城市更新建设、治理能力与体系、创新城市品牌构建等上海城市建设模式、路径提供了崭新维度与路径指引。2019年习近平总书记在上海调研杨浦滨江等城市公共空间时强调：城市公共空间规划建设、社区治理和服务都直接反映着城市治理现代化水平，关系到城市产业转型与能级提升、形象与文化建设、生态建设、民生宜居等方面，是城市治理的重要内容。同时，城市公共空间为公众提供丰富的公共服务产品，为城市治理提供权力实践和资源互动的平台，是链接了生活、生产和生态空间的功能载体。往往是城市"公共服务产品"的充足供给、"多样化创新要素"的集聚培育、"生态宜居"环境营造等重要区域，亦是以城市空间更新为抓手引领辐射的产业创新、绿色生态与品牌文化等示范性空间载体，对满足公共产品的需求、提高城市居民生活质量具有重要的意义。城市公共空间在建设与治理过程中，会受到权力与资本、社会与文化等不同力量的多方拉扯博弈，重视社会效益的各级政府和追求经济效益的市场、社会在这一过程中达成利益共识，呈现宏观与微观城市精细化治理理念的融合与碰撞，彰显城市公共空间的建设水准，对于系统性探索如何处理好政府与公众治理的融合与界面、宏观微观尺度搭接、处理好刚性治理和柔性化治理关系等城市公共空间精细化治理内容，具有特殊的意义。

在世界城市长期发展进程中，城市公共空间一度陷入价值"失落"与活力衰败之长久迷思：在私人机制的渗透、消费与资本的裹挟下，城市公共空间生成了无形的准入壁垒，可达性和开放价值难以凸显；难以良性运转的内在交往机制导致公众无法充分表达交往诉求，加剧公共空间的个体疏离与原子化状态。在新一轮的全球城市建设与治理进程中，如何唤醒公共空间的活力，形塑城市凝聚力，提高城市居民的生活质量成为当下布局的重点。纽约、新加坡等世界城市均将目光聚焦于提升城市活力与品质，如何改善城市"公共空间"已然成为其总体规划中的重要议题。目前，在中国城市化进程进入"存量"时代的背景下，相应的城市管理模式逐渐从"粗放型"转变为"精细化"。作为城市更新建设、转型治理的关键区域，城市标志性公共空间的实践更新与治理模式变化与城市自身的发展阶段、当下社会面临的重大结构转型特征密不可分。当前，我们正处于智能信息化时代的全新赛道，必须回应城市产业转型与能级提升的迫切需求和面临城市土地余量接近于零的窘迫现实。

在既有的存量时代背景下，随着"城市更新"实践的常态化，若要赋能公共空间活力和城市产业转型，不得不拆解和重组城市功能布局、重新规划当下的居民环境，甚至与大量的既有利益博弈。更新实践项目"不再是流水线式的立项、生产、审批、建设，更需要各部门加强沟通，共同商讨和解决问题，更需要'跨界'合作"。政府部门除了进行 "自上而下"式的顶层发力外，还要在"城市更新"实践过程中，实现治理思维的变化，由"行政驱动"转向"用户驱动"，激发公众共享意识和参与公共空间交往的积极性，促进社会的互动沟通、获取社会各界的响应支持，并促使良性可行的社会实践与参与机制落地。这也使得存量时代的更新实践与社会治理拥有极为

1. 市政设施——日晖港桥

相似的内核特征。在公共空间实践建造与形象建构的新时期，要顺应"人民城市"的发展理念，充分实现城市空间治理的内涵化、精细化转变，响应社会存量语境下的"针灸疗法"。在城市顶层设计的理念下，政府须将重要的城市更新与发展建设议题作为抓手，强调城市空间和社区空间的不同尺度搭接与组织示范，呼吁引导城市公共价值的回归。政府管理模式从"裁判员"向"运动员"转变，管理语言要寻求更为综合多样，理念机制要由以蓝图为主的单一城市治理模式转向综合性城市空间治理。与此同时，受数字信息技术与新媒体的辐射，"网络社会"与"媒介城市"的特征在媒介社会语境下逐渐涌现，城市公共空间"作为感觉的介质和社交性的磨具"与"象征传递和流通手段的集合"，以一种组织关系与不可或缺的媒介形态融入城市交流传播系统的实践与运作。使得原本失落的城市空间重新登场并展演文化事件，实现公众生活需求与空间的有机衔接，在公共文化空间的构建中映照社区个体的经历体验，诠释提升城市更新实践与空间治理水平的新方案。

本文以"上海城市空间艺术季"为对象，正视城市标志性公共空间在新发展语境下，其城市更新与城市治理、传播间的关联与协同、系统复杂性，重视城市标志性公共空间在城市精细化治理中的重要复合性载体作用，以及以空间更新实践与公共传播机制在城市治理宏观导向与基层治理之间的良好适配及沟通共享作用，以人为本、重心下移，逐步深入与创发城市精细化治理路径、方式与机制，探索

存量城市发展语境下，以城市公共空间作为新一轮城市治理发力点，以综合性空间文化事件为重要复合性载体实现城市空间更新与治理协同路径与相关经验，以期形成有益启发。

## 二、以文化事件激发认同机制，实现空间尺度链接与治理思路转型

西班牙裔社会学家曼纽尔·卡斯特尔（Manuel Castells）在《21世纪的都市社会学》一文中提出：空间不是反映（reflect）社会，空间是表达（express）社会，它是社会的基本维度之一，无法从社会组织及社会变迁的整体过程中被分离出来。同时，社会的结构性变化逻辑也会作用与引发空间体系的制约与重构，产生两者不同的互动关系与方式，其交流网络的作用和意义也不同[①]。福柯在解读"治理性"这一概念时，认为社会权力关系在运作时，并不绝对遵循自上而下的一元框架，而是互动的，包含了自下而上的民间参与。这一观点也凸显了文化治理的重要性，认为文化事件中的权力交织，更易激发活动参与者的参与动机、感知，以及最终形塑的认同，以此形成有别于官方认同垄断的多样阐释。

"上海城市空间艺术节"作为一种综合性媒介载体，在不同维度串联起上海重要标志性实体空间的更新实践、社会实践与空间体验三者之间的关系，激活城市标志性更新区域的节点，形塑了以"流动空间"生产为过程和特征的崭新传播网络体系。"上海城市空间艺术季"迄今连续举办三届，每次主题都在对标

世界城市发展最前沿问题的基础上，聚焦当下上海城市最关心的城市发展命题，将对上海典型类型空间的讨论放置于全球城市网络中，实现其与纽约、伦敦、巴黎、东京等世界城市的相关发展主题的信息联动、资源共享与话语融通，促进世界与上海不同空间与文化的相遇。

同时，"上海城市空间艺术季"在探索中顺应社会存量语境下的"针灸疗法"，积极寻找城市空间治理的内涵化与精细化路径。在城市顶层设计的理念下，"上海城市空间艺术节"围绕政府的重要更新发展议题，寻求城市空间尺度和社区空间尺度的搭接融通，挖掘城市公共价值。在意识到典型空间文化事件可以探索挖掘城市更新区域发展前沿问题，帮助增强城市标志性区域品牌的国际影响力和空间活力，提升公众的共享和参与积极性，"上海城市空间艺术季"在旧有的以往蓝图为主、以物质空间生产为单一路径的模式下，开辟了富有建设性的城市更新实践模式。其举办地通常选择亟待更新的城市空间区域，除了布置主展，"上海城市空间艺术季"还会布置实际案例展，如与城市居民生活密切相关的社区空间、传统街区、绿化广场、大地艺术、市政设施等，将不同区域层次的标志性城市空间进行有机衔接。解构对城市特定空间即固定景观的旧认知模式，将城市标志性更新区域、重大城市文化与空间形象品牌事件、持续性公众参与、标志性空间区域的信息集结和理念传递融通组合，重塑全新的综合性媒介形式与传播关系网络。同时眼于当下世界城市最前沿、最亟待破解的城市发展命题与敏感标志性区域更新实践，采用"艺术接入空间""展览与实践接轨""公众参与与共享"等方式，使得文化艺术事件充分渗透辐射于城市标志性区域之中，成为深入探讨并回应城市发展问题的软性触角。以此触发了城市重要公共空间之间的主题性交联互动、建筑实体空间与数字虚拟空间、客观与主观意向的交融；通过人们的交往与空间更新实践的重合，人们的空间体验行为与城市公共空间、历史记忆的相遇，重新定义了城市空间形象的构建、传播所依托的载体。依托这一载体，多元主体得以共同创设一种体验模式与空间形式，能够反复拼贴与重构空间、信息、文化和社会实践，由此实现从城市到社区的不同尺度空间的连接，以此触发了城市标志性区域之间的主题性联动、实体与虚拟空间、主观意向的交融，激发空间内在活力。实现"活动每举办一届，文化热点就传播一次，国内外大师作品就留下一批，城市公共空间就美化一片"的目的。在智能媒介技术迅速更新、

市更新发展模式迭代的双重语境下，将公共空间的更新实践、城市建筑的标志性与公共价值塑造、影响力传播进行交叠，使其成为构建城市形象、赋能公共传播的崭新理念与宏观机制。

## 三、以公共交往为纽带，实现空间内涵式更新实践与治理层级有机衔接

桑内特认为："公共意味着在亲朋好友的生活之外度过的生活：在公共领域中各不相同、复杂的社会群体注定要发生相互的联系。"[②]公共性并不直接存在于城市公共空间的物质实体中，而是在城市公共空间内部进行的公共参与、社会交流、文化审美活动中悄然表达：一方面，政府决策部门可以通过公共空间中的公共交往实现社群聆听，与公众进行良性有效的互动交流；另一方面，随着城市公共空间内部公共交往活力的重现与奔涌，人们能够更加包容地看待差异与不同，关注共同利益，通过畅通的渠道表达公众自身以及对于城市发展的诉求和意愿，为政府解决社会问题的决策提供合理可行的建议，并提高社会忍耐度。在存量时代背景下，城市正处于更新实践常态化的语境，因此城市空间项目需要政府各部门密切配合、"跨界"合作[③]。在存量时代背景下，城市正处于更新实践常态化的语境，因此城市空间项目需要政府各部门密切配合、"跨界"合作。各部门除了顶层发力，更须将思维理念由"行政驱动"转向"用户驱动"[④]，重新规划思考城市居民的生活区域功能布局，加快城市产业转型和提升公共空间活力，激活公众的共享意识和公共交往的积极性，从而实现有效沟通、获取多方支持，并加快建立良性可行的社会实践与参与机制。

"上海城市空间艺术季"将规模较大、距离较远、与城市空间关联度高的活动接入城市标志性区域，形成"流动空间"的节点与网络。同时，采用集中式主体展览、分散式的案例实践展、市民活动、SUSAS学院等多线索、多维度艺术实践于一体的形式，充分发挥文化事件对于空间的激活作用。同时作为一个综合的媒介平台，"上海城市空间艺术季"强调多元的分散主体达成多边互动的合作网络，集合城市管理者、公众传播与社会学家、策展人以及企业等多主体的力量，共同解读空间更新的符号意义和能级激活，在资源共享、公众参与等多种事物上追求"多方参与、共建共享"的强大城市空间凝聚力：一方面，采用"主展场+实践案例展"相结合的模式，使艺术家、建筑师直接进入与百姓生活密切相关的公共空间，以艺术改造城市

公共空间，向公众展示上海城市公共艺术的改造方案及实施效果，也设计出兼具大众审美和前沿创新性的公共景观和艺术创作环境；另一方面采用"实地呈现+在地性公众活动"等多种联动方式，充分激发多元社会主体的创意，参与创造城市空间、营造文化氛围，引领全社会共同塑造、共同美化城市空间。2015年，上海城市空间艺术季和上海市民文化节首次联合举办了"100个上海城市空间塑造案例""100个上海最美城市空间"的征集评选活动，希望通过这一活动增加市民对城市空间发展的关注、对空间中文化元素的思考，激发市民对于艺术在上海城市空间转型的角色定位、城市文化的走向等深刻话题探讨积极性。

城市典型公共空间中依托空间更新实践进行文化事件组织，弥补了旧的城市建设模式下单向传播的不足，加强了城市更新实践与空间文化事件、公众参与体验的衔接与融通，优化了政府和公众之间良性对话的可行机制，在城市治理时实现多种公共界面依托公众进行公共交往、文化传播等多角度的耦合；以"人民"为主体，让城市公共空间内部公共交往的活力重现，人们能够更加包容地看待差异与不同，关注共同利益，通过畅通的渠道表达公众自身以及对于城市发展的诉求和意愿，为政府解决社会问题的决策提供合理可行的建议，并提高社会忍耐度，激发产生公共空间中的公共性，使公共空间更新建设成为以共享方式参与城市治理的重要渠道。

## 四、以空间媒介化为特质，构建城市更新实践与空间治理沟通机制

数字媒体与智能信息时代的到来，打破了传统的时空概念，激发出崭新的空间与社会特质。卡斯特在《网络社会的崛起》一书中指出：城市空间正在从社区空间向电缆网络空间转变。与传统社会中空间以社区来划分相比，信息时代的社会空间则通过网络意识虚拟的空间来界定。人生活的社区空间与人际交流摆脱传统空间的束缚，逐渐转向虚拟的意识空间[⑤]。"上海城市空间艺术季"通过多样当下新媒体与城市的崭新城市关系，原有城市与传媒格局下作为城市形象传播重要渠道的"标志性建筑事件"的要素构成、意义生产、传播方式与话语均产生了巨大的变化，涌现出诸多新特征。

城市文化事件由此在标志性公共空间中表现出丰富的社会功能：既表达官方对地方文化的工具性运用，亦可激励本土居民建构自己对城市空间原初认同，空间治理中社会权力的运作体系是政府主导

和民间参与的协同互动与有机结合，呈现出以"政社互动"调适的多元主体关系，而非绝对遵循自上而下的一元体系。"上海城市空间艺术季"通过多样媒体平台建设与更新空间内文化事件组织，拓宽了政府与公众之间的对话渠道，增强了公众在城市更新实践与空间文化事件中的参与感与体验感，激发了城市多种主体共同参与公共空间治理的积极性，修补优化了旧的城市建设模式：艺术季不仅通过世界城市日、上海国际艺术节、市民文化节、上海旅游节等多种类型层次的文化活动，来搭建展现上海丰富文化资源的舞台，增加市民对城市空间发展的关注、对空间中文化艺术元素的思考，深刻探究在城市更新实践的语境下，上海该如何实现城市空间转型并规避既有风险。以城市空间艺术季为契机，通过不同类型层次的文化活动实践市民美育，形成联动效应。同时，线上与线下协同发力，推出上海城市空间艺术季、SUSAS学院微信公众号等媒介平台，制作并分发上海城市空间艺术地图、手册。依托空间艺术季的主题和资源，举办大师讲堂、系列论坛、讲座和文艺汇演、"百万市民看上海"等公众活动，为专业人士提供交流平台，为市民搭建创作艺术作品、展现创作活力的舞台。仅以2017年"空间艺术季"为例，来自近200个国家和地区的机构和个人，200多位艺术家、规划师、建筑师共同参与文化创作，贡献了除四大主题展、12个特展以外的共200多个参展作品，除主展区外，全市范围内还有8个实践案例展和6个联合展，展期内还将举办100多场SUSAS学院活动和公众活动。通过充分发挥媒体互动和分享的机制、强大的沟通与连接作用，并与街镇、政府部门及其他多元主体一起构建起政策、运行、沟通多个平台，实现多方协同，在社会治理参与意愿的过程中发挥了调节作用。例如在借助2017年"上海城市空间艺术季"平台，浦东新区的缤纷社区在实践中特别强调媒体平台的作用，并逐步形成了一套行之有效的沟通平台制度，包含联席会议、微信群、微信公众号等，建立规划、土地、建设、民政等多条线的协同和市、区、街道、局的多层面联动。线上与线下通过媒体平台实现联动，使更多高质而低调的城市公共空间实践向公众开放，并通过空间中的文化事件实现公众生活需求与空间的有机衔接，提升个体的丰富体验、建构有机的公共空间，在实践中充分诠释传播城市更新的议题理念，从而形成有效提升空间更新实践与治理水平的新路径。

此过程中，多样化媒体将物质空间中参与社会实践的各种人和物与公共空间绑定串联，将这些人

2.大地艺术——天外之物

参考文献

[1] ManelCaselis.(2009).Communication Power.Oxford University Press.P19.

[2]曼纽尔.卡斯特.网络社会的崛起[M].夏铸九，王志宏，等译，北京：社会科学文献出版社，2006.

[3]大卫.哈维.地理学中的解释[M].高永源，等译.北京：商务印书馆，1996.

[4]盖奥尔格.西美尔.社会学：关于社会化形式的研究[M].林荣远译.北京：华夏出版社，2002.

[5]约书亚.梅罗维茨.消失的地域：电子媒介对社会行为的影响[M].肖志军译.北京：清华大学出版社，2002.

[6]邵培仁.论中国媒介的地理积聚与能量积聚[J].新闻大学，2006，（3）：102-106.

[7]邵培仁，杨丽萍.转向空间：媒介地理中的空间与景观研究[J].山东理工大学学报（社会科学版）.2010，（5）：69-77.

[8]上海财经大学课题组.未来30年上海全球城市资源配置能力研究：趋势与制约.科技发展[J].2016，（8）：92-102.

[9]王林，侯斌超.“文化兴市、艺术建城”：上海城市空间艺术季前瞻[J].上海城市规划.2014，（6）：75.

[10] 杨英.卓越的全球城市：2013年以来上海城市品牌建设述评[J].上海城市管理，2017.3：74-79.

和物的经验与意志映射在空间实践中。公众也通过在不断流动的空间中使用媒体处于交织的多重空间中，数字符号下的虚拟媒介空间不仅再现了现实的城市实体公共空间，也在虚拟空间与现实空间的交汇融通、连接镶嵌中生成了一种全新的"空间"⑥。在空间更新实践与社会实践的协同作用下，它以空间激活的触角与公众需求感应器的身份参与到物理空间更新实践的环节中，成为联结各种线上与线下的共同文化实践与活动的纽带，建立起网络化、多种尺度、互动联通的城市空间更新沟通与传播系统，为城市公共空间沟通活力的重现与奔涌提供了不同主体、动态流动的空间形象培育与认同的公共场域，布局勾勒了共享共筹的公众协商型空间形象的新模式，公众参与城市治理的意愿得到进一步激发，对于空间与社区的认同感也逐步培育。与此相应的，公共空间中的城市治理更是一个动态变化的过程，也深刻影响了公众以公共文化事件为桥梁、以共享方式接入城市精细化、深耕化管理模式的路径，成为城市更新实践与其空间内社会更新实践、文化传播活动密切衔接，共同构建根植于城市生活的多元流动的传播网络，进行意义生产的动态过程，形成极具前沿创新性的经验样本。

## 五、结语

"上海城市空间艺术季"作为上海在城市建设管理中的创新机制，无论是在自上而下的城市宏观尺度，还是以社区、街道的细胞型微观尺度，均体现了空间更新实践与社会治理协同，激活存量空间与实现公众需求捡拾器功能，促进了网络化、多种尺度、互动联通的城市空间更新沟通与传播系统的建立，提升城市公共空间的活力与生命力，形塑共享共筹的公众协商型空间形象的新模式，也使城市空间更新与治理的思维理念渗透到城市、社区与生活，具有了可触摸的确切认知。这也为我们在当下更加强调"低影响"和"微治理"、更加关注城市安全和空间活力、更加关注公众参与和社会共治的空间治理策略的有机更新策略导向下，逐步摆脱多条线孤立行进的路径，探索多维互动、内外兼修的城市更新与治理之路，提供了有益的参考。

注释

①参见：曼纽尔·卡斯特,刘益诚.21世纪的都市社会学[J].国外城市规划.2006(05):93-100.

②[美]理查德.桑内特.公共人的衰落[M].李继宏译.上海市：上海译文出版社，2008：20.

③马宏,徐妍.面向未来的上海城市空间艺术季 2019上海城市空间艺术季闭幕研讨会综述[J].时代建筑,2020(01):88-91.

④2020年10月26日，自然资源部副部长庄少勤为河南省领导干部国土空间规划研修班作《国土空间规划的新理念、新思维、新动能》专题讲座时所提观点。

⑤朱剑虹.网络时代的媒介时间初探[J].新闻爱好者,2010(18):62-63.

⑥李耘耕.从列斐伏尔到位置媒介的兴起：一种空间媒介观的理论谱系[J].国际新闻界,2019.41(11):6-23.

作者简介

李凌燕，同济大学艺术与传媒学院副教授，城乡传播研究中心主任；

叶晴，同济大学艺术与传媒学院，硕士研究生。

# 居民与城市双视角下的云巴沿线设计实践与创新
## ——以深圳龙岗区小运量轨道交通首期示范线为例

## Practice and Innovation of Rubber-tired Tram, the Demonstrated Line Project, from the Perspective of Residents and City
## —Take the Design of Small Volume Rail Transit's First Demonstrated Line Project in Shenzhen Longgang District As an Example

管 娟
Guan Juan

[摘　要]　本文以深圳龙岗区小运量轨道交通首期示范线项目沿线设计为例，探索从居民与城市双视角下分析云巴置入和现状空间的问题，提出三线织锦理念，未来云巴示范线将成为一条多元连接的布吉云图线。为了实现设计目标，创造性标准化与特色化相结合的轨道盒子设计，有利于施工落实同时又便于城市管控。

[关键词]　居民视角；城市视角；深圳龙岗区；云巴示范线

[Abstract]　This paper takes the design along the first phase demonstrated line project of small volume rail transit in Longgang District of Shenzhen as an example to explore the problems of rubber-tired tram placement and current space from the perspective of residents and the city, and proposes the concept of three brocade lines. In the future, rubber-tired tram demonstrated line will become a nephogram line of Buji with multiple links. In order to achieve the design goal, the method of rail box was creatively proposed, combined with the demands of different regions to form different characteristic designs, simplify the difficulty of implementation in the next step and facilitate urban control.

[Keywords]　perspective of residents; perspective of the city; Shenzhen Longgang District; demonstrated line project of rubber-tired tram

[文章编号]　2021-88-P-089

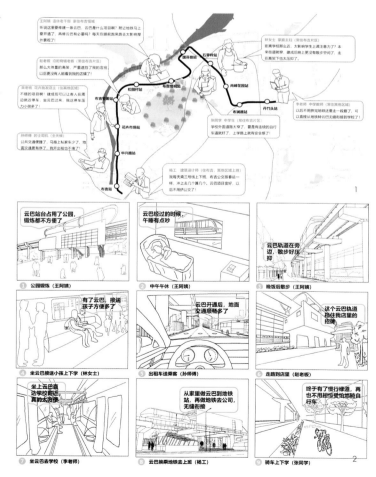

1.不同居民视角生活诉求
2.生活需求

深圳市龙岗区小运量轨道交通首期示范线工程项目位于龙岗区布吉等街道，线路全线约6.56km，起自布吉地铁站至丹竹头站，设站10座，其中换乘站3座，平均站间距0.705km。示范线采用"胶轮有轨电车"（简称云巴）高架敷设，以轨道接驳功能为主，同时兼顾服务片区内容公共出行。本次规划编制任务是沿线景观概念规划设计，目的是实现小运量轨道交通景观一体化深度融合，创建优美的沿线景观，给片区带来新活力，为周边居民创造新视觉感受与体验。

## 一、双视角下的诉求与问题研究

从居民和城市双视角分别分析云巴置入和现状空间的问题。

### 1. 居民视角：倾听邻里之声

由于云巴是一种新型的交通工具，具有节约道路资源、建设成本低、建时短、舒适便捷、环保、节能、噪声小、爬坡能力强等特点。龙岗区引入云巴目的是缓解大布吉片区交通问题，改善石芽岭片区与周边片区居民出行，是一项公益性民生工程。在项目开展过程中，听取民意，收到了很多居民反馈的意见，其中不乏反对的声音，对"云巴"项目建设产生了质疑，诸如花10多亿元还不如多几辆公交车，有地铁了不需要建云巴，对生活景观的破坏、运行时噪音大，影响生活，等等。为了更好地推进规划的研究，回归规划本质"为人民规划"，我们站在居民的视角去研究云巴置入对居民生活产生的影响。

首先我们研究不同人群对云巴的需求。对生活在布吉的居民人群进行调研，大致分为以下三类：①家住布吉，在其他区域上班工作学习的上班族和学生族；②住在其他区域，在布吉工作和学习的上班族和学生族；③家住布吉全天候都会在布吉生活的老人、家庭主妇和老人。第一种人群的代表，建筑设计师杨工，每天需要乘坐3号线上

3.城市视角：均好性　　5.城市视角：特色性
4.城市视角：连续性

街道开放空间利用差，环境品质一般，绿化景观不佳，只有交通通行功能。

街道公共空间较窄，整体绿化环境尚可，比较适合人行尺度

开放空间利用良好，景观元素较多，整体环境良好。(布吉慢城)

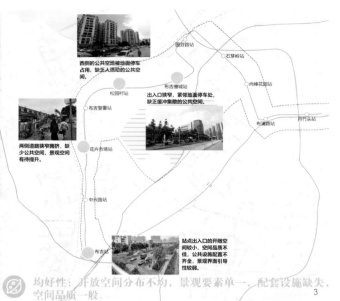

西侧的公共地被地面停车占用，缺乏人活动的公共空间。

出入口狭窄，紧邻地面停车处，缺乏缓冲集散的公共空间。

站点出入口的开放空间较小，空间品质不佳，公共设施配置不齐全，景观界面引导性较弱。

均好性：开放空间分布不均，景观要素单一，配套设施缺失，空间品质一般。 3

连续性：交通联系性不足，景观界面时有中断，连续性不强，风貌良莠不齐。

绿化景观部分地段缺失不连续

街道缺少横向过街通道，人行可达性不强

建筑风貌界面杂乱，整体界面连续性差

道路路面收窄，交通连续性受限

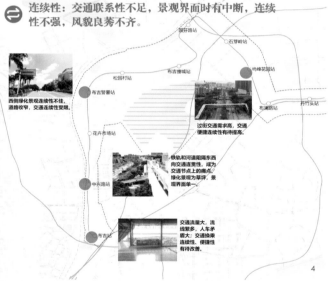

西侧绿化景观连续性不佳，道路收窄，交通连续性受限。

过街交通需求高，交通便捷连续性有待提高。

铁轨和河道阻隔东西向交通连贯性，成为交通节点上的痛点；绿化景观为草坪，景观界面单一。

交通流量大，流线繁多，人车矛盾大；交通换乘连续性、便捷性有待改善。 4

绿化景观品种单一，缺少四季色彩

出入口广场缺少文化展示空间，场地文化符号缺失

外围交通流线混乱，人车混行，交通安全性差

布吉河生态基底良好，但河岸两侧景观元素单一，缺乏特色吸引力

街道广场缺少配套设施，无绿化景观，被停车侵占，空间品质差

道路缺少绿化景观，风貌不佳，工厂与商业居住建筑混杂

生态环境良好，为带状现状，缺乏特色景观，处于未开发状态。

居住建筑外立面整洁度大，缺乏有效统一，整体风貌不佳，道路两侧停车多。

西侧界面体量差异大，建筑风格差异大，绿化情况良好但整体风貌单一。

居住区域形象缺乏特色，无识别性，西侧商业住宅风貌不统一，公共空间多为停车。

道路尺度大，过街天桥较单一，建筑形式呆板，与周边缺乏联系。

沿出入广场周住混合区，建筑风貌不统一，工业材料露天地放现象存在，整体空间杂乱且凌乱。

建筑风貌老旧，滨河绿地与居住区关系紊乱，道路人行道景观单薄，绿化质量不高，场地缺好历史文化。

特色性：空间缺失活力，特征不鲜明，未能展示场地特色文化，整体缺乏特色。 5

下班，布吉公交拥挤，云巴建成后，多了一种交通方式，并且可以直接与布吉站进行换乘，出行方便了很多；第二种人群代表中学李老师，以后不用挤完地铁还要走一段路了，可以直接从地铁转云巴无缝衔接到学校；第三种人群代表退休老干部王阿姨，对云巴不甚了解，认为附近地铁马上要开通了，没有必要修云巴，每天云巴在眼前跑来跑去会影响屋外景观，同时云巴经过会影响午睡。总结来看云巴的置入有利有弊，对不同的人而言有不同的影响，整体上，场地人群对云巴的需求性更大，深入居民视角，总体而言，云巴带来的影响利大于弊——云巴带来的噪声担忧可以被云巴本身胶轮降噪设计解决，而隐私干扰、空间压抑等问题，可以通过云巴轨道空间的设计手段解决。

其次分段研究云巴置入后，从人的视角感受云巴带来的利弊，将线路一共分为三段，第一段布吉站—花卉市场站，第二段花卉市场站—国芬路站，第三段国芬路站—丹竹头站。总结三段的利弊，第一段云巴带来了交通的便利，但会一定程度阻碍城市与布吉河生态空间的联系，整体而言影响较小，第二段由于该段以居住为主，原道路空间狭窄，云巴置入后问题较多，主要为空间压抑、隐私打扰两个方面，需要重点处理轨道与街道的空间关系。第三段原建设条件较好，云巴置入后问题较少，主要为占用了公共空间以及视线遮挡，可通过云巴轨下空间及两侧街道空间的提升解决问题。

## 2. 城市视角：发现空间缺失

居民视角是从云巴置入的角度研究利弊，城市视角侧重现状空间问题的缺失，从特色性、连续性、均好性三方面分析存在的不足，通过现状分析，发现场地以下三点不足：①特色性：空间缺失活力，特征不鲜明，未能展示场地特色文化，整体缺乏特色；②连续性：交通联系性不足，景观界面时有中断，连续性不强，风貌良莠不齐；③均好性：开放空间分布不均，景观要素单一，配套设施缺失，空间品质一般。

## 3. 问题与议题

将人群视角与城市视角发现的问题相结合，我们可总结为交通与功能、生态与

间、文化特征三方面问题，期望通过空间设计的策略手段来回应问题。

（1）交通与功能

有利方面：与城市其他交通方式形成良好衔接，交通更加便利，但布吉站可能成为交通人流热点；重新整理了地面交通秩序。不利方面：阻隔街道两侧（商业、学校等设施）的交通联系；靠近云巴的居民区存在一定的噪音影响。

（2）生态与空间

有利方面：优化地面行车线路景观；形成良好的街道景观，并贯通街道两侧生态空间。不利方面：占用原有社区公园部分用地，侵蚀公共生态空间；影响部分居民的隐私空间。

（3）文化特征

有利方面：云巴进入将带来场地文化激活展示的契机。不利方面：场地文化缺乏，形象单一；缺乏特色文化展示空间。

通过双视角下的问题总结，未来要注重空间影响、品质提升和文化挖掘三方面的核心议题。

空间影响方面：重在减弱轨道介入后对两侧空间的影响。建议景观上进行软处理，弱化云巴轨道的体量感，并在空间上寻找多个关键点，打开两侧界面。

品质提升方面：利用云巴引入的契机，优化沿线的城市品质。建议丰富景观绿化层次，对轨下空间立体绿化，形成多彩的高地错落且连续景观界面，提升片区生活品质。

文化挖掘方面：在文化被淹没的现状上，增强对场地文化价值的展示。建议建立在"情感共鸣"价值上的片区，将提倡文化共享化，深刻挖掘文化符号，展示其精神风貌，形成特色的场地记忆。

## 二、设计理念与策略

### 1. 空间界定

云巴示范线项目作为线性空间，从立体三维来看，涉及两类空间。第一类是沿线街道空间，其中区域慢网的打造主要是通过沿线街道空间的组织与提升来实现。针对基地交通接驳不畅等问题，我们重点重构接驳枢纽，并通过绿带、过街设施引导人流减少拥堵，预留弹性活动空间。针对基地绿地单一，绿量不足的、街道空间消极等问题，我们完善慢行系统，结合公共空间的改良，串联绿地公园，重构区域街道空间。第二类空间是轨道高低线空间，重点在于轨下空间的优化设计。高线空间突出研究云巴外观、沿线建筑界面及站点及轨道外观。低线空间重点研究沿线节点街道空间、墩柱外观、轨下绿化空间。

### 2. 设计理念

云巴作为接驳交通形成联合片区的纽带，提供了阅读城市多元视角沿线，同时也对沿线功属性提出了更高的要求；沿线既是交通线，更是生活线、品质线、记忆线。同时沿线更新迭代倒逼我们重新审视该区域发展的价值导向，如何以

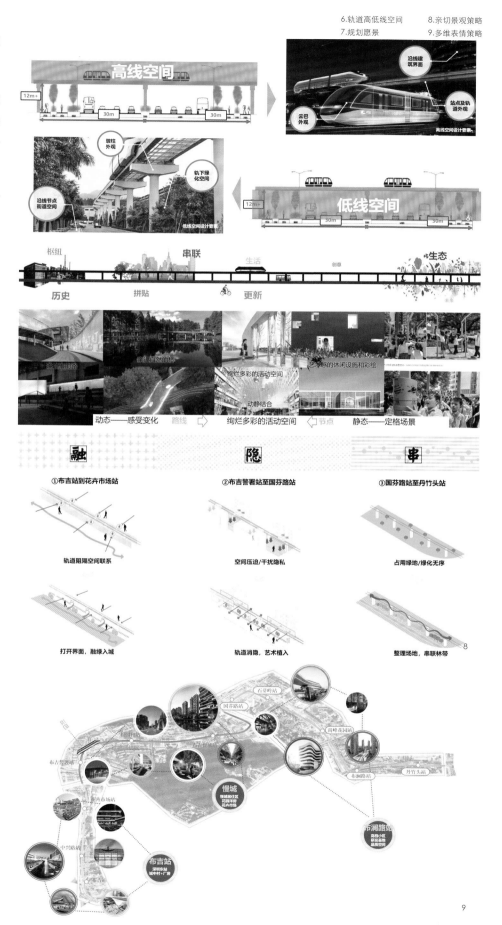

6.轨道高低线空间　　8.亲切景观策略
7.规划愿景　　9.多维表情策略

①布吉站到花卉市场站　　②布吉警署站至国芬路站　　③国芬路站至丹竹头站

轨道阻隔空间联系　　空间压迫/干扰隐私　　占用绿地/绿化无序

打开界面，融绿入城　　轨道消隐，艺术植入　　整理场地，串联林带

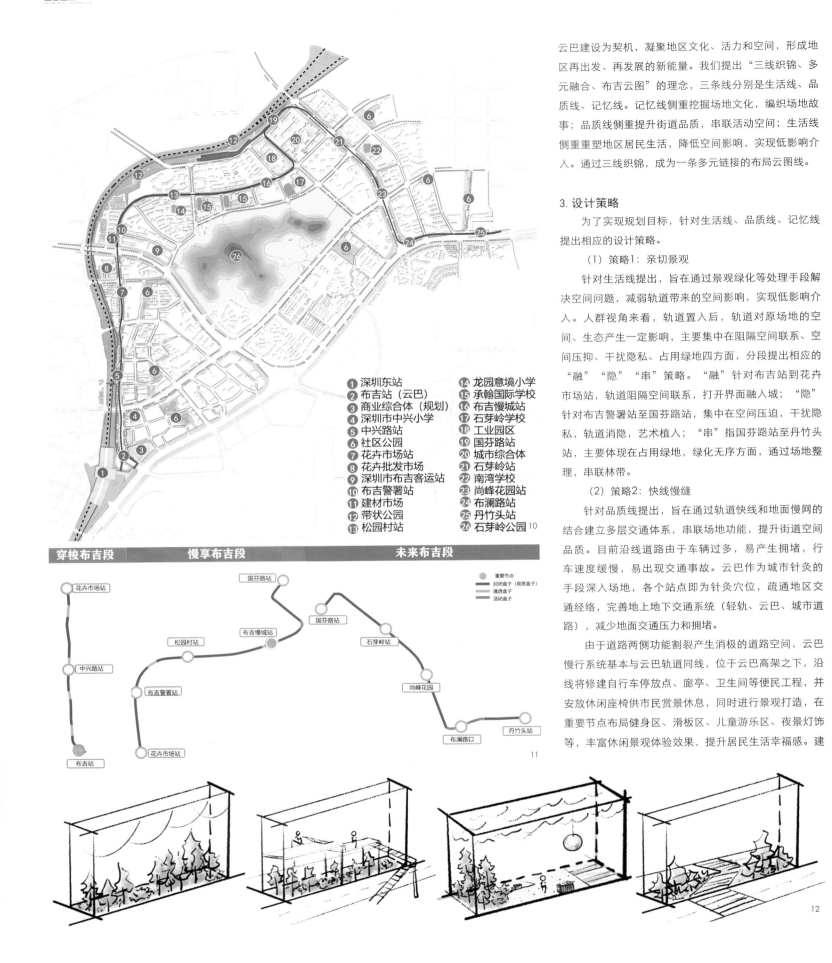

① 深圳东站
② 布吉站（云巴）
③ 商业综合体（规划）
④ 深圳市中兴小学
⑤ 中兴路站
⑥ 社区公园
⑦ 花卉市场站
⑧ 花卉批发市场
⑨ 深圳市布吉客运站
⑩ 布吉警署站
⑪ 建材市场
⑫ 带状公园
⑬ 松园村站

⑭ 龙园意境小学
⑮ 承翰国际学校
⑯ 布吉慢城站
⑰ 石芽岭学校
⑱ 工业园区
⑲ 国芬路站
⑳ 城市综合体
㉑ 石芽岭站
㉒ 南湾学校
㉓ 尚峰花园站
㉔ 布澜路站
㉕ 丹竹头站
㉖ 石芽岭公园 10

穿梭布吉段　　慢享布吉段　　未来布吉段

● 重要节点
━ 封闭盒子（观赏盒子）
━ 通透盒子
━ 活动盒子

花卉市场站
国芬路站
松园村站　　布吉慢城站
国芬路站
中兴路站
布吉警署站
石芽岭站
尚峰花园
布吉站
花卉市场站
布澜路口
丹竹头站

11

云巴建设为契机，凝聚地区文化、活力和空间，形成地区再出发、再发展的新能量。我们提出"三线织锦、多元融合、布吉云图"的理念，三条线分别是生活线、品质线、记忆线。记忆线侧重挖掘场地文化，编织场地故事；品质线侧重提升街道品质，串联活动空间；生活线侧重重塑地区居民生活，降低空间影响，实现低影响介入。通过三线织锦，成为一条多元链接的布局云图线。

## 3. 设计策略

为了实现规划目标，针对生活线、品质线、记忆线提出相应的设计策略。

（1）策略1：亲切景观

针对生活线提出，旨在通过景观绿化等处理手段解决空间问题，减弱轨道带来的空间影响，实现低影响介入。人群视角来看，轨道置入后，轨道对原场地的空间、生态产生一定影响，主要集中在阻隔空间联系、空间压抑、干扰隐私、占用绿地四方面，分段提出相应的"融""隐""串"策略。"融"针对布吉站到花卉市场站，轨道阻隔空间联系，打开界面融入城；"隐"针对布吉警署站至国芬路站，集中在空间压迫，干扰隐私，轨道消隐，艺术植入；"串"指国芬路站至丹竹头站，主要体现在占用绿地，绿化无序方面，通过场地整理，串联林带。

（2）策略2：快线慢缝

针对品质线提出，旨在通过轨道快线和地面慢网的结合建立多层交通体系，串联场地功能，提升街道空间品质。目前沿线道路由于车辆过多，易产生拥堵，行车速度缓慢，易出现交通事故。云巴作为城市针灸的手段深入场地，各个站点即为针灸穴位，疏通地区交通经络，完善地上地下交通系统（轻轨、云巴、城市道路），减少地面交通压力和拥堵。

由于道路两侧功能割裂产生消极的道路空间，云巴慢行系统基本与云巴轨道同线，位于云巴高架之下，沿线将修建自行车停放点、廊亭、卫生间等便民工程，并安放休闲座椅供市民赏景休息，同时进行景观打造，在重要节点布局健身区、滑板区、儿童游乐区、夜景灯饰等，丰富休闲景观体验效果，提升居民生活幸福感。建

12

成后将连接高铁、地铁，串联起9大公园和重要功能节点，形成一条城市绿廊，穿行其间可欣赏美景、享受惬意时光。

（3）策略3：多维表情

针对记忆线提出，旨在通过对原场地文化记忆的挖掘，确定分段主题，找出可编织故事的重要节点。针对现状特征提取重要节点及其记忆故事场景，比如布吉站（布吉之眼）——布吉火车站过往峥嵘，未来云巴引发新变革。重要记忆符号：布吉火车站（交通）；布吉慢城站（艺境天地）——布吉文创活力缩影融于慢城生活。重要记忆符号：大芬油画（艺术文创）；国芬路站（云创公园）——轨下火车轨道、绿地公园，最终通过文化记忆、交通体系、功能联系、生态贯通形成多维城市表情，创造令人难忘的城市形象与体验。

最终空间形成三条特色主线、三个主题分区以及六个重要节点，形成缝合、共享、效率的城市靓丽风景线。

（4）空间特色营造

①高线空间

设计重点在于建筑立面、云巴轨道外观、夜间亮化三方面。高线轨道、云巴采用流线型线条设计，色彩以蓝、灰色为主，体现城市未来科技感，同时采用流动灯光设计突出云巴轻盈感和流畅感。高线空间建筑界面分成三段特色指引，穿梭布吉段突出多彩时尚，慢享布吉段突出温馨暖意，未来布吉段突出端雅大气。

②低线空间

提出"轨道盒子"理念，结合不同地段的空间诉求设计三种盒子——"用于阻挡、遮挡的封闭盒子""通透盒子""活动盒子"。用于隔离/遮挡的盒子，主要运用于桥下空间窄小、有对两侧景观阻挡需求的路段，以植物铺设或灯光装饰等手法达到遮挡视线或美化立面的效果；通透盒子，用于有通过需求或轨道跨越地块的路段，分为地面过街有困难、且高度允许的路段和地面交通缓和且不适宜建设天桥的路段，针对地面过街有困难、且高度允许的路段，通过过街天桥联系轨道两侧交通，地面交通缓和且不适宜建设天桥的路段，通过墩柱标识和铺装实现地面过街指引。活动盒子，用于轨道跨越地块、占用步行空间的路段，通过艺术装置、墩柱彩绘等手法活化轨下空间，形成街头公园。

# 三、结语

目前项目已经进入尾声，后续需要结合云巴线落地实施同步进行详细规划编制。回顾工作过程，作为云巴示范线项目，设计手法上有两个创新点：

（1）以人为本与因地制宜充分结合

在规划之初，践行以人民为中心理念，从使用者角度塑造高品质人居环境，同时站在城市视角，分析场地条件，并且充分考虑场地条件、建设现状，挖掘地区文化，结合时代特征，传承空间基因。

（2）标准化与特色化相结合的轨道盒子设计

结合项目自身特征，创造性提出轨道盒子概念，并结合不同区域诉求，形成不同特色化设计，简化下一步落实实施的难度同时又便于城市管控。

作者简介

管 娟，上海同济城市规划设计研究院，注册城乡规划师，高级工程师。

10.总平面图
11.分段设计图
12.三种不同轨道盒子概念图
13-16.三种不同轨道盒子概念图

# 基于价值研判的特大城市老旧城区更新改造规划策略
## ——以广州五羊新城为例

# Renewal Strategy of the Old Town in Megacities Based on Value Judgement with a Case Study of Wuyang New Town

刘 程 张艺萌
Liu Cheng Zhang Yimeng

[摘　要]　在以广州为代表的特大城市快速化城市更新进程中，老旧城区物质环境走向衰败，面临开发与保护的更新困境。本文以五羊新城为例，从历史文化、存量用地利用、更新改造潜力等角度进行价值研判，进而提出老旧城区更新改造的规划策略，从而为后续确定改造模式和规划设计提供指引。

[关键词]　五羊新城；旧城更新；价值研判

[Abstract]　In the process of rapid urban renewal in megacities represented by Guangzhou, the physical environment of the old town is declining, facing the renewal dilemma of development and protection. Taking Wuyang New Town as an example, the paper aims to establish the strategy model of the old town's renewal by evaluating the historical and cultural value, the utilization of the stock land, and the potential for renewal, so as to provide a basis for the renewal pattern and planning.

[Keywords]　Wuyang New Town; renewal of the old town; value judgement

[文章编号]　2021-88-P-094

1.五羊新城总体区位示意图
2.五羊新城历史发展演变图

　　广州市旧城区基于1984年中心城区建成范围，面积约54km²，建成时间超过30年，文化、社会、经济底蕴丰富，孕育了千年商都、繁盛岭南。近年来，随着城市高速发展建设，土地资源日益紧缺，广州等一线城市已进入存量用地时代，通过旧城更新释放存量用地潜力，是城市未来发展的主要空间资源。旧城更新包含土地功能置换、产业提升、空间优化、历史文化保护等多方面工作，是社会、文化、经济和物质环境相结合的综合性更新，是对旧城人居环境、城市功能、城市形象的整体提升。

　　在改善民生和发展经济的双重作用因素下，一批历史文化街区以外的老旧城区在快速化城市更新浪潮中，面临着城市特色保育、存量资源利用等多方面的挑战。这些地区存在于受法律规范保护的历史文化街区和重点地段外，往往缺乏政府社会的关注以及相应的法律法规保护，但区位价值优越，同时保留了一定的本土特色，代表着地方人文精神，具有较强的识别性，可以唤起人们的归属感。

　　本文以广州五羊新城为例，基于历史文化价值、存量用地利用、更新改造潜力多维度的价值研判，探索建立特大城市老旧城区更新改造策略模型，为科学合理确定老旧城区改造模式及规划设计提供依据。

## 一、五羊新城概况

　　五羊新城片区位于越秀区与天河区交界处，与珠江新城一路之隔，南侧为二沙岛，东临广州大道，西侧为新河浦历史文化街区、南部战区，区位条件十分优越，作为广州"黄金十字"上的最后一颗明珠，是广州中心城区最具潜力地区之一。

### 1. 历史变迁

　　（1）城市尽头——20世纪80年代前，五羊新城曾是城市的尽头

　　20世纪50年代起广州市总体规划确定了城市向东、向南发展，70年代因受"文革"影响，广州的城市规划工作一度停滞。80年代初，广州的城市最东端是现在的省军区礼堂以西一带，五羊新城所在地全是稻田、菜地和鱼塘。

　　（2）东拓组团——20世纪80年代中，五羊新城成为向东拓展的第一组团

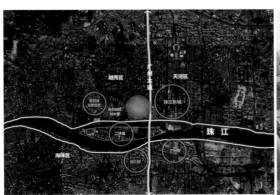

1982年，广州组织编制天河生活区、五羊新城、广园新村等居住区的详细规划。1984年12月五羊新城正式动工，成为中国最早的商业地产项目之一，也是改革开放初期影响全国的城市综合开发项目。1990年年底，小区基本形成，短短6年内，一个环境优美、设施完善、配套齐全的现代化新城在一片农田之上拔地而起。

（3）住区典范——建成后，频频获奖参观团队络绎不绝

1984年五羊新城获广州市小区规划评比的优良奖，1992年被评为国家模范文明住宅小区第一名，其开发模式和管理办法，在当时多次全国性大型房地产业培训班、研讨会上选为教材，得到建设部房地产业司的多次总结推广。当时全国甚至世界各地，到五羊村来参观考察的高层次代表团不胜枚举。

（4）价值断层——与珠江新城形成价值断层

进入21世纪后，外围建设大量高层、超高层住宅，原有建成建筑面临老化、失修，物质空间逐渐衰败，一路之隔、以珠江新城CBD为代表的天河区迅速崛起，作为越秀区桥头堡的五羊新城逐渐沦为价值洼地，与珠江新城隔广州大道，形成明显价值断层。

## 2. 现状建设情况

本次研究选取东至广州大道、西至杨箕涌、北至新天地街、南至珠江北岸，共计102hm²为范围。基地内现状建筑总量272万m²，总栋数894栋，建筑高度以10层（含）以下为主，平均容积率约2.67，其中：居住171.1万m²，占62.9%；商业办公94.4万m²，占34.7%；公配6.5万m²，占2.4%。

## 3. 问题与挑战

（1）人居环境破败

五羊新城范围内大量建筑始建于20世纪80年代，楼龄较长，出现老化破损，且多为砖混结构，存在抗震等级低，隔剩差等问题。与此同时，原有规划的公共空间面临不足，多为宅间绿地，类型单一，大型开敞空间数量较少，品质较低，难以满足现代城市居民对生活品质的高标准需求。作为连接越秀、天河两区的重要衔接，基地内寺右新马路交通拥堵现象明显，道路、管道等基础设施也出现不同程度的老化失修问题。

（2）产业载体不足

片区产业结构以工程、金融、传媒业为主，有15栋办公楼宇，其中五羊新城广场、南方传媒是税收亿元楼。但大部分办公楼老化陈旧，优质企业外迁现象较为严重，企业规模普遍偏小、聚集度低，缺少大规模产业集群，开发强度和使用效率不高，且存在大量闲置物业。商务办公空间存

3.五羊新城现状照片　　4.五羊新城现状建筑情况分析图

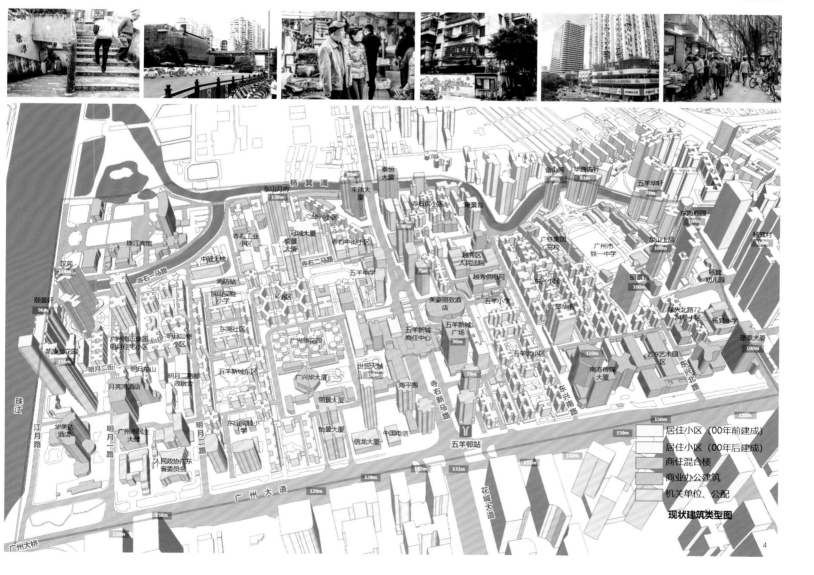

现状建筑类型图

居住小区（00年前建成）
居住小区（00年后建成）
商住混合楼
商业办公建筑
机关单位、公配

量少、租金低，产业未来发展空间不足，商业活力和吸引力下降。

(3) 区域活力衰退

研究范围内人口约4.97万人，人口密度约497人/公顷，与广州旧城区平均人口密度470人/公顷基本持平。流动人口占比较大，约1/3，人口老龄化现象比较突出，老年人接近20%，活力持续时间短，夜间经济缺乏，整体新兴发展活力不足，片区吸引力逐步衰退。

## 二、五羊新城基地的存量价值研判

五羊新城需要更新，但既不应"大拆大建"，也不应忽视土地的低效利用和再开发潜力。本文从历史文化价值评估（过去）、存量用地利用评估（现在）、更新改造潜力评估（未来）三方面，分别选取规划理念、空间建筑要素、用地功能、建筑情况、区位价值、景观资源等三组评价因子进行评价，从而为更新策略的提出提供综合评判标准。

### 1. 历史文化价值

（1）早期规划理念——综合开发，配套建设，立体新城

五羊新城贯彻"综合开发、配套建设"的方针，功能以住宅、商务办公楼为主，配备完整的生活服务配套和市政配套。用地面积31.4hm²，规划建筑面积66.6万m²，容积率2.1。规划设计由香港建筑师李允鉌负责，受到香港"立体新城"概念的影响，引进香港"太古城"的楼式，各楼宇通过空中通道相连，形成立体交叉式楼群，集居住、办公、购物、饮食、娱乐等多功能于一体,是自足型的商住混合楼宇，以连廊平台实现多层次步行网络，实现人车分流。

（2）整体格局特征——东西轴线，圈层布局，商住混合

"五羊新城"的规划布局，体现了"中国气派、南方特色"，以寺右新马路为东西轴线，圈层布局，商住混合。在整体格局上，可概括为以下三个特点：

① 东西轴线，环型路网:寺右新路贯穿城区东西作为轴线，把城区划分为南北两部分，北部约10hm²，南部约21.4hm²，布局环形路网。寺右新路入口处宽26m；中段300m部位布局街心喷泉花园并分割为南北各13m的单行道，作为新城的主干道路，连接旧市区和广州大道。向北设置北环路，向南设置南环路，包裹核心地区和别墅区，同时使得各个住宅组群的交通服务半径不超过100m。

② 核心布局公共服务中心:以街心喷泉花园为中心，布置南北长260m，东西宽214m的中心区，作为整个新城的商业办公及生活活动中心。在街心花园的中心位置，兴建复合商业功能与行人天桥的三层过街楼，底层为三级人工瀑布，二层天桥配以商场，三层为食品街，方便行人路过购买物品和饮食；过街楼北面设置商业办公楼、科技文娱中心、街道服务设施（街道办事处、公安派出所、消防

5.价值研判要素分析图　6.五羊新城原方案图　7.五羊新城整体格局特征分析图

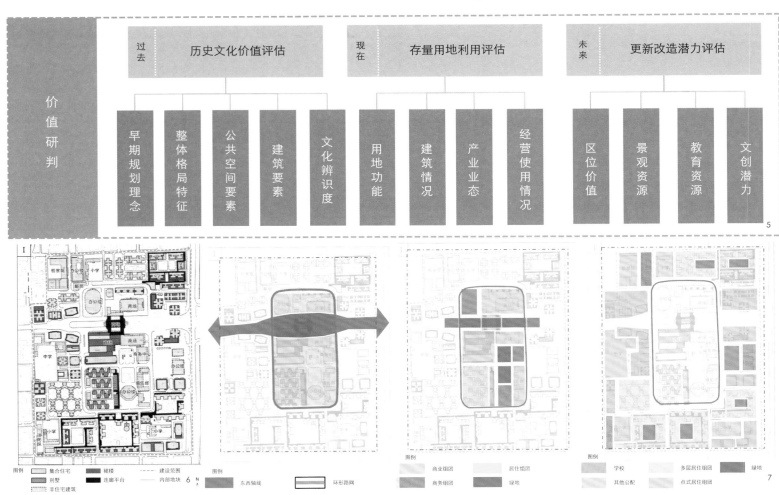

队、管理处、卫生院等）以及停车场；过街楼南面兴建酒店、综合商场、展销商场。

③ 外围均匀布置住宅，穿插配套：中心地四周按照道路交通网和新城位置分别布局12个住宅簇群，建筑面积达44万m²，全部建成后可安排七千多户，居住人口达三万人左右。高层建筑均匀布置在寺右新马路两侧，以及广州大道一侧，形成组段分明、高低相称的轻松感。在高层和多层住宅组群之间，适当插入有关生活配套的建筑和设施，中学一所，小学三所，幼儿园五所，以及体育场、游泳馆。

（3）公共空间要素——立体连廊，层次绿化

受到香港"立体新城"概念的影响，范围内有多样化的立体连廊以及景观绿化，构成了丰富的公共空间要素。

①类型多样的连廊：引进香港"太古城"的楼式，各楼宇通过空中通道相连，形成立体交叉式楼群。除核心区三层过街连廊外，多层住区周围楼房建一层平台通廊，二层以上住户可由外梯进入楼房，以连廊平台实现多层次步行网络，实现人车分流，形成双层面的交通系统。

②层次丰富的绿化：多层住区采用周边式布局，十幢左右围成一组形成方形或长方形，院落空间作为绿化，二层连廊平台上设置花槽，低层小别墅采用独院式和毗连式，每一栋都有独立花园。与寺右新马路中间街心喷泉及绿地、核心地区的广场、公共建筑绿带等形成高低错落、独具规模的立体绿化。

（4）建筑要素——多种产品，户型多样，高低相间

原五羊新城规划范围内采用超过8种商住产品，构成了丰富的建筑肌理，组团分明，户型多样，高低相间。包括：8幢25层井字形高层住宅；6

8.五羊新城公共空间要素分析图　　9-10.五羊新城建筑要素分析图

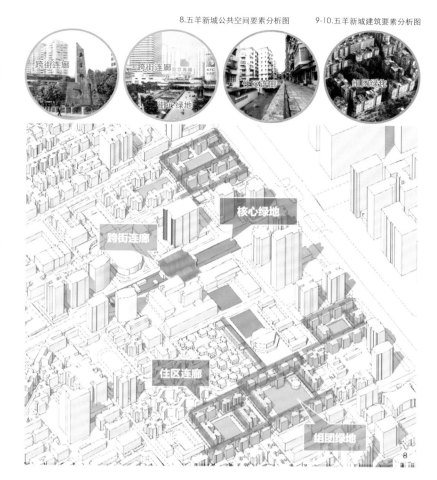

| | |
|---|---|
| **1** | 25层井字形高层住宅：8幢 |
| **2** | 24层扇形高层住宅：6幢 |
| **3** | 9层工字型多层住宅：26幢 |
| **4** | 9层蝶式多层住宅：3幢 |
| **5** | 9层井字形多层住宅：10幢 |
| **6** | 8层双T形多层住宅：12幢 |
| **7** | 8层Y形多层住宅：15幢 |
| **8** | 3~4层花园小别墅：107幢 |

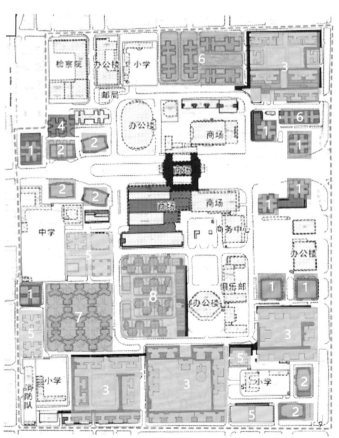

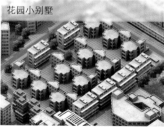
Y形多层住宅

Y形多层住宅

花园小别墅

工字形多层住宅

井字形高层住宅

幢24层扇形高层住宅；26幢9层工字形多层住宅；3
幢9层蝶式多层住宅；10幢9层井字形多层住宅；12
幢8层双T字形多层住宅；15幢8层Y字形多层住宅；
107幢3~4层花园小别墅。

（5）文化辨识度——文化符号，认同度高，生
活味浓

五羊新城片区作为最早开发的综合新城典范，地
方特色鲜明，五羊邨雕塑、五羊K小区、五羊八景、
广兴华花园、五羊E、H小区等是一代广州人心中的
文化符号。片区复合了居住、休闲、饮食、办公等功
能，拥有3个菜市场，聚荣饺子馆、南昌面家、友间
烧腊等多家老字号店铺，近年来又衍生出一间间装潢
精致的文艺小店，老字号、网红店一应俱全，生活气
息浓厚，在广大市民心中认同感高。步履匆匆的上班
族、结伴而行回家吃饭的学生、相约买菜的阿婆，多
样化的生活场景无时无刻不在这里碰撞出浓浓的生活
味儿。

五羊K小区
蜂巢型多层住宅　　　　五羊邨雕塑
老东山区的入口地标　　　五羊八景
广州最早的商住混合高层

广兴华花园
设计考究的中式别墅群，隐藏了广州特色纯粹的酒吧、民宿　　　特色路名　　　五羊E、H小区
工字形多层住宅，双层平面，小区组团花园
11

11.五羊新城文化符号代表图　　12.土地利用分析图　　13.建成年代分析图　　14.建筑高度分析图

## 2. 存量用地利用

（1）用地功能和建筑情况——土地利用缺乏集
约复合，建筑年代质量参差不齐

① 用地功能：片区内以居住用地为主，约
41.1hm²，占总用地的40.3%；商业服务业设施用地
占20%，占比较低，主要位于广州大道与寺右新马
路两侧，未能形成集聚性商务组团；绿地3.6hm²，
仅为3.5%，利用率不高，多为道路绿化以及停车场
等，未形成活力聚集空间。整体而言与土地集约节约

利用及功能复合利用存在一定差距。

② 建筑情况：原五羊新城范围内建筑始建于80年
代，已建成30余年，整体开发强度较低，平均容积
率在2.6左右，房屋大多出现立面破损、老化失修等
情况，质量较差；外围圈层建成约二十余年，以几组
多层小区为主，如东兴小区、明月二巷小区、东兴南
小区等，容积率在3.5左右，布局更紧凑，不再围合
出院落空间；另外沿广州大道、寺右新马路、珠江、
铁一中外围穿插分布零星高层建筑，多为2010年后
新开发建设楼盘，如凯旋会花园、东山月府、世贸天

樾等，高度在120~150m，少数楼盘达到180m，对
五羊新城的整体风貌形成了一定冲击。

（2）经营和使用情况——以传统商贸、商业服
务为主，存在低效闲置物业

① 产业业态：区域内企业以传统商贸、商业
服务为主，规模小品质低，文化创意和文化传媒产
业有一定基础，总体亟需创新赋能以推动区域高质
量发展，与周边高端集聚的商务区、创新区存在差
距。龙头企业为传统行业，包括建筑、商贸、房地
产和道路运输；文化传媒企业以传统报刊广告为

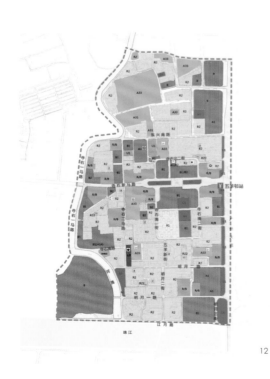

12

图例
■ 20世纪80年代建成
■ 20世纪90年代建成
■ 21世纪初建成
□ 2010年后建成

13

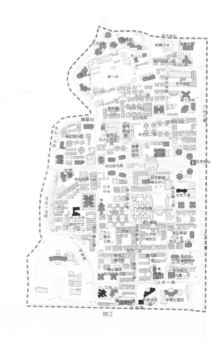

14

主，传统报业广告业公司多、体量大，创意展览和文化园区具有创新能力和发展潜力，但企业数量少规模小，无法形成产业集群；商贸和商务服务企业规模小，营收低；信息技术多为中小型软件开发企业，主要服务于政府部门、医院、银行等。

② 经营使用状况：传统行业营收超过10亿元企业共5家，其中建筑业2家，传统商贸、房地产和道路运输业各1家；传统报业广告业营收在1亿元以上企业共8家，营收在5000万元以上的企业超过50%；零售类企业规模50人以下近90%，营收5000万元以下近50%；商务服务类企业规模50人以下近60%，营收5000万元以下超50%。同时存在大量低效、闲置物业，主要分布在寺右新马路两侧以及杨箕涌东侧，开发强度和使用效率低下，其中五羊商住楼和天街已闲置多年。

## 3. 更新改造潜力

（1）区位价值优越——毗邻珠江新城、珠江、杨箕涌

①毗邻珠江新城：与珠江新城仅一路之隔，为片区的未来发展提供多样化资源。珠江新城作为天河CBD的主要组成部分，拥有甲级写字楼118栋，税收超1亿元的楼宇48栋，税收超10亿元的楼宇15栋。天河CBD产值居全国第一位，发展势头良好，发展能级和区域影响力不断提升，正在逐渐向洲际级CBD演进。利用珠江新城的影响力与资源辐射，借助珠江新城的客群与市场，承接珠江新城产业外溢，优势互补，促进区域性职住平衡，推动实现产城融合。

②毗邻珠江与杨箕涌：紧邻珠江与杨箕涌为基地带来双侧景观资源，珠江水系是广州的核心景观资源，构建起南侧良好的景观界面，西侧杨箕涌为塑造亲水活力空间提供潜在可能，也是点缀云山珠水宜居花城的有力支撑。

（2）配套资源雄厚——教育资源优质，文创潜力巨大

①教育资源优质：区域内聚集大量优质教育资源，如铁一中、五羊中学、五羊小学、东山实验小学等，广州市铁一中学创建于1952年，是原铁道部重点中学、首批广东省一级学校、国家级示范性普通高中，东山实验小学是由全国首批小区配套学校五羊二小和五羊三小于2003年合并而成，并于2016年成为越秀区

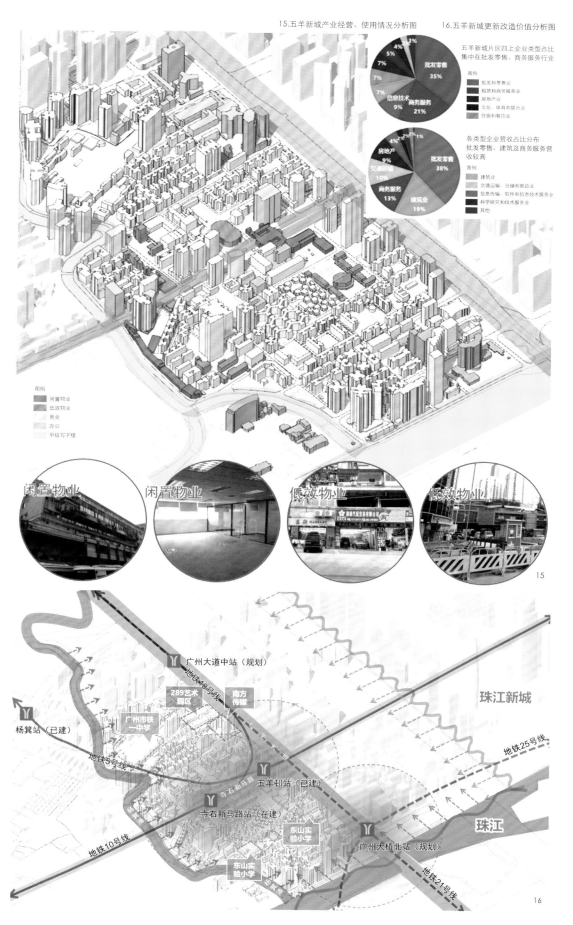

15.五羊新城产业经营、使用情况分析图　　16.五羊新城更新改造价值分析图

五羊新城片区四上企业类型占比集中在批发零售、商务服务行业

图例
- 批发和零售业
- 租赁和商务服务业
- 房地产业
- 文化、体育和娱乐业
- 住宿和餐饮业

各类型企业营收占比分布批发零售、建筑及商务服务营收较高

图例
- 建筑业
- 交通运输、仓储和邮政业
- 信息传输、软件和信息技术服务业
- 科学研究和技术服务业
- 其他

闲置物业　　闲置物业　　低效物业　　低效物业

15

图例
- 闲置物业
- 低效物业
- 商业
- 办公
- 甲级写字楼

16

培正教育集团的成员校，诸多优质教育资源使得片区仍具有较高的吸引力。

②文创潜力巨大。片区范围内文创氛围浓厚，南方都市报、289艺术创意园等吸引一批独立工作室、实验剧场、展览画廊、艺术店铺和文艺餐馆陆续搬来，园区内注册资金百万元以上企业超30家，文化创意的活力充斥着整个街区。

## 4. 价值总结

结合上述对历史文化价值、存量用地资源利用及更新潜力三方面的要素分析，对五羊新城片区提炼出包括空间价值原型以及地块开发潜力的双重评估结论：

（1）空间价值原型

结合对五羊新城历史变迁、历史价值、规划布局的梳理，提炼出包含1个商业中心（五羊商住中心）、1条中央大街（寺右新马路）、6个街心公园、8种商住产品、10个社区组团、通而不畅的环形路网、二层连廊系统七大要素在内的价值原型。基于该原型进行延续与重构，可为后续更新改造提升提供规划设计依据，并延续五羊的独特气质。

（2）地块开发潜力

结合前文分析，将历史文化价值、存量用地利用、更新改造潜力量化到具体地块，得到地块综合开发潜力评估如图。五羊新城早期开发范围内的建筑肌理与整体格局存在较高的历史文化价值，但现状利用效率整体偏低且物质环境老化衰败，寺右新马路两侧

围绕地铁枢纽开发，更新潜力较大。

# 三、基于价值研判的更新改造规划策略

旧城区不仅仅是"静态留存"的角色，而是地方发展的关键资源和衍生"新经济"的重要基础，保护与利用的关系需要辨证看待。通过对现状效率、历史价值、更新潜力三重维度评估，要素交叉，叠加得出六类策略模式。

（1）现状效率高片区——现状保留

旧城更新改造主要针对建筑破旧、设施不全、利用效率低下的老旧城区，对于建成年代较新、开发强度较大等现状效率利用较高片区，如五羊新城内2000年左右建成的一系列高层建筑，可予以现状保留。

（2）现状效率低，历史价值高，更新潜力高片区——拆除为主、点状留存

目前特大城市均面临建设用地资源紧缺的问题，在城市发展受限的情况下，基于发展导向，若更新发展机遇远大于历史保护，且旧城区的历史价值存在一定替代性，复原性，针对此类地区，可以拆除重建为主，点状留存为辅，选取特色建筑留存、或部分复原重建等方式。如五羊新城范围内特色鲜明但闲置低效的跨街商业天街及街心花园，面临轨道建设、产业发展的重要契机，可在拆除重建的同时，部分复原跨街天桥及街心花园，既满足城市发展的需求，也在更新改造中留存地域特色、提升环境品质。

（3）现状效率低，历史价值高，更新潜力高片区——保育活化，拆违清退

对于历史文化片区的历史价值独特，保护意义高于开发价值的片区，如五羊新城范围内多处体现香港立体城市规划理念的院落围合、空中连廊的特色住宅E小区、K小区等，可立足于文化价值传承，文化产业功能开发，对具有历史文化价值的片区开展整治修缮、局部拆建、功能置换、活化利用等小尺度、渐进式工作，同时拆除违法私搭乱建，清退低效业态，从产业、功能、服务等全方位进行提升，提升文旅产业品质，补充产业配套设施，以期取得较好的社会经济综合效益。

（4）现状效率低，历史价值高，更新潜力低片区——修缮整治

对于具有一定历史价值，但区位、资源条件较差的片区，如范围内的广兴华花园别墅群，则是以特色建筑、街道的整治修缮为主：保存具有历史、文化和建筑学价值的楼宇、地点及构筑物；推进内部设施维护与提升；整体提升具有特色历史记忆的街道；以具有吸引力的园林景观和城市设计打造活力开放空间等，重塑特色文化、地域风貌，带动片区吸引力和品质的提升。

（5）现状效率低，历史价值低，更新潜力高片区——拆除重建

对于发展潜力巨大，现状低效的片区，如范围内沿景观资源、临地铁站的低效闲置物业及老旧小区，则应紧抓优势区位与资源，通过拆除重建，提供高品

17.历史文化价值原型提炼图　　18.历史文化价值评估图　　19.存量用地利用评估图　　20.更新改造潜力评估图

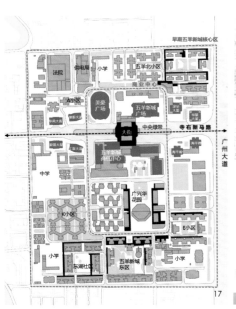

17

历史文化价值低-----→高

18

存量用地利用效率低-----→高

19

更新潜力低-----→高

20

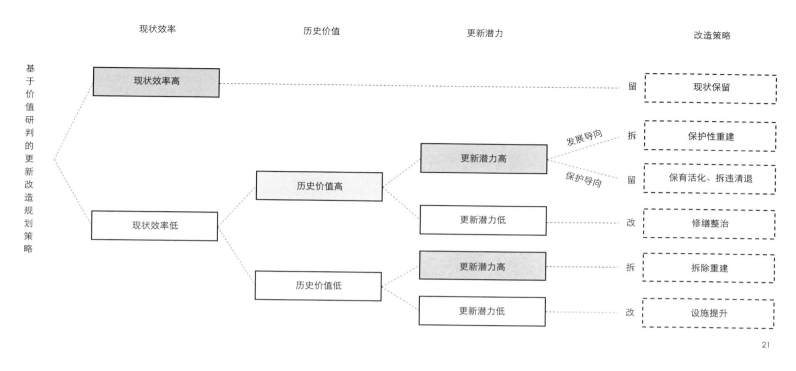

| 现状效率 | 历史价值 | 更新潜力 | | 改造策略 |
|---|---|---|---|---|

基于价值研判的更新改造规划策略

现状效率高 —————————————————————— 留 → 现状保留

现状效率低

历史价值高 —— 更新潜力高 —（发展导向）拆 → 保护性重建

　　　　　　　　　　　　　（保护导向）留 → 保育活化、拆违清退

历史价值高 —— 更新潜力低 —— 改 → 修缮整治

历史价值低 —— 更新潜力高 —— 拆 → 拆除重建

历史价值低 —— 更新潜力低 —— 改 → 设施提升

21

21.基于价值研判的策略模式分析图

质产业载体，引入优质高端项目，打造创新驱动、高质量发展的产业引擎，为旧城区注入新活力，不断完善城市功能布局，实现区域产业提升。

　　（6）现状效率低，历史价值低，更新潜力低片区——设施提升

　　对于历史价值、更新潜力条件较差片区，如范围内区位、价值均一般的部分老旧小区，则更注重人居环境的提升，着重补齐水、电、气、消防、电梯、绿化等公共基础设施，提升社区居住品质，引入物业管理、政务服务、养老托幼等服务体系，实现基础设施配套、人居环境质量、社会服务水平的提升。

## 四、小结与展望

　　广州建城2200多年以来，旧城原址未变，作为城市发展的起源点，老旧城区一直是全市的政治、经济、文化中心，是人民群众安居乐业的重要集聚区，凝聚了东西方文明融合的岭南文化，见证了广州千年商都的繁华盛景。整体来看，老旧城区很大程度上影响着城市风貌与特质的形成以及城市空间发展布局，是打造广州特色品牌、参与全球竞争的重要战略资源。

　　随着广州城市能级的不断提升，这座厚积薄发的"老城"，已经来到高质量发展的重要节点，而旧城更新正是这个阶段发展跃迁的重要驱动力。若仅从保护角度出发，全盘微改造，将难以为新旧动能转换提供动力，若忽略保留价值，全面改造，则将对城市文脉形成巨大冲击。因此面向老旧城区的城市更新，更应慎之又慎，以多维度综合评估为基础，科学研判其改造策略，切实做到在保护中发展，在发展中保护，激活触媒，撬动存量，使老城市再次焕发新活力，实现人文魅力、产业活力、宜居品质的全方位再生。

参考文献

[1]李庆符. 广州市五羊新城在兴建中[J]. 住宅科技, 1986(06):14-16.

[2]丁杰. 五羊新城因何多空楼[J]. 广东大经贸, 1996, 10:68-69.

[3]洪文迁, 李峰. 旧城地段保护更新的思考:以广东省雷州市旧城为例[C]// 中国近代建筑史国际研讨会. 1998.

[4]孙凤岐. 地区文化,建筑与城市更新:泉州旧城保护与开发规划设计研究[J]. 华中建筑, 2000(02):109-111.

[5]方可,章岩. 旧城更新中如何保持"城市的多样性"[J]. 现代城市研究(3期):49-51.

[6]张斌囡. 小规模渐进式改造在小城镇旧城更新中的应用:以宁波象山县旧城区控制性详细规划为例[J]. 规划师. 2004. 20(007):81-83.

[7]张杰, 刘岩, 霍晓卫. "织补城市"思想引导下的旧城更新:以株洲旧城更新为例[C]// CNKI; WanFang. CNKI; WanFang. 2009:67-72.

[8]单菁菁. 旧城保护与更新:国际经验及借鉴[J]. 城市观察. 2011.

2011(002):5-14.

[9]苏明妍. 广州街区型住区交往空间研究[D]. 广州：华南理工大学, 2017.

[10]杨杰, 刘炜, 程琦, 等. 基于多源数据的旧城地块识别与评价：以武汉市为例[C]// 2019中国城市规划年会. 0.

作者简介

刘　程，广州市城市规划勘测设计研究院，城市设计策划所，副总工，高级工程师；

张艺萌，广州市城市规划勘测设计研究院，城市设计策划所，规划师，工程师。

技术管控
Technology Control

# 高质量发展导向下的上海开发强度管控体系优化研究
# Optimization Research on High-quality Development Oriented Development Intensity Control System in Shanghai

杨朓晕
Yang Tiaoyun

[摘　要]　在资源紧约束、建设用地减量化的巨大压力下，上海如何通过开发强度管控手段落实高质量发展要求、提高土地利用效率，是目前亟待解决的问题。同时，如何在提高空间经济密度的同时，又确保城市空间的高品质和宜居性，也是面临的一大挑战。本研究对香港、新加坡、东京等同类型国际城市的开发强度控制体系及重点地区建设情况进行了分析，通过梳理总结上海开发强度管控体系的发展历程和应用成效，以及评估新形势下现状土地使用的短板和主要问题，提出在资源环境紧约束的背景下，实现高质量、高效益发展的开发强度管控思路及优化策略。

[关键词]　高质量发展；减量化；开发强度管控；上海市

[Abstract]　Under the great pressure of tight resource constraints and decrement of construction land, how to implement high-quality development requirements and improve land use efficiency through development intensity control is an urgent problem to be solved in Shanghai. At the same time, how to ensure the high quality and livability of urban space while improving the spatial economic density is also a major challenge. In this research, the development intensity control system of equivalent type international city such as Hong Kong, Singapore, Tokyo, etc., are analyzed. Development intensity control system in Shanghai are summarized based on combing the development and application. This research evaluated the short board and the main problems of current land use under the new situation, and put forward development intensity control ideas and optimization strategy to achieve high quality and high benefit under the background of the tight constraints of resources and environment.

[Keywords]　high quality development; decrement; development intensity control; Shanghai

[文章编号]　2021-88-P-102

1.上海市域城镇圈规划图（资料来源：《上海市城市总体规划（2017—2035年）》）

## 一、引言

当前，上海已进入全面实施"2035总体规划"阶段，同时也面临着人口持续增长、资源紧约束、建设用地减量化的巨大压力。通过开发强度管控提高土地利用效率、提升空间环境品质，成为上海实现高质量发展的必由之路。开发强度管控的范围和规模不同，其内容和作用也各有侧重。

在宏观层面，开发强度体现为"城市建设用地比例"和"总体开发强度"（城市建筑总量与建设用地总面积的比值），它决定了城市建设用地规模和建筑总量的供应与城市发展目标、人口规模需求之间的总体供求关系。建设用地比例高说明土地利用强度高。在城市人口、住宅、办公等各类建筑总的规模需求和结构稳定的情况下，总体开发强度与建设用地规模相挂钩，也反映了城市建设的价值导向和发展模式。

在中观层面，开发强度体现为"地区强度分区"（某地区内可开发地块的建筑总量与地块用地面积的比值），相当于平均容积率，决定了地区的建设总量和分配布局。强度分区主要由交通区位因素决定，也需考虑服务、环境等因素。它直接影响地区人口、就业岗位的分布以及集聚度，同时也受到道路交通及市政基础设施等承载力的制约。此外，局部地区开发强度的高低与城市空间的塑造、环境品质的优劣有较为密切的关系。

在微观层面，开发强度体现为"地块容积率"（地块内建筑物的建筑面积总和与地块面积的比值），主要用于控制单个地块的建筑规模，决定了地块内的建筑形态和布局。地块容积率的确定主要受到土地用途、地块大小、交通条件和城市设计因素的影响。

## 二、同类型城市管控策略比较

纽约、新加坡、深圳、杭州等国内外城市在土地利用过程中，依据城市发展的需要，立足自身特点，适时调整开发强度管控方式，形成了一系列提升土地利用效率的有效措施。

### 1. 倡导"紧凑型城市"和"精明增长"理念

在城市发展模式上，各城市均选择与世情国情相符合的土地利用方式。西方发达城市已逐步由郊区化向紧凑型城市转变，亚洲城市由于用地资源紧缺，也大多选择集约发展模式。

在此基础上，各城市均结合自身发展模式，建立了一套开发强度的管理制度，实施密度分区管理和容积率激励机制，形成疏密有致的城市空间格局。例如香港居住分三大类11小类，高低差2.6倍；工业分2大类7小类，高低约6倍。通过容积率红利、转移、转让、储存等方式，以容积率为诱因激发私人资本，提高土地配置效率。

### 2. 推进土地混合复合利用，盘活低效产业用地

放宽产业用地容积率管理，激发企业提升土地利用效率的内生动力。广东省放宽容积率管理，城市工业用地容积率上限3.0以上，城市新型产业用地容积率6.0。香港工业用地容积率差异较大，都会区较高，为5.0~9.5，特殊工业用途较低，为1.6~2.5。

同时，推进土地混合复合利用，实现空间扩容功能融合。如纽约允许在工业用地内部兼容商业、服务业使用功能，香港的新增商贸用地可容纳无污染工业等功能。

### 3. 强化政策协同，促进土地利用效率提升

在容积率管理方面，针对重点地区实施特别容积率管理制度。如纽约设立了"特别意图区"，其容积率通常可全部或部分比一般区域高，或比一般区域拥有更丰富的容积率奖励、转移或上浮政策。东京则划定"都市再建特别区"，区域内的建设项目可根据建设需要实施特殊容积率标准。

在土地管理方面，强化土地全过程监管和税费调节。新加坡对国有土地利用采取从企业用地准入到推出的全程链条式监管，日本征收空闲地税促进城市土地资源合理利用，英国注重对土地持有环节征税等。

## 三、现行管控体系梳理

长期以来，上海始终面临建设用地紧约束的巨大压力。坚持科学规划理念、走可持续发展道路，是规划土地管理始终坚持的方向，也是各方共识。经过近二十年的探索，上海逐步建立了"分层、分级、差异

化控制"的开发强度管理体系，即在严格控制人口和建设用地总量的前提下，按照"总体规划—单元规划—控详规划"编制体系，逐层分解落实到"全市、区域、地块"三个层面。

### 1. 全市层面

在全市层面，开发强度管控的主要任务是，将总体规划确定的规划人口目标和建设用地规模分解到各行政区，明确住宅、商办等各类建筑总量控制要求，形成主城区、郊区新城、新市镇开发强度逐次递减的总体格局。

主城区作为全球城市核心功能的主要承载区，坚持"双增双减"、总量控制，着力提升能级和品质，增加公共空间和公共绿地。郊区新城作为具有辐射带动能力的综合性节点区域，强调紧凑布局、集约高效发展，在核心区域进一步加强开发的集聚，提升城市活力和服务水平。郊区新市镇统筹镇区、集镇和周边乡村地区，避免过高强度开发，注重塑造空间形态特色，打造宜居环境。

### 2. 区域层面

在区域层面，开发强度管控综合考虑了功能、人口密度、道路交通、公共服务等因素，根据不同的区位条件，确定不同的强度分区。

主城区按照轨道交通线网密度，分为五个等级，市级中心、副中心、商务活动集聚区、交通枢纽地区等的开发强度高于其他地区。郊区新城、新市镇根据区位条件，分为三个等级，城镇中心区、城镇中心相邻区域、城镇外围区域的开发强度逐次递减。轨道交

通站点周边地区，采用"特定强度"，比一般地区约高30%（表1、表2）。

### 3. 地块层面

在地块层面，开发强度管控聚焦地块容积率，强调在地区建设总量不突破的前提下，通过城市设计和交通影响评估，结合实际需要进行建筑量的转移和合理分配，差异化地确定不同地块容积率指标，对城市核心地块、轨道交通周边地块、民生项目、重点项目等给予重点保障和倾斜。

此外，为了推进科创中心建设，支持产业用地转型升级、提高容积率。根据《关于上海市推进产业用地高质量利用的实施细则》，工业用地容积率一般不低于2.0，使用特殊工艺的工业用地容积率可根据实际情况确定，研发类用地可参照同地区的商业及办公用地确定容积率。

## 四、存在的问题简析

目前上海的开发强度管控体系和分级标准基本稳定，面上管理平稳有序。围绕"2035总体规划"目标，通过对土地利用现状和规划情况进行梳理，与同类国际城市进行比较，总体看来，上海的规划建筑总量规模能够支持高质量发展的需要，但在土地利用的集约化、高效化、优质化以及政策协同方面需进一步提升。

### 1. 集约化方面

地区总体开发强度较高，但轨道交通站点周

表1 主城区开发强度指标表

| 用地性质 | 强度区 开发强度 | I级强度区 | II级强度区 | III级强度区 | IV级强度区 | V级强度区 |
|---|---|---|---|---|---|---|
| 住宅组团用地 | 基本强度 | ≤1.2 | 1.2~1.6（含1.6） | 1.6~2.0（含2.0） | 2.0~2.5（不含2.5） | 2.5 |
| | 特定强度 | — | — | ≤2.5 | ≤3.0 | >3.0 |
| 商业服务业用地和商务办公用地 | 基本强度 | 1.0~2.0（含2.0） | 2.0~2.5（含2.5） | 2.5~3.0（含3.0） | 3.0~3.5（含3.5） | 3.5~4.0（含4.0） |
| | 特定强度 | — | — | ≤4.0 | ≤5.0 | >5.0 |

资料来源：《上海市控制性详细规划技术准则（2016年修订版）》

表2 新城、新市镇开发强度指标表

| 用地性质 | 强度区 开发强度 | I级强度区 | II级强度区 | III级强度区 |
|---|---|---|---|---|
| 住宅组团用地 | 基本强度 | ≤1.2 | 1.2~1.6（含1.6） | 1.6~2.0（含2.0） |
| | 特定强度 | ≤1.6 | ≤2.0 | ≤2.5 |
| 商业服务业用地和商务办公用地 | 基本强度 | 1.0~2.0（含2.0） | 2.0~2.5（含2.5） | 2.5~3.0（含3.0） |
| | 特定强度 | ≤2.5 | ≤3.0 | ≤4.0 |

资料来源：《上海市控制性详细规划技术准则（2016年修订版）》

边地区集聚度不足。总体来看，上海已形成主城区、郊区新城、新市镇逐级递减的合理格局。中心城开发强度较高，核心区人口密度超过了香港、东京、纽约。但与此同时，轨交建设水平相对滞后，规划至2035年才能达到东京23区的轨交密度水平。此外，围绕轨道交通站点周边的集聚度还不够。受制于现状建成区域影响，轨道交通站点周边300m范围与外围地区开发强度的级差梯度不够明显。

## 2. 高效化方面

土地利用绩效有待提升，低效工业用地的盘活利用亟需推进。与东京都和香港相比，上海的地均生产总值仅为其1/5至1/3。此外，低效工业用地占比较大。漕河泾等国家级园区单位面积土地绩效超过一般乡镇级园区的20倍以上，规模以上工业企业占全市工业用地比例不到40%，却贡献了约95%的工业产值，大量低效工业用地亟待盘活提升。

## 3. 优质化方面

用地结构有待优化，住宅和商办建筑品质有待提升。对标全球城市，上海的用地结构中，工业用地占比高，其面积是东京的7倍、香港的10倍。与此同时，交通设施、公共服务设施、绿地占比偏低，作为衡量宜居生活环境的重要指标，低于国际同类大都市。此外，尽管规划住宅和商办规模总量能够满足需求，但在类型构成上有待调整。住宅中租赁住宅比例偏低，商务办公中高端设施总量不足，空间集聚度不够，难以满足城市发展目标要求。

## 4. 政策协同方面

需进一步加强政策集成和综合治理，促进土地利用效率提升。包括：细化完善容积率奖励制度和办法，进一步调动更新主体积极性；结合风貌保护要求完善容积率异地转移制度等。

## 五、优化策略探讨

总体看来，上海的建设用地总量和建筑总体规模能够支撑卓越全球城市的高质量发展目标要求，但土地利用结构和布局有待优化，进一步提高土地利用效率是上海推进高质量发展的重要抓手和必由选择。

未来的开发强度管控应围绕城市可持续发展的长远目标，以提高土地使用效率为抓手，从用地规模的扩张转变为发展质量的提升，面上稳定，点上放开，

逐步形成"总量可控、结构合理、布局优化、利用高效"的用地格局。

### 1. 优化用地结构，提升城市品质

在落实总体规划要求、实现人口和建设总量管控的前提下，结合规划编制体系，按区逐级落实规划建设用地、规划人口、规划住宅规模等核心指标。"以强度换空间，以空间促品质"，将提高开发强度与解决城市发展短板相挂钩，形成大疏大密的空间格局。提高开发强度后的结余土地用于增加公共绿地、公共空间、公共服务设施、租赁住宅等公益性内容，促进用地结构优化。

### 2. 突出轨道交通导向，打造紧凑格局

进一步细化既有开发强度分级，根据地块与轨道交通站点的距离，拉开高低限差异。引导开发建设向公共交通条件好的地区集聚，在轨道交通站点周边进行高强度开发，实现土地利用效率的最大化。同时，针对现有高强度开发地区，也必须通过构建完善的道路网络、提高公共交通服务水平、优化交通管理措施等综合手段，保障地区安全有序运行。

### 3. 促进土地集约利用，保障重点地区发展

聚焦城市主中心（中央活动区）、副中心、地区中心等公共活动中心区域，交通枢纽地区，桃浦、吴淞等转型发展区域，承载国家战略、城市使命的重大项目等，参照国外特别政策区，给予特别的政策倾斜。允许开发规模的移入和提升，全力保障发展，形成新的发展引擎。进一步提升郊区新城的特定开发强度，促进郊区城市副中心的形成。

### 4. 推动低效用地更新转型，提高利用效率

面对建设用地"天花板"的紧约束，继续在盘活存量上做文章，加大"腾笼换鸟"和区域整体转型力度。在已经出台的《上海市城市更新实施办法》《关于本市盘活存量工业用地的实施办法》等文件基础上，进一步细化产业用地开发强度控制，区分产业类型（研发用地和传统工业），区分区位条件（主城区和郊区开发园区），着重提高位于主城区的研发用地的开发强度。面临转型的产业园区经整体评估，依据新的功能参照同等区位商务办公用地重新核定开发强度。通过充分挖掘存量建设用地资源，完善城市功能，优化城市空间，提升城市品质。

### 5. 鼓励土地弹性混合利用，促进生产生活融合

发展

在互不干扰的前提下，鼓励用途互利、环境要求相似的功能混合布局，提高城市活力。在城市公共活动中心，鼓励商业、商务、租赁住宅混合布局，形成复合型公共活动中心。在轨道交通站点周边地区，充分利用地下空间，注重综合交通与其他城市功能的衔接。居住社区和产业园区强调产城融合，推进居住与就业相对均衡布局，减少远距离通勤交通。推进各类市政基础设施、公共服务设施用地复合利用，在满足绿化种植要求、环境、安全前提下，鼓励绿地的地下空间安排公共停车场库和市政设施。

同时，进一步探索更加弹性、灵活的土地利用制度。探索公益性设施和经营性设施混合的土地出让制度、不同主体公共服务设施和市政基础设施的投资实施机制。完善建筑、消防等规范标准，探索更有利于节约用地、复合兼容的标准设定。探索更有利于整体开发的投资实施机制，打破行业壁垒，促进不同内容、不同主体的地上地下空间一体化建设实施。

## 六、结语

开发强度作为城乡规划管理的核心指标，对其进行合理管控是实现城市发展目标、引导地区建设、发挥土地效益的重要抓手，也是提升城市品质，实现经济、社会、环境协同发展的重要策略。因此，在高质量发展的道路上，仍需不断探索，根据社会经济发展和变化的要求，形成适宜的管控体系和实施策略。

作者简介

杨晓晕，上海市规划编审中心，高级工程师，注册城乡规划师。

# 城市街道设计导则类型与编制内容研究

## Research on Directive Type and Compilation Content of Urban Street Design

祁 艳 葛 岩
Qi Yan  Ge Yan

[摘 要]　在城市转型发展与精细化治理背景下，以街道设计导则类型与编制内容为主要研究对象，结合国内大城市已发布导则实践案例剖析总结，深入研究街道设计导则的不同分类和相应内容构成，提出基于应用范围与应用方式两个维度的新建型、更新型、工程型、综合型四种主要类型，提出不同类型街道设计导则在规划体系中的作用、核心内容与编制要点等方面的共性特征与差异化内容，为后续街道设计导则编制提供参考借鉴。

[关键词]　街道设计导则；类型；编制内容

[Abstract]　Under the background of urban transformation and development and fine governance, this paper takes the compilation type and content of street design guidelines as the main research object, analyzes and summarizes the practice cases of published guidelines in domestic big cities, deeply studies the different classification and corresponding content composition of street design guidelines, and puts forward the new type, updated type, engineering type, new type based on the two dimensions of application scope and application mode. In this paper, four main types of comprehensive street design guidelines are put forward, including the role of different types of street design guidelines in the planning system, the core content and compilation points of common features and different contents, so as to provide reference for the subsequent compilation of street design guidelines.

[Keywords]　street design guidelines; type; content

[文章编号]　2021-88-P-105

## 一、研究初衷

与欧美等国外导则由交通部门主导不同，国内街道设计导则多由规划部门编制，基于城市整体转型发展的需求，更加关注街道建设方式、建筑环境、历史风貌传承等问题。由于发展阶段和发展诉求差异，现阶段我国不同城市编制街道设计导则的目的诉求有较大差异，导则中呈现出的引导内容也千差万别，究其原因主要由以下两方面因素产生：

一是应用范围差异，一般范围越大，应用对象越广，导则内容越偏向理念方法引导和普适性指引，范围越小，应用对象越少，导则内容越偏向具体空间组织设计和针对性指引；二是应用方式差异，即导则的使用方式，以统筹街道顶层设计为主要诉求的导则更偏向愿景构建和方法引导，以服务工程设计建设为主要诉求的导则更偏向技术做法引导，以实施管控为主要诉求的导则更偏向管控措施实施机制。

本文尝试对我国现阶段已发布各类街道设计导则进行分析，研究在不同编制诉求下，街道设计导则的分类及其在现有规划体系中的作用、核心内容和编制要点，为后续街道设计导则编制提供参考。

## 二、街道设计导则的编制类型

### 1. 分类维度一：应用范围

我国已发布的城市街道设计导则中，按应用范围，可以分为城市级导则和地区级导则两种类型。

城市级街道导则编制的主要目的是在宏观层面，统一观念认知、设计方法和行动计划，中微层面对接规划、设计、建设和管理工作。典型城市级导则如上海、北京、厦门等城市导则。

地区级街道导则编制的主要目的是在中观层面，针对城市某个行政区或特定功能区进行街道设计引导，有的针对一个行政区域，如北京市西城区、南京市秦淮区、深圳市罗湖区等地区的导则，也有的针对特定功能区，如珠海唐家湾新区导则，根据地区建设情况不同，地区导则主要分为新建地区导则、更新地区导则及综合城区导则三种类型。

### 2. 分类维度二：应用方式

按照导则所应用的方式不同，一般可以分为作为理念引导和顶层设计的综合型导则、指导具体空间设计的设计型导则与面向工程建设的工程型手册三种类型。

综合型导则的制定旨在形成全社会对街道的理解与共识，推动街道的"人性化"转型，因此兼顾愿景构建与设计指引两个主要内容，同时对工程设计提供一定的技术指导，典型案例有《上海市街道设计导则》。设计型导则重在前端空间设计，衔接中观规划，对于街道空间的网络、尺度、界面等整体设计方案给予详细的设计引导，典型案例有《北围后环街道设计导则》。面向工程建设的设计手册，其主要特征是注重实用，旨在对街道的空间设计、设施设计、产品选择、材料选择、施工工艺等细节问题提供具体指导，多称之为"手册"，典型案例如《广州市城市道路全要素设计手册》《上海市人行道设计手册》等。

### 3. 基于双重维度的导则类型

如上文所述，街道设计导则按照应用范围，主要可以分为城市层面和地区层面两种类型，按照应用方式，可以分为综合型导则、设计型导则、工程型手册三种类型，两个维度之间存在内在关联。

（1）从应用范围看应用方式

城市层面的街道设计导则，范围大、应用广，引导方式以理念引导和普适性指引为主，一般不会涉及具体街道空间组织和设计（街道空间和要素设计主要作为理念引导示意而不针对具体街道）。因此城市层面街道设计导则主要分为两类：一类兼顾愿景构建与设计指引，对应应用方式中的综合型街道设计导则；另一类主要面向微观层面工程建设进行引导，对应应用方式中的工程型街道设计导则。

地区层面的街道设计导则，与城市层面相比，范围小、针对性强，可根据地区特征对具体街道空间组织和设计提出整体方案，一般对应应用方式中的设计型导则，根据建设阶段不同，又可分为新建地区和更新地区、综合地区三种情况。其中，新建地区的导则一般与控规同步编制，侧重于街道设计要素的规划管控，更新地区的导则需要基于现状进行提升，侧重于街道空间环境的提升，综合地区一般规划范围较大，建设情况复杂，技术路径与城市级街道设计导则类似。因此，地区层面街道设计导则主要可分为新建地区和更新地区两类。

（2）从应用方式看应用范围

综合型街道设计导则兼具宏观到微观多层次内容，宏观层面明确价值取向与设计导向，中观层面通过分区分类分级等方式对街道进行设计原则及策略引导，微观层面以目标导向为逻辑，用设计细节传达目标理念，适合作为一个城市或较大范围地区街道设计的顶层设计文件。

设计型街道设计导则主要内容是中微观层面街道空间组织和设计引导，具体解决街道流线组织、街道空间塑造、街道场所营建、街道活力提升等问题，适合作为城市局部地区控详的补充或城市更新规划、城市治理规划的组成部分。

工程型街道设计导则主要内容是微观工程建设引导，从内容细分上，既可以应用到城市范围也可以应用到局部地区，既可以包含街道设计全要素，也可以

针对单一要素，虽然内容多寡有别，但导则编制方法和技术路径没有明显差异。

（3）两种维度合并看导则分类

通过关联分析我们可看出，两种分类维度并不能随意交叉，并不存在理论上的12种导则类型，而是具有较强的指向性，将两个维度合并看，街道设计导则可以分为主要应用于城市级或较大范围地区级的综合型街道设计导则、主要应用于新建地区的新建型街道设计导则、主要应用于建成地区的更新型街道设计导则和面向工程建设的工程型街道设计导则四类，这种分类主要以导则编制技术路径和主要内容为考量要素，并不是绝对的分类标准，实际工作中，可根据编制需要进行叠加或侧重（表1）。

## 三、各类型导则的作用与核心内容

### 1. 新建型街道设计导则

新建型街道设计导则一般与控规同步或稍后开展，主要作用是对地区的街道空间整体设计方案给予优化和详细引导，并将街道设计要素纳入控规或其他管控体系直接指导规划建设。导则一般以目标导向为逻辑，首先从地区功能定位出发，充分研究公共活动特征，提出街道网络优化和街道目标定位，其次，对街道设计要素进行分解，对各项要素进行分类详细引导，最后，对导则使用和街道要素管控进行设定，对设计实施流程进行建议。其中，街道定位和要素管控是核心内容。

以《唐家湾地区后环片区街道设计导则》为例。导则根据控制性详细规划，对后环片区的土地利用与开发强度、通勤人流、机动车可达性、景观资源等进行了综合评估，确定街道定位，指导街道断面设计，并对建筑形态、交通空间、公共空间三大类13项要素提出了具体管控要求及指标，并将核心内容纳入控规附加图则中，与地块相关的管控要素将写入土地出让条件，从而建立起一条从导则编制到高品质建设的有效实施路径。

### 2. 更新型街道设计导则

更新型街道设计导则类似详规层面专项规划，主要作用是对地区街道空间进行评估和整体更新引导，可作为地区更新规划的技术文件之一，为地区更新改造、转型发展提供支撑。一般以问题导向为逻辑，首先分析街道现状突出问题，结合地区发展定位，提出街道更新提升目标。其次通过街道特色提炼、街区空间组织、街道功能分类、街道要素分类等手段，一地一策提出街道更新方案。再次，对典型街道空间进行

1.街道定位依据　　2.唐家湾地区后环片区街道通勤人流路径分析　　3.唐家湾地区后环片区控详规划附加图则

表1　　　　　　　　　　　　维度合并看导则分类

| 街道导则分类 | | | 应用方式 | | |
|---|---|---|---|---|---|
| | | | 综合型 | 设计型 | 工程型 |
| 城市级 | | | 综合型街道设计导则 | | 工程型街道设计导则 |
| | 地区级 | 新建地区 | | 新建型街道设计导则 | |
| | | 更新地区 | | 更新型街道设计导则 | |
| | | 综合地区 | 综合型街道设计导则 | | |

更新改造示意，最后对街道更新实施提出管控引导要求。其中，核心内容是从规划理念到具体实施的逐步落实。

以《南京市秦淮区街道设计导则》为例，导则一方面明确和协调设计目标、价值导向和品质要求，另一方面对典型街道进行改造设计示意。如莫愁路是连接秦淮区和玄武区的一条交通要道，是典型的交通通行功能与行人活动功能并重的城市主街，目前街道空间分配相对合理，但街道空间环境与设施品质尚有较大提升空间。导则在基本保持现有街道空间划分基础上，对过街横道、交叉口、街头广场、公交站台、沿街立面等设计要素进行具体改造引导示意。

## 3. 工程型街道设计导则

工程型街道设计导则类似于技术标准的作用，但与一般技术标准底线控制不同，工程型街道设计导则以品质引导为主，并为不同场景街道提出可供选择的菜单式设计方案，在街道设计和建设施工过程中，可以起到统一设计标准、稳定设计质量、简化设计流程，甚至直接提供设计方案的作用。在文本逻辑上，通常根据设计要素类别、空间模块及实施流程来组织，由于工程型导则具体内容差异较大，导则应首先明确引导内容及其应用范围与方式，以及设计导向原则，其次，按照组织逻辑形成引导内容，最后，根据编制要求对设计流程及管理机能进行引导。

工程型街道设计导则的重要意义还在于，实际城市建设中，有条件进行详细设计的重点街道占比不可能太多，大部分街道处只有工程建设要求无设计的状态，工程型街道设计导则可以为一般街道提供普遍的、可选择的设计方案，可大幅度提高城市广大范围街道品质。以《上海市人行道设计手册为例》，手册重点针对非重点设计类街道提供设计要求，根据人行道空间现状特征，提出根据空间局促类、紧凑类、一般类、宽裕类四种类型，针对性地提出市政设施、街道家具、街道绿化等的必要、可选和不设三种设计引导要求。

## 4. 综合型街道设计导则

综合型街道设计导则在规划体系中类似总规层面专项规划的作用，是一个城市街道规划建设的顶层设计，在规划体系中起到承上——落实城市（地区）总体发展目标、统一价值观，启下——指导街道系统规划设计、协调街道建设管理的作用。导则核心内容是价值引导和体系构建，一般以目标导向作为文本的组织逻辑。首先从挖掘城市空间与街道特质入手，契合城市阶段发展目标提出街道设计目标与设计理念，其次构建街道设计引导体系，对街道目标进行分解，或对街区街道进行分区分类，将人性化街道设计要求按照设定逻辑进行分类引导，最后根据编制要求对实施管控流程机制进行引导或建议。

以《厦门市街道设计导则》为例，导则提出"美丽厦门、魅力街道"总目标，充分契合厦门"美丽厦门、花园城市"发展定位和突出特色，并分解为三个子目标："促进绿色健康的出行方式""承载历史市井的人文活力""凸显海滨花园的生态特色"，对应交通、场所、景观三方面街道引导总体要求。导则构建系统化"城市—片区—街区—街道"的引导体系，城市片区分类主要引导交通政策制定和整体空间导向、街区层面主要引导街道设计方法，街道分类凸显城市特色，构建"交通、场所、景观"三维度引导体系（表2、表3）。

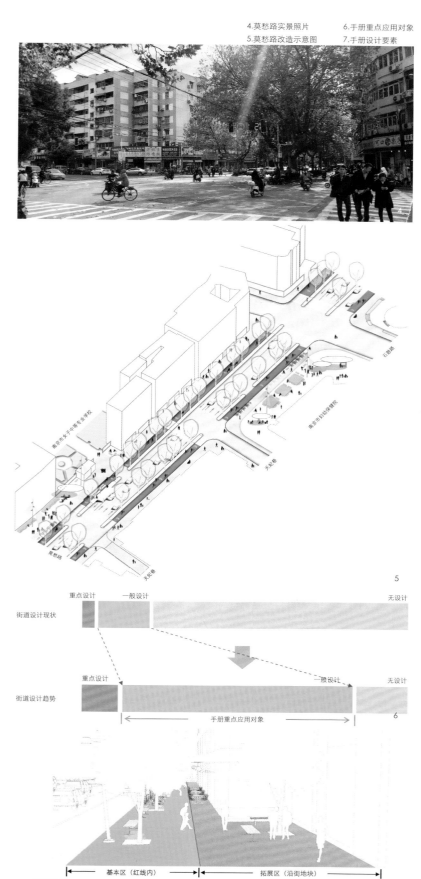

5

6

7

基本区（红线内）　　　拓展区（沿街地块）

相对固定　　杆件、井盖、市政箱体、消防栓、废物箱、护栏

灵活布置拓展空间　　车阻、人行道照明、非机动车停放点、座椅、慢行指示标识、公交站亭、绿化种植

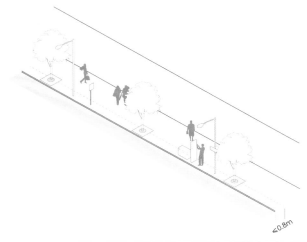

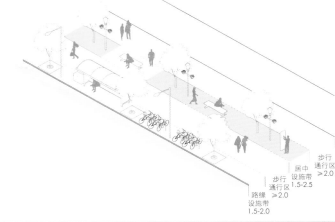

| 空间区域 | 市政设施 | | | 街道家具 | | | | | 绿化补植 | | |
|---|---|---|---|---|---|---|---|---|---|---|---|
| | 杆件 | 井盖箱体消防栓 | 公交站亭 | 人行道照明 | 非机动车停放点 | 座椅 | 慢行指示标识 | 废物箱 | 行道树 | 地面绿化 | 移动花钵 |
| 距路缘石0.8m范围内 | ▲ | ▲ | 简易站牌 | △ | | | ▲ | ▲ | ▲ | | △ |

"▲" 必要设施；"△" 可选设施；"——" 不设施。

8

| 功能区 | | 市政设施 | | 街道家具 | | | | | | 绿化补植 | | |
|---|---|---|---|---|---|---|---|---|---|---|---|---|
| 名称 | 宽度(m) | 杆件 | 井盖箱体消防栓 | 公交站亭 | 人行道照明 | 非机动车停放点 | 座椅 | 慢行指示标识 | 废物箱 | 行道树 | 地面绿化 | 移动花钵 |
| 路缘设施带 | 1.5-2.0 | ▲ | ▲ | △ | △ | ▲ | △ | ▲ | ▲ | ▲ | △ | △ |
| 居中设施带 | 1.5-2.5 | — | — | △ | ▲ | ▲ | △ | △ | ▲ | △ | △ | △ |

"▲" 必要设施；"△" 可选设施；"——" 不设施。

9

8.空间紧凑类人行道设施设计引导　　9.空间宽裕类人行道设施设计引导

## 四、各类型导则的特征与编制要点

### 1. 新建型：基于功能引导与空间塑造的各要素建设管控

街道空间的成功与否往往并不在于空间本身，而在于街道两侧的城市功能，新建地区城市活力的欠缺并不仅仅因为街道空间尺度的不适宜，而主要是因为城市功能过于单一。新建地区街道设计引导，不仅要对街道空间进行组织，也要在街区功能设置方面予以建议和引导，首先是土地的复合使用引导，如居住与商业办公复合、研发与商业服务复合、开放空间与公共服务混合等，在此基础上，进行空间的复合利用引导，如沿街空间与内部空间的复合使用、首层空间与上层空间的复合使用等，通过街区功能复合促进街道空间活力。

新建地区的街道设计导则将直接在规划管理中实施，要求街道设计引导能把各类街道要素尽可能转化为各类设计指标，如把机非交通引导细化为公共通道设置、车行开口限制、路边停车设置等。在街道要素管理中，秩序与多样性的平衡把控是技术难点，街道要素的设定要既能落实空间秩序要求，又给后续建筑设计留有余地，形成整体合理有序、细节多样丰富的街道空间。

### 2. 更新型：基于现状提升与满足需求的系统化解决方案

更新地区街道空间划分相对固定，使得部分优化措施难以实施，如行道树位置固定，无法通过缩窄车道增加其他使用空间，不同城市街道空间划分传统也不同。如厦门本岛在经历禁止摩托车通行后，地面道路几乎没有设置非机动车道；而开封即使在街道空间局促的古城内部，也有很多道路设置了3.5m宽的非机动车道。更新型导则应充分了解地区街道建设历程，研究地区出行习惯，研究街道使用者构成，基于街道空间现状和使用需求进行优化提升，这些复杂的现状是导则编制的难点，但解决好之后也会成为城市和街道的特点，在更新地区编制导则时应特别关注。

更新地区街道环境提升应根据更新地区道路交通和城市功能情况，在理顺地区交通组织的基础上，提供系统化解决方案，内容包括：内外交通梳理、路网完善建议、街道功能定位、静态交通组织、公共交通优化等，疏堵结合优化地区交通组织，在区域层面协调街道功能，使具体街道空间的优化措施合理可行，如规划范围较大，无法提出具体解决方案，应提出地区整体提升原则和建议，并选取典型街区示意表达。

### 3. 工程型：菜单式设计引导与模块化标准设计

在工程型街道设计导则中，各类街道空间要素的具体引导是主体内容，这些引导不是刚性要求，而是希望因地制宜，在可能的情况下注重细节、提升品质，关注更多街道使用者的需求，因此在各类要素引导时，应以不同条件下的菜单式引导为主，如给出不同功能下的街道空间划分方式与设施配置要求、不同场景下的设施样式与材料选择等，为具体街道设计提供参照和依据。工程型街道设计导则既可以为设计过程提供指引，也可以根据不同城市建设要求和技术水平，针对具有普遍性和重复出现的技术问题，总结地方成功实践经验，直接提供街道典型空间模块化与标准化设计方案，以达到提高设计效率、稳定设计质量、简化审批流程的目的。

### 4. 综合型：多层级设计管控与传导体系的构建

综合型街道设计导则作为一个城市和地区的街道顶层设计，通常不追求内容上的面面俱到，而应注重搭建街道设计引导体系，在宏观层面明确价值取向与设计导向，中观层面通过分区分类分级等方式对街道进行设计原则及策略引导，并对需要区域协调的要素进行建议，如不同地区的路网密度要求等，在微观层面，以目标导向为逻辑，用设计细节传达目标理念。其中，契合城市（地区）发展阶段和发展目标制定街道设计目标、挖掘城市（地区）突出特质延续地方文化、根据城市特点搭建街道设计引导体系并探索街道设计实施路径是综合型导则编制的重中之重。

## 五、结语

纵观国内外，街道设计导则的出现与发展都是城市在特定时期发展诉求的体现，与所处的时代背景密切相关。我国各地街道设计导则在开始编制的五六年间，已积累了许多的实践经验。从发展趋势上看，有三个方向的变化：一是不同诉求、不同地区导则编制的差异化逐渐显著，更加关注引导要求如何落地的实施路径研究；二是研究对象从街道向街区等相关领域拓展；三是大数据、VR虚拟现实等新技术在街道现状调研、设计评估等方面的应用，不仅提高了工作效率和准确度，也拓展了公众参与的途径。各地的街道设计导则成果呈现出精细化、在地化与多元化的特征。更长远地去思考，随着人性化街道设计的认知、方法和机制逐渐完善、普及，街道设计导则作为一类专项导则，编制需求也会根据社会发展需求改变而逐渐发生变化，街道设计导则的内容和作用可能会融入其他导则——如作为城市设计导则的一部分，或被各层面街道专项规划所替代。街道设计导则也无法取代街道设计，导则的设计引导要求需要通过街区与街道设计的实施方案予以落实。我们应保持开放的心态和不断精进的研究精神，不断为推动城市精细化建设做精细化规划。

（感谢上海市城市规划设计研究院金山为本文撰写提供的相关资料。）

参考文献

[1] 上海市街道设计导则[M].上海:同济大学出版社,2016.

[2] 广州市城市道路全要素设计手册[M].北京:中国建筑工业出版社,2018.

[3]《北京街道更新治理城市设计导则》公示跨页版

[4]《厦门市街道设计导则》，厦门市规划委员会、上海市城市规划设计研究院、厦门市交通研究中心、厦门市城市规划设计研究院主编

[5]《北围后环街道设计导则》，上海市城市规划设计研究院主编

[6]《南京秦淮区街道设计导则》，上海市城市规划设计研究院主编

[7]《南京市南部新城街道设计导则》，上海市城市规划设计研究院主编

[8]《上虞区街道设计专项规划及导则》，上海市城市规划设计研究院主编

[9]《唐家湾地区后环片区街道设计导则》，上海市城市规划设计研究院主编

[10]《上海市人行道设计手册》，上海市规划和自然资源局、上海市城市规划设计研究院主编，上海市城市建设设计研究总院（集团）有限公司、上海菁邑城市规划设计股份有限公司参编

[11] 葛岩,祁艳,唐雯,等.街道复兴:需求导向的街道设计导则编制实践与思考[J].城市规划学刊.2019(02):90-98.

[12] 王嘉琪.面向精细化的街道设计:近五年城市街道设计导则案例解读及其空间形态导控要素体系优化[C]// 中国建筑学会.2020中国建筑学会学术年会论文集.中国建筑学会:中国建筑工业出版社数字出版中心,2020:9.

表2　　厦门各片区交通政策应对

| | 发展需求 | 现状问题 | 交通政策导向 |
|---|---|---|---|
| 历史地区 | 保护历史肌理<br>留存历史文化<br>承载旅游休闲<br>延续传统商业 | 街道结构不完整<br>公交可达性低<br>街道空间狭窄<br>停车空间缺乏 | 加大公交供给<br>限制车速<br>设置交通宁静区<br>沿街停车政策<br>高标准停车收费<br>分时街道利用 |
| 老城地区 | 完善社区建设<br>维护市井生活<br>改善居住环境 | 停车配套不足<br>停车需求量巨大<br>沿路停车情况泛滥<br>慢行空间被占据 | 沿街停车政策<br>地块内停车复合利用<br>保障慢行空间连续性<br>保障公交供给<br>限制车速 |
| 新城地区 | 承载大型公共活动<br>承载集中商务活动<br>展现新时代厦门城市风貌 | 慢行环境舒适度低<br>支路网体系不完整 | 高标准非机动车系统建设<br>局部慢行网络强化<br>特殊政策（大型活动期间） |

表3　　街道设计要素三维度引导

| 三维解构 | | 街道设计要素 |
|---|---|---|
| 通行 | 空间协调 | 慢行优先 ｜ 空间统筹 ｜ 时间复合 |
| | 步行舒适 | 人行道分区 ｜ 步行通行区 ｜ 设施带 ｜ 建筑前区 |
| | 骑行连续 | 车道设置 ｜ 路权保障 ｜ 停放设施 |
| | 公交可达 | 轨交衔接 ｜ 公交车道 ｜ 公交车站 |
| | 交汇有序 | 人行过街 ｜ 道路交叉口 ｜ 地块出入口 |
| 场所 | 功能复合 | 城市层面 ｜ 街区层面 ｜ 街坊和建筑层面 |
| | 界面友好 | 街道尺度 ｜ 界面优化 ｜ 骑楼 |
| | 节点丰富 | 节点形式 ｜ 节点密度与尺度 ｜ 节点与街道衔接 |
| | 设施便利 | 基本要求 ｜ 人行道铺装 ｜ 挑檐、遮阳篷 ｜ 休憩设施 ｜ 照明设施 ｜ 信息标识 ｜ 环卫与市政设施 |
| | 服务提升 | 路内商业设施 ｜ 特色活动设施 ｜ 路内停车 |
| 景观 | 特征显著 | 文化要素 ｜ 自然要素 ｜ 生活要素 |
| | 街墙优美 | 建筑立面 ｜ 重点部位 ｜ 广告店招 |
| | 绿植多样 | 行道树 ｜ 其他沿路绿化 |
| | 设施美观 | 设施美化 ｜ 公共艺术 |
| | 雨水疏导 | 透水铺装 ｜ 雨水收集 |

资料来源：《厦门市街道设计导则》

作者简介

祁　艳，硕士，上海市城市规划设计研究院，规划二、四所，规划总监，工程师;

葛　岩，博士，上海市城市规划设计研究院，重大办，副主任，高级工程师，中国城市规划学会详细规划学术委员会，委员，通讯作者。

# 全球城市视角的上海国际社区规划研究
## Planning of Shanghai International Community from a Global City Perspective

罗 翔
Luo Xiang

[摘 要] 境外人口日益增长带来的居住空间以及环境品质的需求，反映出我国城市转向高质量发展的基本特征，国际社区规划建设成为城市国际化的重要支撑。本文在界定国际社区概念、梳理上海国际社区发展历程基础上，分析在沪境外人口特征及其空间分布，结合满意度调查和问卷访谈，提出规划国际社区的原则和方向，以及构建指标体系的若干建议。

[关键词] 全球城市；国际社区；设施需求；指标体系；上海

[Abstract] The residential space and environment quality requirements of cross-border migrants is growing, which reflects cities are turning to a high quality development in China. Planning and construction of international community becomes an important support for cities' internationalization. Based on defining international community and combing the development of international community in Shanghai, we analyie the characteristics and spatial distribution of cross-border migrants. Combined with questionnaire survey and satisfaction survey, suggestions of index system of planning and construction of international community are proposed according to the residential environment and facilities requirements of cross-border migrants.

[Keywords] global city; international community; facilities requirements; index system; Shanghai

[文章编号] 2021-88-P-110

改革开放以来，来华工作与生活的境外人员急剧增加。人口普查数据显示，在华境外人员主要集聚在北京、上海、广州等大城市（占全国总量的62%）。在沪境外人口自2000年以来出现爆发式增长，外籍人口从2000年的4.54万增加至2018年的17.21万，虽然在全市人口中的占比不大，但绝对数量和社会影响不容忽视。2015年，全市有76个居住小区的外籍人口占比超过50%，部分小区的境外人员居住率高达95%。

境外人口因其较高的教育背景、较强移动能力以及职业与家庭结构等特征，在就业、住房和生活方式方面往往有着较高需求，在一定程度上也反映出我国城市转向高质量发展阶段的基本特征：一方面，吸引国际人才已成为推动我国经济转型和城市发展的一股重要力量；另一方面，境外人员的大量流入与集聚对国际大都市的社会服务与城市管理带来一定压力与潜在风险。

## 一、国际社区特征及历程

### 1. 界定国际社区

"国际社区"首先具有"社区"的基本内涵，包括地域空间、人口、社会关系、认同感、依恋感等要素。同时，还应具备"国际化"特征，包括建成环境、配套设施、社会组织、节庆活动等。鉴于当前学界对"国际社区"概念的界定并无统一标准，综合国际社区及国际移民等研究成果，本文界定国际社区概念应包含以下三个方面的内容：①境外人口集聚，该群体占社区总人口的30%以上；②社区人群呈现多样化背景，文化以及生活习性等能和谐共存；③社区组织制度、服务体系以及社区环境设施等均达到国际水准。

### 2. 上海国际社区发展历程

上海国际社区的发展历程，大致经历3个阶段。

不同阶段的国际社区，其规模、面向人群、配套设施等方面有明显差异（表1），在社区外观形态上，也呈现不同特征。

（1）20世纪80年代至1990年代中期。作为虹桥经济开发区的配套生活居住功能区，1986年规划建设的古北国际社区，是上海首个综合涉外住区。区内开发的侨汇商品房（外销房），建筑密度和建设标准都较高，以市场价（外汇结算）销售或出租给在沪外国人和华侨。

（2）1990年代中期至21世纪初。浦东开发开放背景下，为配合金桥出口加工区、花木行政文化副中心建设，相继开工建设碧云国际社区和联洋一花木国际社区，均引入"社区规划"理念，突出生态理念，布局大型开放绿地，部分物业只租不售，设施配置更具有针对性，如国际学校、国际医院、西式教堂等。

（3）21世纪至今。随着内、外销房政策并轨，

表1
代表性国际社区基本参数

| 典型社区 | 古北社区 | 碧云社区 | 联洋社区 | 花木社区 | 东和公寓 |
|---|---|---|---|---|---|
| 年代 | 1980年代 | 1997年 | 1999年 | 2004年 | 2005年 |
| 背景 | 虹桥开发区 | 金桥开发区 | 城市副中心 | 城市副中心 | 金融城拓展 |
| 面积 | 137hm² | 400hm² | 200hm² | 200hm² | 5hm² |
| 容积率 | 2.2 | 1.0 | 2.0 | 2.0 | 1.7 |
| 人群 | 日韩港台 | 欧美 | 欧美 | 欧美 | 日本 |
| 配套 | 国际学校、社区商业 | 国际学校、教堂 | 综合体、酒店 | 酒店、综合体、高尔夫练习场 | 日式学校、诊所 |

1.东和公寓　　3.联洋社区
2.古北社区　　4.东和公寓

上海涌现出大量高标准、国际化、生态型国际社区，旨在为境外人口和境内中高阶层人士提供高质量的居住空间。东和公寓、张江社区、唐镇社区、森兰社区和新江湾城等国际社区，其对境外人士的集聚效应，不如古北、碧云、联洋社区显著，呈现出境内外人士逐渐融合的趋势。

## 二、在沪境外人口特征

### 1. 总体特征

根据六普数据，2010年上海全市境外人口总数20.83万。境外人口超过万人的区有5个（浦东、长宁、闵行、徐汇、静安），合计15.76万，占全市境外人口比重76%。从户型结构看，一人户比例最高（46%），二人户至五人户依次为20%，15%，15%，4%，家庭户比例累计过半。一代户比重62%，带眷比重不高。从来源国（地）看，外籍人口占比高于港澳台人士，且同一来源地人口在同一区县、街镇集聚，如浦东新区超过60%的日本人居住在花木、塘桥两个街道。从来华目的看，就业（28.81%）、商务（20.06%）占比最高，之后依次为学习（16.76%）、探亲（11.43%）和定居（10.59%）。从居留时间看，1年以上占76.75%，2~5年占42.27%，以就业为目

的的境外人口逗留时间较为稳定。从受教育程度看，大专9.0%、大学本科46.3%、研究生14.2%，合计69.5%，高于本地常住居民大专以上学历21.95%，也高于北京、广州等城市同类比例，呈现出"教育密集型国际化"特征。

### 2. 空间分布

在街镇尺度分析2015年上海境外实有人口数据。从人口数量看，境外人口分布已拓展至城市郊区，浦东、嘉定、青浦、闵行、松江分布的境外人口数量与中心城区相当。从人口密度看，中环与外环间境外人口密度较高，闵行、松江、青浦个别镇呈现较高密度境外人口。总体看，上海境外人口中心城集聚特征明显，兼有向近远郊地区扩散的趋势。

## 三、境外人口的设施需求

### 1. 国际社区设施满意度调查

综合考虑国际社区的成熟度、影响力、调研可达性等因素，选取碧云国际社区和东和公寓作为调查对象，通过入户或者留置问卷方式，对部分国际社区的住户进行问卷调查。这两个社区均为目前浦东发展较为成熟的典型国际社区，且在区位、居住人群、配套

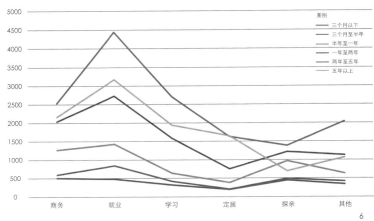

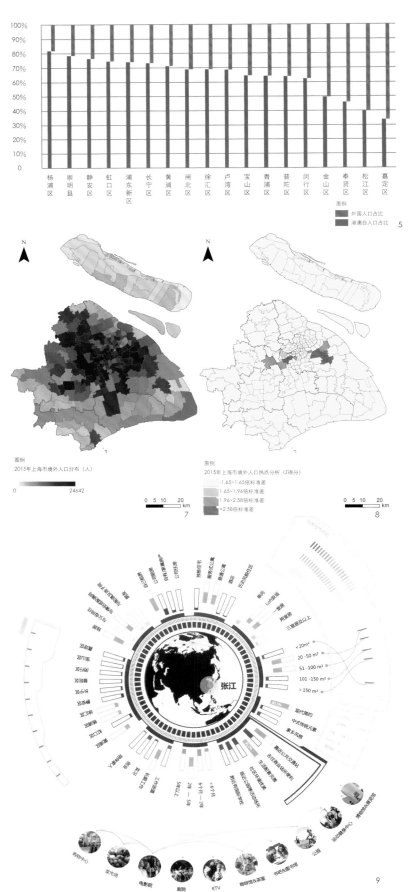

图例
外国人口占比
港澳台人口占比

5

图例
三个月以下
三个月至半年
半年至一年
一年至两年
两年至五年
五年以上

商务　就业　学习　定居　探亲　其他

6

图例
2015年上海市境外人口分布（人）
0 ~ 24642

7

图例
2015年上海市境外人口热点分析（Z得分）
-1.65~1.65倍标准差
1.65~1.96倍标准差
1.96~2.58倍标准差
>2.58倍标准差

0 5 10 20 km

8

张江

9

5.各区境外人口结构　　7-8.境外人口数量分布及密度
6.来华目的及居留时间　9.境外青年人才居住需求

设施、开发模式等方面存在明显差异，具有各自的独特性。两个社区分别发放120份和390份问卷，有效回收86份和120份。调查内容涵盖"销售/租赁满意度"和"物业管理满意度"两个板块，前者包括包括租赁销售服务、区域配置、房屋质量三个方面内容，后者包括客户服务、清洁绿化、公共秩序、公共设施、公共信息等五个方面内容。

"销售租赁满意度"主要围绕房屋的供给、建筑品质、社区周边环境等内容展开相应的满意度调查。该板块平均分为85.78分（标准差5.05）。其中，租赁销售服务类得分最高，为90.17分；房屋质量现状类得分最低，仅78.42分。"物业管理满意度"主要围绕国际社区的日常管理、客户服务、公共服务等内容展开相应调查。该板块的平均分为95.81分（标准差0.52）。其中，"公共秩序"类得分最高，为96.47分；"清洁绿化"类得分最低，仅95.20分。

"物业管理满意度"显著高于"销售/租赁满意度"，原因在于：①该国际社区的建设年代为20世纪90年代，经历近30年发展，已经形成相对成熟的管理/服务体系，并通过长时间的磨合，已与该社区内境外住户达成理念共识，能够获得比较高的认可度。②房屋的建筑外观、装修水平、管线铺设水平等，在建成近30年后，已落后于当前设计水平。住户如果来自发达国家（地区），对照来源地居住品质，有可能给出相对较低的满意度评分。③社区周边的区域交通、公共配套设施、绿化配置等，目前仍延续20世纪90年代末的规划设计标准，已无法满足当前发展需求。④调查对象还提出宽带速度、空调分区控制、公共停车区域不足、马路噪音等问题。

受访者根据需求程度对社区设施排序，结果显示：①区内设施重要性依次为：浴场、游泳池、健身房、室外运动场、文化教室、乒乓球室、活动室、视听室、多功能厅、儿童娱乐室、有氧健身房。②社区周边商铺重要性依次为：生鲜超市、诊所、料理店、便利店、干洗店、商务中心、健身房、幼儿教育、音乐教室、美容院。

## 2. 境外青年人才群体住房需求调查

2016年，《孙桥国际社区城市设计》项目组在张江科学城区域展开问卷调查，共采集82份有效样本。调查显示：张江科学城外籍人士倾向于居住在紧邻工作地的浦东（47%）或文化商业气氛浓郁的浦西（36%）。日

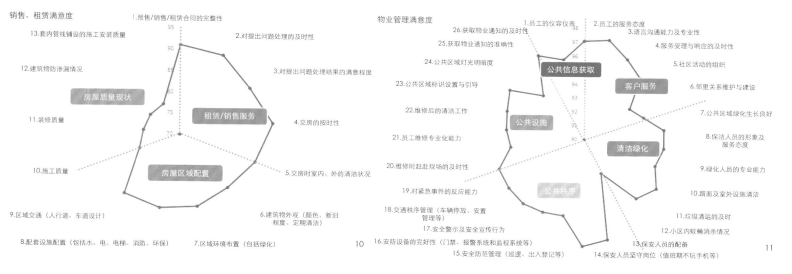

销售、租赁满意度

物业管理满意度

10-11.设施满意度调查

常出行以地铁为主，理想单程通勤时长为15~45分钟。现代简洁的住宅小区更受青睐（78%）。社区营造上，关注度排前5位的分别是：安全性（80.3%）、设施配套（72.9%）、环境优美（70.0%）、形象特色（61.2%）、便利性（59.1%）。其中，"安全性"既包括治安安全、出行安全，也包括住房、各类设施的使用安全同时兼具包含"隐私保护"的含义。"便利性"要求社区或周边拥有更加完善、高档的配套设施，同时设施具有易达性。以"国际学校/幼儿园"为例，100%的受访者表示，希望其子女就近入读国际幼儿园或学校。

## 四、全球城市的国际社区规划思考

### 1. 全球城市建设国际社区的必要性辨析

引导人口国际化及建设"全球城市"，是新时代上海实现高质量发展和建设高品质城市的重要路径之一。"国际社区"并非"舶来品"，海外城市大多有国际移民聚居区，但并无规划意义上的国际社区。有鉴于此，首先，要对标全球主要城市的国际化水平，特别是发展阶段、文化背景、制度环境更接近的亚洲高密度城市经验，科学客观地研究适宜上海的人口国际化目标，并在全市人口总量控制的前提下合理测算未来时期（至2035年）外籍人口增量。其次，在"大融合、小集聚"的指导思想下，进一步研究新建国际化社区的规划设计规范、审批流程、审批标准，承认差异性，倡导兼容性，推广普适性，预防一哄而上和可能的空置风险。再有，当前国际社区的规划建设以"门禁社区"为主，空间隔

离效应明显，溢出效应有限，要树立"为人民建设城市"的价值观，从全体人民的福祉和追求美好生活的需要出发，运用社区规划和社会规划手段，促进社会融合，推动城市公平，"近者悦，远者来"。

实证研究表明：外籍人口在上海的居住模式，呈现出高度集聚趋势，且与欧美国家外来移民常常形成的贫民窟以及国内其他大城市（如广州）所展示的空间景观不同，上海的人口国际化呈现出"高端化"趋势。此外，历史上形成并延续的社交网络、制造业和金融业空间布局、高学历和高租金社区、规划国际社区（及国际学校、国际医院）等是影响在沪外籍人口集聚的主要因素。再有，以国际社区为代表的在沪外籍人口集聚地，事实上是由政府（及国有开发公司）规划、开发并运营，并逐渐成为上海实施"全球化"战略（建设"全球城市"）的一部分。

因此，对国际社区规划建设标准的思考，首先要符合现代社区的构建标准，并在此基础上结合国际社区的发展阶段、境外人口的规模分布特征、目标服务群体对社区设施的需求等因素，进一步构建国际社区规划建设的软硬件设施标准。

### 2. 关于硬件规划建设的思考

兼顾目标服务群体的来源地文化、国际通行标准与未来发展趋势，硬件规划建设主要包括四个方面：

（1）合理美观的规划设计。规划上注重安全与私密性、交通复合性、景观与自然的融合，空间布局思路人性化。在建设规模上要营造社区尺度，在建筑品质、建筑风格样式体现高品质，同时充分尊重并融合多元文化。

（2）高端完善的配套设施。商业配套上形成国际品牌商业圈，融合地方文化特色的高端休闲购物街区等活动空间。生活配套上形成包括医疗、教育、银行、通讯、文化等综合体系。交通设施既要保持内部的安全与封闭性，也要保持与外部世界的连接通畅。

（3）低碳环保的生态环境。物业管理和环境治理应符合ISO9000标准和ISO14000标准，营造"绿、静、美、安"环境，无噪声、无干扰、无污染，为居民提供便捷、舒适的生活休闲环境。

（4）前卫先进的住宅科技。要在能源环境、水环境、声环境、绿色建材等方面积极应用先进住宅科技。

### 3. 关于软件规划建设的思考

参照国际通行的街区、社区群体原则，软件规划建设主要面向目标服务群体的实际生活需求：

（1）以人为本的服务理念。参照发达国家通行的"HOPSCA"原则（酒店Hotel、商务办公Office、停车Parking、商业Shopping、聚会Congress、公寓Apartment）对社区设施进行最佳配置。具备完善的社区公共服务体系，提供综合服务窗口、国际标准邮政设施、空气测量设备、地图牌等。

（2）一流品质的生活方式。结合公共资源和景观环境营造文化氛围和教育环境，设施先进但不追求奢华，在社区形成积极、健康、向上的高品质生活方式。

（3）高水平的社区管理。具有完备科学的规章制度和社区组织系统，成为社区凝聚力的重要依托；行政管理、社会管理、自治管理和物业管理全面到

表2 核心类指标体系构建

| 指标项目 | | 现代社区 | 国际社区 |
|---|---|---|---|
| 居住 | 同质社区占地面积 | ≥1km² | ≤1km² |
| | 人均建筑面积* | ≥40m² | ≥60m² |
| | 容积率 | — | — |
| | 套内面积 | ≥80m² | ≥80m² |
| | 停车率 | 1.2个/户 | 0.7个/人 |
| 环境 | 绿化率（含水面） | ≥40% | ≥60% |
| | 水面比率 | 可选 | ≥10% |
| | 绿视率 | ≥25% | ≥30% |
| | 人均公共绿地* | ≥20m² | ≥25m² |
| | 空气质量 | 好于二级 | 好于二级 |
| | 噪音 | <40分贝 | <30分贝 |
| | 垃圾、污水无害化处理率 | 95% | 100% |
| 基础设施 | 水、电、气覆盖率 | 100% | 100% |
| | 人均铺装道路面积* | ≥10m² | ≥12m² |
| | 有线电视覆盖率 | 100% | 100%（含境外频道） |
| | 电话/宽带覆盖率 | 100% | 100% |
| 信息化 | 计算机技术应用 | 100% | 100% |
| | 通讯网络覆盖 | 100% | 100% |
| | 宽带网络速度 | 光纤入户 | 高速光纤入户 |
| | 自控技术应用 | 可选 | 100% |
| | AI技术应用 | 可选 | 100% |
| 生态化 | 日照 | ≥4小时/天 | ≥6小时/天 |
| | 节水技术 | ≥60% | ≥80% |
| | 室内换气设备 | 有 | 有 |
| | 保温材料 | 可选 | 100% |
| | 无污染、辐射材料 | 可选 | 100% |
| | 节能技术 | ≥60% | ≥60% |
| 社区安全 | 刑事案件数 | 0 | 0 |
| | 重大安全消防事故 | 0 | 0 |
| | 两抢一盗案件数 | 0 | 0 |
| | 社会安全感指数 | ≥90% | ≥98% |

表3 支撑类指标体系构建

| 指标 | | 现代社区 | 国际社区 |
|---|---|---|---|
| 生活服务 | 餐饮 | 市场化配置 | 设置 |
| | 洗衣 | 市场化配置 | 设置 |
| | 超市/生鲜 | 市场化配置 | 设置 |
| | 健身中心 | 市场化配置 | 设置 |
| | 医院/诊所 | 按规范/规划设置 | 标准化/国外医疗保险可用 |
| | 美容院 | 市场化配置 | 设置 |
| | 户外用品商店 | 市场化配置 | 设置 |
| | 银行 | 按规范/规划设置 | 标准化/国际化 |
| | 邮政/快递服务 | 按规范/规划设置 | 标准化/国际化 |
| | 物业管理 | 设置 | 设置（专业化） |
| | 学校 | 按规范/规划设置 | 设置（国际学历） |
| | 幼托 | 选配 | 设置 |
| 文化 | 画廊 | 选配 | 设置 |
| | 音乐厅 | 选配 | 设置 |
| | 影剧院 | 选配 | 设置 |
| | 书店 | 选配 | 设置 |
| | 教堂 | 按规范/规划设置 | 设置 |
| 交流 | 户外运动场 | 按规范/规划设置 | 设置 |
| | 公园、绿地 | 按规范/规划设置 | 设置 |
| | 酒吧 | 选配 | 设置 |
| | 咖啡馆 | 选配 | 设置 |
| | 茶馆 | 选配 | 选配 |
| | 社会团体 | 有 | 有 |
| | 诉求表达途径 | 有 | 有 |

位，居民具有较高社区事务参与积极性。

（4）独特的社区文化。具有多元化和交互融合的基本特色，并在整体上呈现高端化特征。社区居民积极维护社区文化的多样性和统一性，重视邻里交往、自助性服务和志愿者活动等。

## 五、上海国际社区的规划指标体系构建

上海作为国内较早培育国际社区的城市，国际社区规划建设经历近30年的发展，基于居住区规划规范和本地实践，并结合上海国际社区设施需求分析，构建国际社区规划指标体系：核心类指标（表2）包括居住、环境、基础设施、信息化、生态化和社区安全等6方面内容；支撑类指标（表3）主要包括文化、生活和交流系统等三方面内容，充分体现国际社区硬件软件建设兼顾，生活环境品质化、国际化的发展要求。

参考文献

[1]上海市人民政府.上海市城市总体规划（2017—2035）[R].2018.

[2]沈洁，王丰，罗翔.建设全球中心城市：国际趋势与上海前景[J].上海城市规划，2014（6）:59-64.

[3]曹慧霆，罗翔.浦东新区发展国际社区空间策略研究[J].北京规划建设，2016(4):83-86.

[4]沈洁，罗翔，李志刚.在沪境外人口的空间集聚与影响机制[J].城市发展研究，2019(12):102-108+116.

[5]罗翔，曹慧霆，赖志勇.全球城市视角下的国际社区规划建设指标体系探索：以上海市为例[J].城乡规划，2020(2):102-107+124.

[6]《孙桥国际社区城市设计》项目组.孙桥国际社区城市设计[R].2016.

作者简介

罗翔，上海市浦东新区规划设计研究院，高级工程师。

# 新时期非历史街区风貌保护管控思路与技术探索
## ——以上海市静安区72号街坊项目为例

Thoughts and Technical Exploration on the Protection and Control of Non-Historic Districts in the New Period
—Taking No.72 Plot Project in Jing'an District of Shanghai As an Example

魏 沅 莫 霞
Wei Yuan  Mo Xia

[摘 要] 在城市更新的背景下，上海中心城区大部分非历史街区的类型为里弄建筑。随着上海将建立健全更加严格的历史风貌保护制度，作为上海城市名片的里弄建筑，其风貌延续与保护越来越受到各方重视。以上海市静安区72号街坊项目为例，从其更新过程中面临的机遇与挑战入手，其作为新时期上海中心城区非历史街区精细化管控代表性案例，通过最大限度保留历史建筑，塑造特色空间，新增文化设施、公共空间、慢行通道，营造高品质的步行环境，促进形成展示城市风貌与活力的文化街区，可以为其他非历史街区里弄建筑保护管控思路与技术探索提供有益借鉴。

[关键词] 新时期；非历史街区；里弄建筑；风貌保护；管控思路与技术

[Abstract] In the context of urban renewal, most of the non-historical blocks in the central urban area of Shanghai are *Lilong* buildings. As Shanghai will establish and improve a more strict historical style protection system, as the Shanghai city card Linong architecture, its style continuation and protection has been more and more attention. Taking the No.72 Plot Project in Jing'an District of Shanghai as an example, starting from the opportunities and challenges in its renewal process, it is a representative case of fine management and control of non-historical blocks in the central urban area of Shanghai in the new era. By retaining historical buildings to the maximum extent, shaping characteristic space, adding cultural facilities, public space, slow passages, creating a high-quality walking environment, and promoting the formation of cultural blocks showing the city's style and vitality, it can provide a useful reference for the exploration of architectural protection and control ideas and technologies in other non-historical blocks.

[Keywords] new period; non-historic blocks; *Lilong* building; style protection; thoughts and technology of control

[文章编号] 2021-88-P-115

## 一、引言

与"非历史街区"概念相关联的是2016年中国城市规划年会"城市非保护类街区的有机更新"分论坛中提出了"非保护类历史街区"的概念，即"在改善民生和发展经济的双重作用因素下，一批类型多样的城市街区，如1949年后逐步形成的老旧城区和工业区、城中区及其他除了历史文化街区以外的城市一般地段，在快速、集中改造中面临着城市特色、存量资源利用等多方面的挑战"。而上海中心城区大部分非历史街区的类型为里弄建筑。

随着上海将建立健全更加严格的历史风貌保护制度工作的开展，作为上海城市名片的里弄建筑，是特定历史时期的产物，是市民集聚点的基本单元，经过近百年演化，已形成具有历史性的颇具地方特色的居住空间形态，其类型可分为早期石库门民居、后期石库门民居、新式里弄民居、花园里弄民居和公寓里弄民居五类。2016—

2017年，上海经过开展全市旧改地块排摸和中心城区外环内50年以上历史建筑普查工作，确定并批复了两批风貌保护街坊，合计250个，其中里弄住宅风貌街坊个数占总街坊数比例为64%，明确了对中心城区现存建筑量813万㎡里弄住宅中建筑量730万㎡予以保留保护。而其他未明确保留保护的83万㎡里弄住宅虽未纳入相应的法律法规保护，但其空间格局仍有一定的肌理价值及巷弄特征，保留了一定的本土特色，具有较强的识别性，也需要在城市发展和更新中给予考虑并合理利用。

## 二、静安区72号街坊项目发展背景

作为里弄类非历史街区典型案例之一的静安区72号街坊，东至昌化路，南至康定路，西至江宁路，北至昌平路，街坊用地面积约3.14hm²，且位于上海作为全球城市功能的重要承载区——中央活动区范围内，是静安区苏州河一河两岸地区腹地空

间的重要构成。从街坊出发，步行5分钟可达苏州河滨水岸线，10分钟可达南京西路"金三角"梅恒泰商圈。为落实"上海2035"总体规划要求，进一步加强黄浦江、苏州河沿岸规划建设，苏州河两岸地区城市更新提升空间品质工作日渐提上日程，72号街坊正是当时苏州河沿线仅有的几块可更新区域之一。

72号街坊早在2003年就已毛地出让，2007年控详规划中为待建地块，也未提出更多的其他控制要求；2016年，该街坊的开发商静安投资有限公司组织开展了国际方案征集，邀请日本设计、美国AECOM、日本丹下等六家设计单位参加，中标的稳定方案为全部拆除后按规划指标进行新建，主导功能为商住办混合用地；2017年，上海中心城区50年以上历史建筑的全面普查以及区旧改项目所在街坊甄别认定工作对72号街坊提出新的历史风貌保护保留要求，为承接苏州河两岸发展契机，需重新审视72号街坊所在区域的发展，城市更新是必然，也是很好的归宿。

1.72号街坊分析图　　3.公共空间体系分析图
2.72号街坊区位图

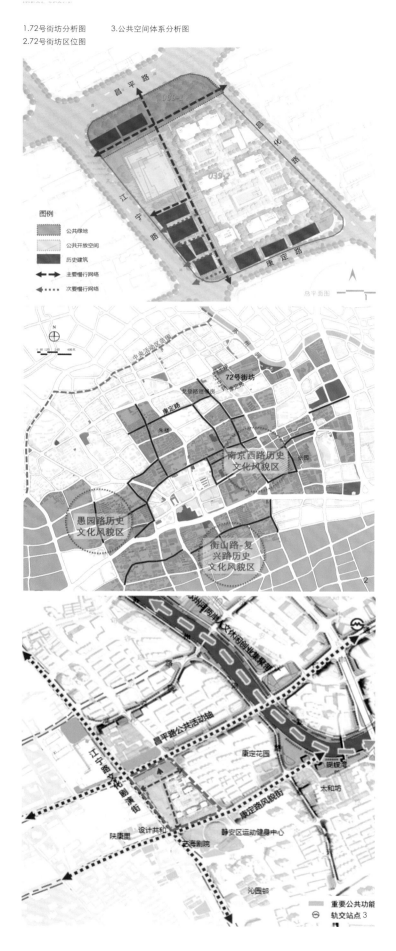

1.72号街坊分析图
2.72号街坊区位图
3.公共空间体系分析图

## 三、案例街坊更新面临的机遇与挑战

### 1. 历史资源亟待发掘

72号街坊所处南京西路历史文化风貌区周边区域，且周边朱楼、戈登巡捕房等历史建筑聚集。历史上街坊内原来聚集着宝安坊、成德坊、武林邨、永顺里、戈登新村等里弄住宅建筑，名曰：静安七十二街坊，街坊内主弄和支弄呈"鱼骨状"布局，表现出层次清晰的空间秩序，沿江宁路、康定路街道建筑界面是典型的海派石库门弄堂建筑，具有较好的艺术和人文价值，以及深厚的历史文化底蕴，然而因大部分房屋房龄已近百年，整个片区和大都市周边日新月异的发展相比越发显得陈旧而拥挤。

### 2. 功能布局亟待更新

通过分析历史地图，街坊内建筑功能主要以里弄住宅为主，沿昌平路、康定路、昌化路为商业办公功能，地块内部有昌兴印染厂、中华制纸厂第二厂等厂房建筑，至2018年街坊内功能已改为居住、商业、文化娱乐等多种混合功能。而72号街坊紧邻的江宁路文化街旧名"戈登路"，拥有不可复制的文化底蕴和历史地标，沿线先后出现了美琪大戏院、大华饭店、大都会舞厅、新仙林舞厅等一批地标建筑，是上海最"有戏"的地方。同时，2018年4月发布的《静安区南京西路后街经济战略规划》也明确指出：未来将建设江宁路戏剧文化轴，以美琪大戏院尚演谷、艺海剧院、五和坊文化集聚群（72号街坊）为轴点，并继续聚焦78街坊江宁路沿线区域，打造中国"百老汇"。而现状街坊内的功能能级远达不到作为江宁路戏剧文化轴轴点要求。

### 3. 公共空间环境品质亟待提升

街坊内现状公共开放空间较少，主要为以生活性为主的较私密的里弄空间，且里弄空间大部分环境较差，并存在大量的违建搭建或被机动车、非机动车占用，导致街坊内绿地缺失，活动场地不足，开敞空间缺乏。同时，由于街坊内里弄建筑存在时间较为久远，居住密度较高，早期的相关建设标准早已不适应现代化的生活需求，厨卫、日照、消防等均难以达到目前的相关规范要求，居住环境较为恶劣。像其他具有城市历史记忆的众多历史建筑一样，72号街坊也由于公共空间缺乏、环境品质较差、建筑质量堪忧，面临着衰颓的窘境。

## 四、案例街坊项目规划设计策略与目标

静安区72号街坊作为新时期上海中心城区非历史街区精细化管控代表性案例，通过最大限度保留历史建筑，塑造特色空间，新增文化设施、公共空间、慢行通道，营造高品质的步行环境，促进形成展示城市风貌与活力的文化街区，为未来非历史街区里弄建筑保护管控思路与技术探索具有一定借鉴及思考意义。

### 1. 成组保留历史建筑以塑造特色空间

作为非历史街区的72号街坊目前尚未在政府已公布的历史文化风貌区及风貌保护街坊名单之中，然而原来这里聚集着宝安坊、成德坊、武林邨、永顺里、戈登新村等居民小区，沿街是典型的海派石库门弄堂建筑，作为非历史街区仍具有一定的街巷空间和肌理价值。通过对历史要素的风貌价值进行评估，基于价值评估明确肌理、界面、历史建筑等分类分级管控要求，最大限度保留历史建筑；结合区域层面的空间肌理、街道界面、历史建筑、公共空间体系、公共服务设施的规划评估，结

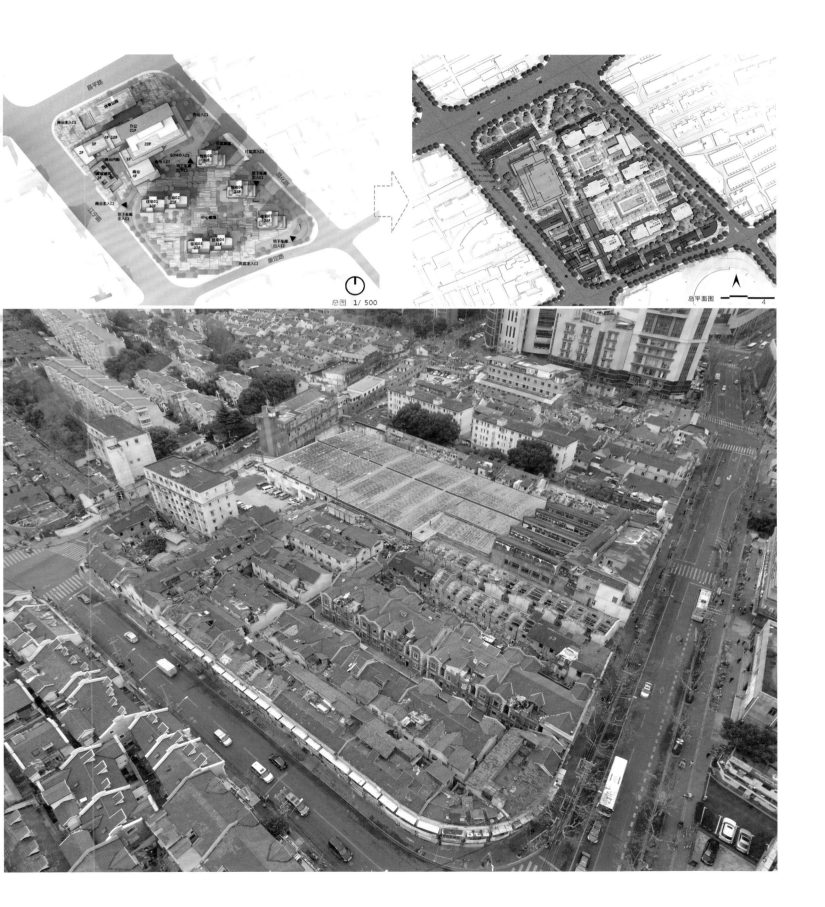

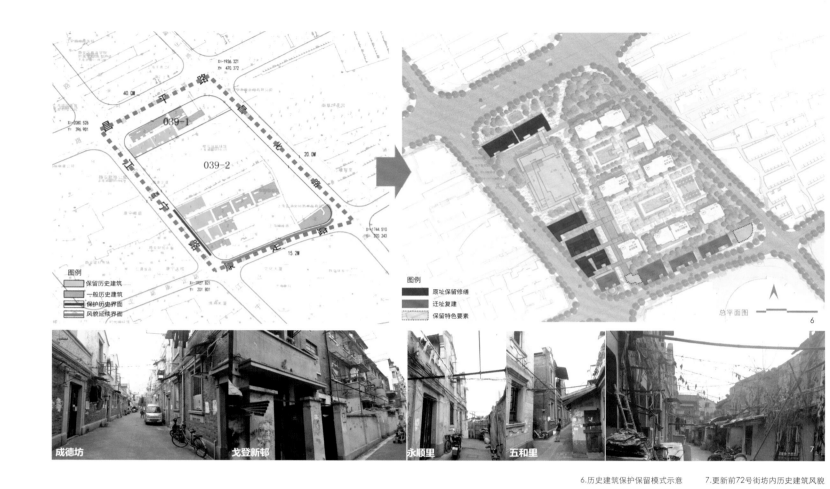

图例
保留历史建筑
一般历史建筑
保护历史界面
风貌延续界面

图例
原址保留修缮
迁址复建
保留特色要素

总平面图

成德坊    戈登新邨    永顺里    五和里

6.历史建筑保护保留模式示意    7.更新前72号街坊内历史建筑风貌

合实际开发需求，成组保留历史建筑，最终实现规划保留下来的历史建筑建筑量占50年历史建筑普查结果的70%以上，延续了原有沿江宁路、康定路历史风貌界面，凸显了历史建筑的原址保留修缮、移位、局部保留等分类分级的精细化保护措施，形成了展示城市风貌与活力的文化街区。

## 2. 多元功能复合集聚以激发地区活力

街坊紧邻的江宁路旧名"戈登路"，拥有不可复制的文化底蕴和历史地标，72号街坊作为江宁路未来的重要地标之一，注重地区历史风貌延续与城市更新发展相结合，注入与历史风貌、空间格局相适宜的功能业态，规划功能转型为集办公、娱乐、文化、社区服务等复合功能于一体的新型文化创意街区和全天候活力场所，将与街坊周边江宁路文化剧演街、苏州河两岸人文休闲创业集聚带、昌平路公共活动轴、康定路风貌街共同营造出一个区域地标文化产业聚集高地，通过街区更新，完善公共服务设施配套。

## 3. 宜人尺度慢行营造以优化步行环境

结合街坊内原有空间肌理特征组织公共开放活动空间体系，结合历史建筑分类分级的保护措施，梳理出尺度宜人的公共广场，形成可观赏、可体验、多层次的公共开敞空间。以南北向公共通道为主的规划慢行网络将公共绿地、公共广场、历史记忆空间联系起来，增强周边居民的归属感。同时，作为苏州河腹地，72号街坊规划注重构建与滨水地区相勾连的网络化活动空间网络，融入区域城市公共空间大系统，如街坊内的公共空间与慢行体系注重与周边昌平路公共活动轴、江宁路文化剧演街、康定路风貌街的衔接，结合街坊内社区体育设施、文化设施等公共功能，提供多样化、体验性的公共活动方式。为进一步管控实施，在控规附加图则中通过公共通道、地块内部广场等控制要素予以法定化，在保护的前提下，更好地为公众所享用。

## 4. 促成公共利益与市场价值的双赢

在新时期历史风貌保留保护要求前提下，将公共要素的确定作为规划开展和地块开发的重要前提条件，通过政府层面的统筹调控，将新增公共活动体系的位置、面积等相关控制引导要求予以

落实，并结合历史风貌相关更新政策，锁定相应的建筑增量，调动企业参与更新的积极性，为未来可持续的更新开发模式打下基础；同时，静安投资有限公司作为有责任心企业，新增多处公共开放空间，增加文化等公共功能，形成并强化公共活动界面，结合政策机制落实可能，促成多方共赢的创新发展格局。

## 五、结语

在当今"留改拆"城市更新背景下，拥有一定历史风貌的非历史街区，包含了多年积淀而形成的价值与情感认同，也将成为体现城市特色和历史文脉的重要地区。

作为新时期最早在非历史街区落实面向实施层面的风貌管控实践之一，72号街坊的2007版已批控规的管控内容及深度已不能适应现阶段区域发展，其指导性及实施性均需进一步提升。规划通过结合建筑实施方案，系统地确定了与城市发展密切相关的历史风貌、功能布局、公共空间、城市界面、地下空间等规划管控要素，如历史风貌中结合实施

层面历史建筑保留保护措施，分类分级对历史建筑进行管控，并明确不同类型历史建筑建议改造方式。最终规划将设计意图转译为管理语言，落实为普适及控制总图则、地下空间控制、风貌保护控制等多层次附加图则，保障了公共要素在实施阶段能充分予以落实，从而更有效地精细化管控和引导后续街坊的建设开发。

72号街坊控规调整于2019年7月获得上海市政府批复，在控规引导管控框架下，该街坊项目于2020年初开工建设，预计2025年竣工，通过对其如何体现地区特色与功能承载、延续历史文化及促进土地资源高效利用的更新探索，让里弄住宅建筑在上海城市基底里实现风貌延续和活力再现，为保留这类"建筑可阅读、街区可漫步、城市有温度"的"城市记忆场所"提供了技术支撑，也为上海中心城区其他非历史街区中里弄住宅风貌保护管控思路与技术探索提供了思路借鉴。

参考文献

[1]上海市房产管理局.上海里弄民居[M].北京：中国建筑工业出版社.2017.

[2]莫霞,魏沅.中心城区非历史街区的更新改造与保护规划和实施探讨：以上海市长宁区上生所项目为例[C]// 中国城市规划学会.第八届中国规划实施学术研讨会暨2020年中国城市规划学会规划实施学术委员会年会论文集.中国城市规划学会,2021.

[3]刘健,黄伟文,王林,等.城市非保护类街区的有机更新[J].城市规划,2017,41(03):94-98.

[4]陆远.上海市里弄类风貌保护街坊规划管控的思考[J].上海城市规划,2017(06):49-55.

[5]王雪妍.非保护类历史街区的空间解析与更新策略探究：以上海市安国路、东余杭路地块为例[C]// 中国城市规划学会、重庆市人民政府.活力城乡 美好人居：2019中国城市规划年会论文集（07城市设计）.中国城市规划学会、重庆市人民政府:中国城市规划学会,2019:12.

[6]上海市规划和自然资源局.苏州河沿岸地区建设规划（2018—2035）[R].2018.

[7]《上海市静安区72号街坊工程项目概念性方案设计》（2018年）

作者简介

魏　沅，华建集团华东建筑设计研究院有限公司，高级工程师；

莫　霞，博士，华建集团华东建筑设计研究院有限公司，教授级高工。

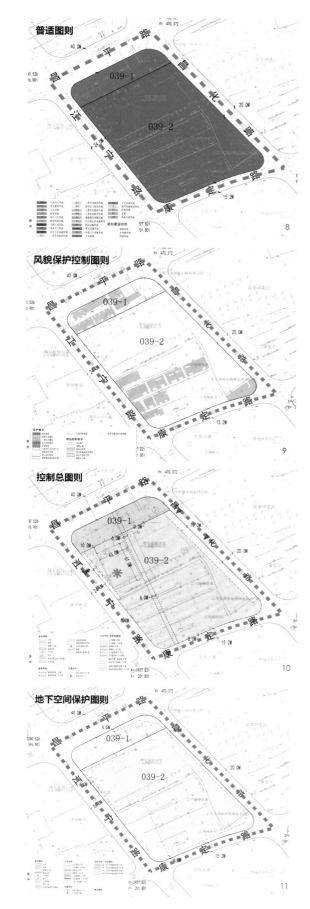

7.规划管控法定普适图则
8.规划管控法定风貌保护控制图则
9.规划管控法定控制总图则
10.规划管控法定地下空间保护图则

# 城市设计与管理的细节指引：导视标识系统设计
## Wayfinding System Design As a Part of Urban Design and Management

章海峰
Zhang Haifeng

[摘　要]　随着我国都市发展更多将"不断满足人民日益增长的美好生活需要"作为主要设计考量，城市空间中许多细节成为了人性化设计的要素。本文主要探讨作为城市空间功能引导重要界面——导视标识系统的发展、现状和特点，并对设计过程中所面临问题、缺陷、解决方法以及未来发展方向进行讨论，从人性化的都市设计与管理角度，阐述导视标识系统设计对都市城市意象表现的重要意义和作用。

[关键词]　城市设计；空间引导；导视标识系统；城市意象；有效性及美观性

[Abstract]　"Meeting people's ever-growing needs for a better life" has become a major goal of urban design in China. This message of caring for people is being delivered by many design details. This paper focuses on an indispensable part of urban space — wayfinding system. It first sketches out the development, status quo, and features of wayfinding. It then discusses the problems and deficiencies of wayfinding design, and explores corresponding solutions and future direction of development. It also elaborates on the importance of wayfinding system in displaying the "image of the city" from the perspective of people-oriented urban design and management.

[Keywords]　urban design; space guidance; export identification system; urban image; effectiveness and artistic

[文章编号]　2021-88-P-120

## 一、引言

导视标识系统是现代城市空间体系中的不可或缺的组成部分，它是建筑空间信息传达的重要载体，对空间利用与动线协调起着至关重要的作用。如果说单一标识牌只是单一信息的具体载体，那整个导视系统作为信息载体的集合构成了对建筑空间引导和诠释的最主要手段和途径，对满足人们城市公共活动基本需求，创造一个更符合现代人标准的公共生活环境，成为人与人、人与物、人与环境之间的交流媒介，塑造一个城市或环境的文化氛围和环境形象，促进城市经济文化活性环境的建立起到了积极作用。作为一门典型的应用设计学科，随着社会工业化的发展和推进，在强调人性化设计的背景下，导视系统设计所涉及的专业越来越多，需要对建筑、景观、室内、城规、交通、产品造型、灯光、智能化、品牌、大众传播、美学、色彩、心理、历史、社会学等众多领域的知识熟练掌握和深刻了解，进行跨学科的协同考量和交叉应用，才能进行良好的系统设计。同时，导引系统根据所属建筑规模的不同又有着不同的应用深度和设计手法，本文将着重探讨在城市街区规模上导视系统设计的基本方法以及目前国内实施中常见的问题及其解决的建议。

## 二、公共环境导视系统简史

标识的雏形可以追溯到原始氏族社会时期的"图腾"，引导标识最早或是狩猎时猎手们随手画下对捕猎方向和猎物形象的标记。随着人类社会经济活动的发展，特别是城镇建筑等公共设施的形成，标识的种类和应用也进入了发展期，在商业层面体现在店铺的招牌、商品的印记、字号，多以"幌子"和"招牌"的形式出现，而在社会管理层面则体现在旗号、建筑匾额等，在文化层面则出现了壁画、题墙、石刻等具有地标意义作品。在北宋张择端的《清明上河图》中，我们就可以找到很多例证。中世纪以后，随后大航海时代商业等爆发式发展和文艺复兴运动等兴起，象征和代表不同行业的通用标识也产生和发展起来，这些标识一方面可以显示商品的类别和功能，另一方面也被用于商店和商品的装饰。工业革命以后，特别是进入20世纪后，以包豪斯为代表等现代主义设计潮流，将工业产品和大众审美紧密结合起来，推动了信息传播效率，为现代商业社会的快速发展奠定了重要基础，其中也包括了标识导视系统这一重要领域。20世纪中期以后，商业品牌学说的诞生和广泛应用，进一步对标识导视系统作为一门专项研究领域提出了切实对要求。到了70年代，在欧美及日本，随着国际贸易和科技水平飞速发展以及包括建筑设计、平面设计、工业设计等方面等技术成熟和人才积累，导视标识系统（way-finding）作为一门独立的对空间信息传播和设计的系统性研究应用学科正式走上了历史舞台。

## 三、公共环境导视系统对城市设计和管理的作用

法国启蒙运动奠基人、建筑师克罗德·佩罗曾经提出："建筑在整体上就是建立在这两个基本原则之上的：一个是客观性，而另一个是主观性。建筑的客观性基础来自于对建筑的使用以及对建筑物的最终目的……所谓主观性的基础就是审美感觉。"在导视系统设计上这体现为系统的有效性和美观性。作为导视系统存在的基础，有效性即将导视信息有效的传达给空间活动参与者，却往往和另一个要素美观性在很多情况下是有矛盾的。有效性的基础建立在视觉信息传达的各项要素上，即在不发生信息过载的情况下，密度越高、信息载体越大、色彩对比越强烈，其信息的传递效率就越高。然而这必然会影响到建筑本体，无论是室内、景观还是建筑立面的美观，是建筑设计师最为忌惮的破坏因素之一。甚至在街区层面，"牛皮癣"般存在的标识标牌是市容管理部门的"心头大患"。所以如何在有效和美观的两个维度上找到平衡点，就是当前导视系统设计的最重要任务。

同时，现下普遍同质化的城市意象，在对城市规划和建筑设计提出新挑战的同时，导视标识系统逐步成为城市设计中意象表达的新手段。拉普波特在《宅形与文化》一书中，认为城市意象是实存环境认知方式及社会文化背景结合的产物。而城市建筑景观的独特性。空间城市的特殊性。地貌的特别性以及绿化和特殊的社会文化氛围，都将加强城市意象的再认。而艺术理论家和知觉心理学家阿恩海姆则认为，意象具有双重意义，意象既是理念，也是视觉化的概念，而意象抽象程度越高，也就越有效，越具体。标识系统作为建筑中最直接的视觉化部分之一，是突出体现和强调建筑所内涵的意象重要手段，是对城市意象的有效加强与补充。而统一

1.标识的发轫——原始壁画　　3.清明上河图中的店招标识　　5.标识系统改善街区风貌的案例　　7.标识系统改善建筑风貌的案例
2.交大新指向标　　　　　　4.标识缺失案例　　　　　　　6.标识失维案例

连贯系统的导视设计也是城市意象表达的重要视觉化载体，能极大地加强城市意象的再认，重新塑造各个社区甚至是城市的独特文化特色。

## 四、城市设计中公共导视系统的问题

目前，城市中导视系统在上述两个方面，即有效性和美观性上，都存在着较大的问题。

### 1. 有效性的缺失

城区中的导视系统有效性的缺失通常表现在三个方面：①信息连贯性缺失。②信息表达错误。③信息时效滞后。

信息连贯性缺失是指由于导视系统中指示或告知载体的遗漏和缺位，不能形成完整的引导信息链，造成空间活动参与者的对路径引导信息的迷失或错误。由于近年来城市建设的快速发展，旧城改造的迅速推进，城市以街区规模进行改造开发的项目越来越多，原有的导视系统被打散拆除。同时由于开发模式原因，新建或改造的城市建筑又由于建设时间不一、建筑功能变化、业态形式不同，造成了交通体系、空间关联关系的变化和相对隔绝。这也一定程度上导致了在街区尺度上，信息指引的难度。同时由于长期以来，建筑业主对导视系统的重视度不一，造成了导视系统的不连贯。经常出现信息错误、缺失和信息过载的情况，这点在人行系统上尤为明显。建筑内部的的导视系统可能较为完备，但新旧街区、建筑间的导引关系往往缺乏统筹，设置点位及信息内容没有关联，使来访者对本建筑外的街区目的地路径无法了解，甚至由于产生错误理解。这对当前越拉越强调的发展都市旅游将会产生十分不利的影响。

信息的错误表达是指导视系统所采用的信息表达方式或信息组成形式不符合信息传达规律，或是未能达到有效传递。长期以来，业界对标识导视系统有意无意地忽视使得信息错误表达的现象比比皆是，而以区块为单位的城市建设更是进一步加剧了这一情况。具体表现在两个方面。一是规范性的缺失。许多业主并未将导视设计作为一个专项进行设计，导致指引信息内容不规范，甚至引用的国家标准也不同，造成导引信息很难被理解。二是形式载体不具有系统性，例如统一街区内由于建设先后的不同，标识牌的式样不一致，内容表述不一致，字体符号不统一，无法让访客理解这些标识牌内容的连贯性，造成了导引信息的缺失，空间定位的迷茫，也造成了在统一街区内视觉风格的断裂和城市意象表达的混乱和迷失。

时效的滞后是一个非常常见的情况。当前城市经济发展十分迅速，区域业态的更迭周期愈发短暂。包括店面店招甚至楼宇名称在内的建筑空间命名变更频繁，同时城市快速发展也形成了大量新的市政地标、公共建筑、道路等，而许多建筑在一定时间段的运营后，建筑用途、楼宇名称和功能划分都出现了较大程度的变化，这需要对导视标识系统进行更新以适应变化，但出于成本、时间和先期设计中可更换性设计的缺失等原因，这种更新会以补丁的形式进行，最终造成导视系统的规范性、有效性、美观性被破坏等一系列不良后果。给访客造成不必要的麻烦。

### 2. 美观性的缺失

作为导视标识系统的另外一个重要维度，美观性的不足在现实中就太司空见惯了。这很大程度上是由

8.风格强烈的立牌　　　　10.强烈城市意象表达的名称标识
9.强烈城市意象表达的地面标识

于审美的主观性，以及导视系统决策层级的多变性。美观的问题主要体现在两种极端：没有设计和过度设计。没有设计很好理解，就是导视系统设置未充分考虑美观要求，未进行系统设计，直接使用成品，按最低配置设置，追求低成本，最终造成导视系统与建筑环境出现不相配的廉价感和拼凑感。而过度设计是指设计中不考虑实际需要，不考虑建筑环境的实际情况，为迎合某一特定要素，在导视系统的形态、色彩或数量上过于追求特色，最终导致其本身与周围环境格格不入，对整体区域风格产生了切割破坏，或对其本身的有效性产生了极其不利的影响，甚至对公序良俗产生了冲击。

### 3. 介入时间的错误

导视标识系统的施工是建筑土建阶段的最后一个环节，但其中很多标识装置的设置关系到与建筑本体和幕墙结构的关联、与建筑整体系统强弱电的整合、与室内装饰的配合以及与景观配景的协调等诸多方面，例如楼顶标识对承重防水的要求、发光标识对用电线路对要求等。在现实项目中由于导视系统设计介入得过迟，错过合适的施工条件，现场只能返工或放弃的情况比比皆是。

由于其与运营的关联性，导视标识系统经常被建设方列入经营开办阶段实施。这就造成了更多问题：第一是功能空间表述错误问题。进入运营阶段后，一般建筑设计方已经退出了项目，造成此时的导视系统设置是由运营方主导，许多建筑设计方确定的合理设计动线规划信息得不到传达。出现了运营方根据自己的理解对建筑空间动线进行重新设计的情况，不但影响了建筑使用的效率，也产生了安全隐患。第二是时效问题。由于开办接待时间紧迫，常常出现粗制滥造和偷工减料等赶工期行为。第三是成本问题，虽然导视系统的建设成本在整个建筑项目周期成本中是微不足道的。但正是由于其过于低廉，反而被业主忽视。

在许多项目的预算中导视系统经常被漏项或者是遇到经费削减时首当其冲地被核减。这导致了导视系统这项"花小钱改变大形象"的项目，最终成了"有就行"的充数项，严重影响了建筑的人性化体验，是非常得不偿失的。

## 五、改进城市设计中导视系统的主要手段

### 1. 整体街区风貌设计中的导视系统专项

公共环境导视标识系统设计在整体街区设计中应作为一个完整的专项进行统一设计。这样做有十分重要的作用。

首先，统一的专项设计可以保证统一街区甚至城区范围内所涉及导视标识具有相同的逻辑，可以系统地对街区能的建筑空间进行连续有效的导引。其次，在视觉元素层面也可以保持高度统一，对街区（城区）的文化面貌进行统一，对城区精神进行可视化描述。再次，可以在现有街容城貌地基础上通过有序创新地设计手段和语言，优化和改善不同区段直接的建筑风格差异，提升总体空间体验。

### 2. 提前引入导视系统设计

街区设计中很重要的一个要素就是城市意象的确立和表达。除了社区规划、建筑立面、景观小品等手段外，导视系统和环境图形设计作为视觉表达的重要载体，也对街区意象和文化表达起到了十分重要的作用。在不少案例中导视系统设计方在前期概念定位时就参与策划，利用环境图形和标识装置相结合的方式，为整体意象的落地呈现提供专业化的咨询，达到了很好的效果。同时通过色彩分析等专业手段，可以为业主方提供准确的决策依据。

当然提早介入设计，也可以最大限度地避免前文所说的设计与施工进度的不匹配所造成的返工或无法实现。

### 3. 城市色彩中的导视系统考量

马蒂斯曾经说过，线条诉诸于心灵，色彩则属于感觉。普辛则认为，色彩有作为吸引眼球注意的诱饵的作用。由于城市的色彩与城市意象紧密相关，往往具有一贯且统一的色彩性格。导视系统中色彩的运用既是导视设计的重要考量，也是调节街区整体色彩和环境基调的有效手段。随着时代的进步、技术的发展，色彩应用在技术手段上越来越丰富，原本单一色调的城市变得多姿多彩，这也带来了对导视系统色彩运用的全新挑战。导视系统的功能要求其色彩应该与环境有较大的反差，但这势必会影响环境的色彩协调，所以设计中要着重避免出现色彩嘈杂以及过于突出标识色彩的问题。

### 4. 导视系统的有效性验证方法

导视系统的有效性最底层的逻辑基础是信息的传递，即信息的又有序受控传导。在城市中，占主要地位的环境视觉要素是各类建筑材质。它们与导视信息的常见载体——标识的材质基本相同。所以如何在这样的环境中让信息有效传递并使空间活动参与者找到准确的路径，以最短的时间达到目的地是验证导视系统是否合理的重要指标。良好的导视系统具有明晰的拓扑结构，逻辑清晰，通过分级标识体系，将街区的空间关系和出入路径明确传达给空间活动的参与者，起到"空间使用说明书和指导书"的作用。当然对导视系统有效性的量化考核一直是较为困难的，笔者建议采用效率比较法进行评价，即以理论上从公式推导的最快寻路时间为分母，实际寻路时间作为分子得出比率，用于评判导视系统的效率：

$$\eta_e = \frac{T_e \cdot \bar{V}_i}{S}$$

其中，$\eta_e$表示导视效率百分比，$T_e$代表依赖导视系统到达最终目的地的实际时间，是理想平均速

率，S为到目的地的实际距离。

当效率比越趋向1，说明导视标识系统越有效，比值越高则效率越低，导视标识系统的有效性越差。

## 5. 利用导视标识系统设计对街区风貌的控制浅探

在城市中，包括店招在内的导视标识系统与建筑立面形成了类似于图形与背景之间的关系。导视标识系统的设计也应参照环境设计的相关因素进行考量。利用格式塔心理学中的连续性原则，有利于在不同风格建筑之间形成连续性的视觉感受。在当前城市更新的要求越来越高的情况下，导视标识系统更新对街区环境优化的帮助有事半功倍的效果。如在上海市部分城市市容更新规划草案中，就明确有按照不同城市风貌区采用不同的指导原则进行导视标识设计。即在历史风貌保护区，由于建筑有极强的个性特色和历史风貌，导视标识应以依附于建筑形式的方式设置，多采用小型立字体和具有艺术风格的依附式标识，尽量延续原建筑的设计风格，并增加建筑设计细节，强化城市意象。而在现代商业区，采用现代的大型灯箱形式、甚至霓虹灯风格的标识，以确保标识形式的符合各种商业业态需要。在20世纪90年代建设的居民街区部分，由于居民小区建设年代较老，而且沿街商业以小开间的民生商业为主，整体沿街立面破碎凌乱的情况，需要利用统一风格元素设计的门头标识系统，重塑街区1~2层沿街立面轮廓和色彩形象，打造整洁的市容市貌，注入城市文化意象。

## 六、城市未来发展中导视系统技术发展的趋势

随着近来科技的飞速发展，特别是物联网、AI等技术等快速进步和应用，导视系统的技术迭代也已蓄势待发。传统的固定式标识标牌在未来的城市中所占的比例将会越来越低，将主要在应急或备份系统中使用。更多的导视载体将会是玻璃化、交互化和智能化的。

### 1. 人工智能化浪潮下导视系统的发展和应用趋势

在当前人工智能迅速发展运用的形势下，动态标识将会逐步占据主流。主要技术革新体现在以下几个方面：基于多传感器的信息收集、大数据的信息分析及引导、个性化的信息发布。动态标识将类似地图软件的引导信息按照个人需求进行定向推送，甚至可以直接和智能化设备进行互联导引，这将是交通出行、建筑空间利用的全新方式。

### 2. 导视技术进步对城市风貌的推动

以店招为例，作为主要商业形象的重要表现形式，在可预见的将来，会更多地引入LED显示屏、3D视频投影等动态形式。根据业态和规模的不同，成本投入的差异，店招也会和现有的情况一样，表现出丰富多样但良莠不齐的状况。所以建立规范的设计统筹管理、运营监管体系依旧是控制城市风貌的重要课题。

### 3. 人性化精细管理语境下导视标识的发展与作用

以人为本一直是包括建筑设计、城市设计在内的现代设计最重要的考量因素。随着互联网、物联网的广泛应用，人性化甚至是个性化已经成为设计基本要求。相对与建筑体等大体量空间，标识导视系统是更容易体现这一要求的。通过系统有专业设计的标识标牌将会为每位空间活动参与者，提供符合其审美习惯的准确指引信息，将极大地提升体验感。

## 七、结语

导视系统在现代城市生活中越来越被重要的空间细节，也越来越多的被决策者和设计师所重视。合理有效系统地导视标识系统设计将是改善街区空间面貌、表达城市意象性价比极高的手段。随着人工智能技术、大数据分析技术及5G互联网技术的应用，导视系统将会以更积极地方式介入人们的行为方式，必将与建筑设计的其他领域一样，成为人类发展的重要工具和手段。

参考文献

[1]赵云川.陈望.等.公共环境标识设计[M].（第2版）北京：中国纺织出版社.2010.

[2]朱钟炎,于文汇.城市标识导向系统规划与设计[M].北京：中国建筑工业出版社.2014.

[3]郑时龄.建筑批评学[M].北京：中国建筑工业出版社.2013.

[4]胡正凡.林玉莲.环境心理学：环境—行为研究及其设计应用[M].（第4版）北京：中国建筑工业出版社.2018.

[5]阿恩海姆.艺术与视知觉[M].腾守尧.朱疆源译.成都：四川人民出版社.1998.

[6]吴翔.设计形态学[M].（2版）重庆：重庆大学出版社.2013.

[7]王艺湘.视觉环境图形创意[M].北京：中国轻工业出版社.2017.

[8]安秀.公共设施与环境艺术设计[M].北京：中国建筑工业出版社.2007.

[9]金容淑.设计中的色彩心理学[M].（第2版）武传海.曹婷译.北京：人民邮电出版社.2013.

[10]戈尔茨坦.认知心理学：心智、研究与你的生活[M].（第3版）张明等译.北京：中国轻工业出版社.2015.

作者简介

章海峰，上海日观建筑工程设计咨询有限公司。

# 城市重点地区总设计师制下的协同模式与建筑师的作用
## Coordination Pattern and Architect's Role in Key Urban Area Under the Chief Designer System

查 翔
Zha Xiang

[摘　要]　城市总设计师制是我国城市设计及管理的一种制度创新，其协同模式的序参量是重点地区总设计师制的核心理念，主要体现在重点地区资源要素的优化顺序和城市设计管理系统的协调发展。文中以笔者参加的成都荷花池片区城市更新项目为例，探讨了建筑师在城市重点地区总设计师制度下的作用，以及在该制度下的建筑师应具备的专业能力。

[关键词]　城总设计师制；重点地区；协同模式；建筑师

[Abstract]　Urban chief designer system is an institutional innovation of urban design and management in China. The order parameter of its collaborative mode is the core concept of the chief designer system in key areas, which is mainly reflected in the optimization order of resource elements in key areas and the coordinated development of urban design management system. Taking the urban renewal project of Hehuachi District in Chengdu as an example, this paper discusses the role and significance of architects in the chief designer system of key urban areas, and the professional ability that architects should have in the future development under the system.

[Keywords]　urban chief designer system; key areas; collaborative mode; architects

[文章编号]　2021-88-P-124

我国城市发展进入新阶段，需完善城市治理体系，提高城市治理能力，提升城市品质和竞争力。城市规划相应的体制机制也在转型中，而重点地区总设计师制度是转型时期统筹规划、建设、管理三大环节的实践缩影。[1]总设计师制度创新不在于技术创新，而是在常态化机制下，规划和自然资源局与总设计师建立契约式合作关系，总设计师发挥统筹分散权力和责任的作用，真正实现协商式规划、促进多元主体参与，兼顾公共与私人利益，实现城市的品质化发展。这里面有两个重要原则：①总设计师不参与具体的项目规划和设计，行使的是协调、把控、咨询和建议的权力[2]；②总设计师不是单指一个人，而是指专业团队，能协同管理、协同把控。

## 一、城市总设计师制提出的背景、意义及对建筑师的要求

城市总设计师制是我国城市设计及管理的一种制度创新，传统城市设计由于其不属于法定规划，同时又具有一定的地方性，因此在传统型的城市设计管理中，基本上是以城市设计成果作范本，作为管理的依据，本质上是通过节点的方式来推进的。地方规划主管部门负责城市设计的编制和具体实施，主要有3种途径：①将城市设计成果直接作为上位规划，指导建筑方案设计；②将城市设计成果依附于法定规划，借助法定规划落实；③将城市设计成果作为建设项目申请"一书两证"的审核依据。[3]但传统型的城市设计在实践中，往往出现了"重设计、轻实施；重美学、轻发展；重空间、轻运维"的局面，导致编制成果与管理脱节、与市场脱节，编制成果难以引导高品质建设、城市运维过程的动态调整机制缺失、各专业之间也缺乏衔接等问题。

因此，城市总设计师制的实践是为了改变传统的城市设计管理模式，总设计师制不仅仅是对着既有流程，而是全过程、全方位的动态跟进，当需求发生变化时可以动态调整、把控和协调，其意义体现在：①城市总设计师把城市设计和国土规划主管部门建立一个稳定的系统，通过咨询服务和技术负责形成三方互为协作、互为支持的动态关系；②通过动态协同，更精准、更高效地应对多系统之间的相互条件，体现了传统与现代城市设计管理与实践之间的主要差别；③城市总设计师制对于涉及公共和私人利益博弈等内容，可以实现城市的精细化治理。

作为共同公共利益代表的建筑师，在城市精细化实践中，其在总设计师制中充当着重要的角色，协助规划师团队一起对规划编制、建设协调、审查管理和城市发展未来的研究做出专业的策划、建议和判断；协助公共部门构建政府、市场、公众的多元利益动态协调平台，应对城市未来发展的各种可能性，做出空间上和设施上的弹性预留的建议，为未来发展出现的新可能创造条件。如欧美在20世纪末的城市设计管理引用了协作式规划模式，城市

总设计师制协同模式下的建筑师职能因不同国情或行政制度不同会有所不同。这主要包括美国总设计师协作组、法国的协调建筑师制度和日本的主管建筑师协作设计法等。法国协调建筑师制度实行的前提条件是政府对开发项目的授权管理，在项目策划前期引入协调建筑师，使之在土地出让、建设实施等方面有较大的全过程统筹权力；日本协作设计理论的实施前提是土地为私人所有，由业主对开发项目授权进行管理，主管建筑师面对单一权属地块有较大的组织权，而对于多权属地块则无直接权力；但两者均编制设计导则，将设计导则作为协调过程的设计指引，且不介入具体建筑设计[4]。以上案例对于目前我国建筑师进入城市总设计师制，有一定的启发意义，比如定义了建筑师在协同管理中的阶段、作用和职责，规定其权限，并将具体地块的建筑设计进行脱离等。

## 二、城市总设计师制与协同模式

### 1. 城市设计管理的协同理论基础

随着复杂系统科学研究的深入，以多重事物间相互作用关系及共同存在的本质特征作为研究对象的协同论，已成为解决复杂性系统问题的重要手段。复杂性理论源于贝塔朗菲[5]提出的"一般系统论"，是以复杂、开放动态的巨系统为研究对象，研究复杂性系统内部存在的诸多组分间相互关联、相互作用行为的

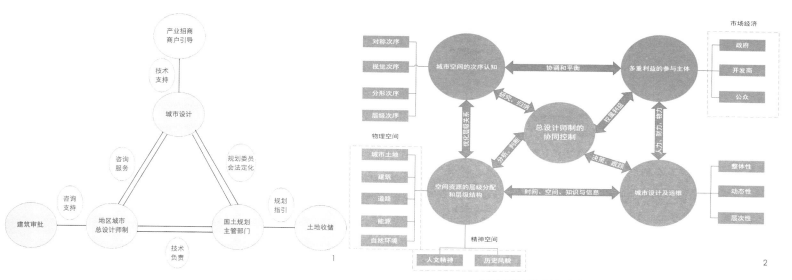

1.城市总设计师与规划国土关系 2.城市总设计师制与城市复杂系统得协同关系

学科，复杂性科学揭示的基本原理主要有系统整体性原理、动态开放性原理、时空统一性原理、随机性与确定性统一性原理、微观与宏观统一性原理等。这对解释与揭示城市的社会、经济、生态、环境等复杂性系统运行规律具有十分重要的理论意义，并对城市设计管理的作用对象、参与主体、运行维度、协同控制等提出多元协同的要求，主要体现在城市空间的次序认知、空间资源的层级分配和层级结构、多重利益的参与主体、城市设计及运维之间的相互关系。城市总设计师（团队）通过研究、判断、调查和决策，协同化整合、平衡和控制，并运用协同论来解决城市复杂系统的问题。

协同论的核心是基于理论物理学建立的一个自组织理论，是以非平衡有序结构的复杂系统作为研究对象。对城市管理而言，管理协同的基本思想可概括为在一个动态开放的管理系统中，当管理系统下一层次的各子系统处在一定的环境条件刺激下，系统相干效应或协同作用的产生就会通过各子系统中"序参量"的非线性相互作用而激发，并通过"涨落"作用达到系统稳定的"相变点"，管理的子系统就会产生协作的放大效应，将管理系统由"无序"状态突变为"有序"结构。[⑥]在协同论理论中，序参量因素决定了系统演变规律，城市设计作为复杂运行的动态管理系统，首先是梳理序参量的指标识别；其次为了保障城市设计管理系统序参量指标识别的科学性与合理性，需确定系统序参量选取应遵循的相应原则：包括系统性原则、科学性原则、可操作性原则和动态性原则；再者就是建构城市设计管理系统的约束机制、支撑机制、形成机制和实现机制，通过机制来确保序参量的协同基础条件、协同放大效应、协同高效运作和协同动态跟踪。

## 2. 城市重点地区总设计师制的协同机制

序参量作为协同理论的核心概念，建立重点地区总设计师制，其城市设计管理的协同机制体系，十分重要的任务就是分析提出其序参量影响因素，揭示其基本规律、衡量其整体运行效率。首先是对该地区空间资源要素的优化次序层次与结构；其次是形成重点地区的城市设计管理系统有序协调发展的规律与运行机制。

### （1）地区空间资源要素

城市空间结构的演化具有多样性和不确定性，这是造成城市系统复杂性的根本原因，也是城市的个性魅力和独特价值所在。城市重点地区空间资源要素从表象上可概括为城市空间结构形态的集聚与连绵，但从内涵上可总结为城市价值的增长与演替。其实质是一种自上而下的城市空间组织机制，是个体建设行为的宏观整体体现，具有开放性、非平衡态、非线性作用，以及系统"涨落"等自组织规律特征。

重点地区城市总设计师制的直接对象是作用于城市空间结构。人口、资金、信息、能源、物流等资源要素在城市空间结构中流动，导致城市与地域间的非平衡发展作用，引发城市系统产生涨落、共鸣等，这些作用对于城市空间结构产生调整、组合、分离直至形成新的平衡和次序。建立地区城市总设计师制度，在重点地区城市系统中对空间结构的序参量资源要素做出全方位、因地制宜的优化评估和次序抉择，在编制和实施阶段做到切实可行的动态平衡。比如以公共利益和环境效益作为序参量依据，对于想法创新、对区域公共利益有利的设计应鼓励实施，可允许优秀设计方案的部分要素突破导则的规定，但需根据具体情况讨论和衡量设计方案对公共利益和环境效益所作的贡献；[⑦]或在指引和协调重点地块的建设方的建筑设

计，有助于引导不可度量建筑要素的实施落实；在设计方案与导则产生矛盾时，也可进行及时的设计调整，保留协商与讨论的可能性。

### （2）重点地区城市设计管理系统

重点地区城市多元文化、功能融合的高度复合形态，均是通过城市系统的涨落机制不断演化，形成复杂、多元性的城市空间格局。涨落现象的产生源于该地区的能量、信息与物流流动作用，分为地区的内部作用力和外部作用力，内部作用力指重点地区的空间形态、道路结构、生产和生活等所带来的主体效应；外部作用力指该地区在城市维度中所定位的角色、作用和相应的溢出效应。内部作用力和外部作用力在重点地区城市系统中表现为侵占、推动甚至颠覆，能使重点地区的城市空间结构创新，并产生更高层次的有序空间结构。

作为描绘重点地区空间形态模式的设计政策，协同化的城市总设计师制相对于城市空间结构是一种外部组织与干预手段，制度下的总设计师是指政府为保障城市公共利益、提升城市形象和品质、实现重点地区精细化管理而选聘的领衔设计师及其技术团队。总设计师具有长效统筹和规划决策的权力，成为部门治理、规划编制、建设协调和审查管理的一体化责任主体，对城市空间结构的构成形式与发展变化有重要的影响作用。重点地区的城市空间结构生长发展过程必须与有计划、有意识的协同设计控制相结合，两者间共同的复合作用引导城市空间结构的有序发展进程。当协同系统与地区发展规律相违背时，则造成城市空间结构的延滞发展或导致其功能的紊乱；当协同系统与地区发展同向时，则加速城市空间结构的良性发展。同时，在协同管控中，基于城市设计平台与总规划师制度，从城市设计策划、评估、投标、城市设计

3.城市重点地区总设计师制的协同机制
4.城市设计与建筑设计类型

深化及导则编制、建筑单体设计到项目实施建设的全程导控，实现了建筑群体的和谐性。通过引入多元设计主体，在城市设计适度约束下进行个性化、多样化的建筑方案设计。建筑师与总规划师之间进行实时互动和反馈修正，协同化系统体现了团队的高效、务实和专业性，不同责任分工和协同运作保障了重点地区城市空间稳定而又动态的发展。

新等，提出建筑方案，并延续到施工图设计和现场控制；后者主要是理解既有城市设计成果，在管理阶段介入的建筑师，负责方案审查、协调、设计协同等工作。因此，城市总设计师制平台下的建筑学维度应更关注处理好建筑设计与城市设计的关系，更关注城市设计的落地性和延续性。自下而上地通过建筑设计推动改进城市设计的方法路径，通过对空间尺度、空间活力、空间运营效率的研究，以及新技术带来的城市设计范式的转变，更好地指导建筑实践。

## 三、基于协同模式的建筑师角色定位和工作方法

### 1. 城市总设计师制平台下的城市设计和建筑设计

城市总设计师制度下的建筑设计工作，是从城市设计投标、城市设计深化及导则编制、建筑单体设计到项目实施建设的全程导控，通过引入多元设计主体，在城市设计适度约束下进行个性化、多样化的建筑设计。城市总设计师制的主要负责人可以是规划师，亦可是建筑师，但一定是在行业内具有专业素养、社会声望和丰富经验的专家学者，近年来有规划或建筑专家、学者在进行诸多实践：如国内的匡晓明院长主持的郑州龙湖金融岛外环建筑集群、孙一民教授主持的广州琶洲西区、陈可石教授主持的西藏鲁朗国际旅游小镇、何镜堂院士领衔的广州金融城、孟建民院士主持的深圳湾；国外的让·努维尔（Jean Nouvel）、包赞巴克（Christian de Portzamparc）参与工作的大巴黎规划[⑨]、库哈斯（Rem Koolhaas）的阿尔梅勒中心区重建等案例。

城市总设计师（团队）的主要职责是从城市设计编制到城市设计管理，动态把控关键城市设计导控要素、技术协调和专业咨询，弥补传统图示设计管理方法等问题的同时，也参与了综合统筹、组织多方协商和协同决策等工作。在建筑设计层面，分为两种工作类型，一是设计延续型，二是管理介入型。前者在该项目中负责整体的建筑设计工作，从中观到微观，随时和总设计师团队协同一致，比如城市设计中的形象、颜色、材料控制，单个地块的建筑设计，地块中的建筑改造或微更

### 2. 城市重点地区总设计师制度下的建筑师职责

城市重点地区总设计师制，很重要的一个方面就是城市设计与管理。这需要建筑师传达一个总体的概念和思想，参与该地区的城市设计并引导不同门类的工作者共同进行空间形态的组织和环境营造，或直接作为该地区城市设计的总体协调者和协同决策者。在笔者参与的成都荷花池地区城市更新设计中，建筑师作为该区域特色营造的主要负责人，秉着总设计师团队提出的"提档升级、商贸都芯、复合功能、产城融合"的理念，对该地区的中心属性、建筑风貌、产业与文化特征、节点要素等作出相应整合、协同设计。

（1）以荷花池项目为例的设计解读

成都"新旧两城融·复兴促发展"，随着金牛国际商贸区和TOD建设的推进，荷花池作为传统二级批发市场的功能已经与突出的区位优势不相称，因而搁置了十余年的物流外迁和业态升级的课题被重新提上议程。在成都新一轮总体规划中，北边的火车站区域是成都未来北改的区域核心，其包含火车站、人北商务区、万达广场和荷花池片区。基于上位规划的要求，对项目提出总体发展定位：①打造一个直接参与全球竞争，具有聚合力、辐射力和影响力的现代商贸特色街区；②在城市平台上对供应链进行整合，构建交易要素，降低交易成本，形成集城市功能、产业功能和区域产业发展协同共生、资源共享、辐射西部的新型批零产业街区；③延续成都的市井文化和蜀锦文化，打造成都市人

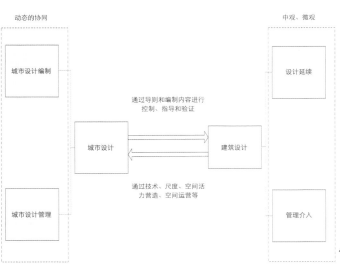

图示标签（图3）：
城市空间结构 → 多样性、不确定性
重点地区空间资源要素：人口、信息、资金、能源、物流 → 开放性、非平衡态、非线性作用、系统涨落
城市重点地区总设计师制的协同机制
重点地区空间城市管理系统
协同作用力：外部作用力、内部作用力
协同设计控制：城市设计策划、城市设计评估、城市设计投标、设计深化及导则编制、建筑单体设计及实施

图示标签（图4）：
动态的协同
中观、微观
城市设计编制
城市设计管理
城市设计
建筑设计
设计延续
管理介入
通过导则和编制内容进行控制、指导和验证
通过技术、尺度、空间活力营造、空间运营等

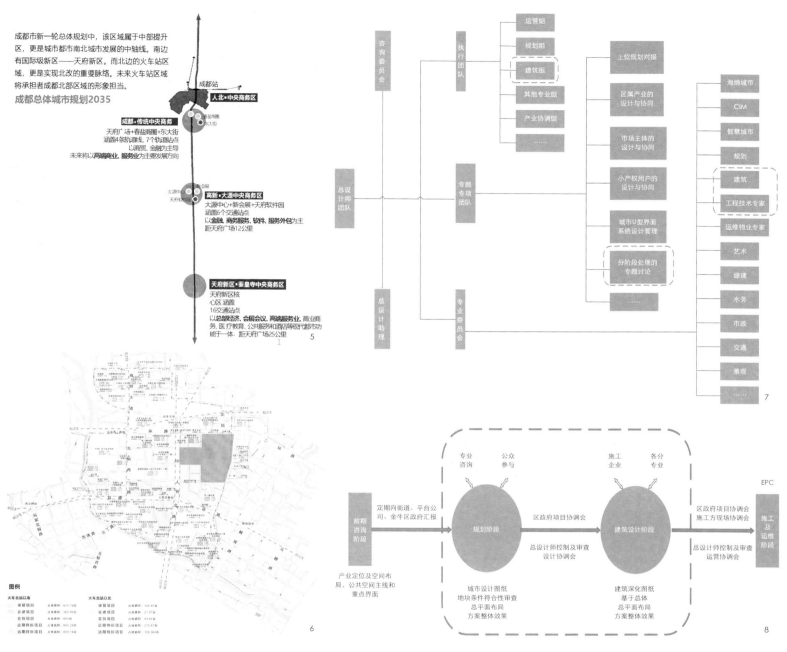

成都市新一轮总体规划中，该区域属于中部提升区，更是城市都市南北城市发展的中轴线。南边有国际级新区——天府新区。而北边的火车站区域，更是实现北改的重要脉络。未来火车站区域将承担者成都北部区域的形象担当。

**成都总体城市规划2035**

成都站
**人北·中央商务区**

**成都·传统中央商务**
天府广场+春盐商圈+东大街
涵盖4条轨道线，7个轨道站点
以商贸、金融为主导
未来将以高端商业、服务业为主要发展方向

**高新·大源中央商务区**
大源中心+新会展+天府软件园
涵盖5个交通点
以金融、商务服务、软件、服务外包为主
距天府广场12公里

**天府新区·秦皇寺中央商务区**
天府新区核心区涵盖
16交通站点
以总部经济、会展会议、高端服务业、商业商务、医疗教育、公共服务和酒店等现代都市功能于一体。距天府广场25公里

5-6.荷花池的城市片区关系　　7.荷花池项目城市总设计师组织框架　　8.荷花池项目流程

文新地标与时尚潮流聚集地的文化商业街区。

在推进荷花池片区城市更新的设计伊始，业主便采用地区总设计师制的方式介入项目，协同团队包含执行团队、专项专题团队、专业委员会团队三大团队，各司其职、协同合作。如执行团队包含规划组、建筑组、产业协调组等，其中产业协调组主要由街道办负责人、市场主体负责人组成；专业委员会团队则包含建筑、工程技术、景观、城市家具和艺术品设计、道路黑化及多杆合一的市政设计等专业人员。建筑师作为执行团队和专业委员会团队，起着重要的研究、决策、设计、落地执行、运营跟踪的协同作用。

这些工作对建筑师也提出了新的要求：一是对新法规、新规范、新技术和新材料的了解；二是对增强城市和环境尺度多重系统并置的处理能力；三是把握公共和私有等多重主体的利益分配协调能力，增强对复杂产权地块和规划规则关系的处理能力[2]；四是要增强多重尺度的城市建筑形态驾驭能力。

（2）以荷花池项目为例的设计营造

荷花池城市更新项目的地区总设计师制是一种探索，从前期咨询阶段、规划阶段、建筑设计阶段、施工及运营阶段，建筑师全程跟进，重点工作界面在规划和建筑两个阶段，以及对该区域的城市设计和单个

建筑的改造总体负责、与多方协同开展的EPC设计施工一体化等。如在城市设计中，针对现状的空间拥挤、交通混杂、配套不足、形象落后、活力不均等问题，提出"一环一轴、一街一带"的规划结构：一轴为肖三巷，作为和人民北路最重要的空间导入口，东西连接城市和荷花池核心；一环由东一路、东二路、肖四巷、肖二巷组成的活力环，最大化展示城市界面和更新效果；一街贯穿南北，连接宏正市场、金牛之心、大成市场和蓝光金荷花，赋予文化属性，保留其中的福字照壁、斗金亭、荷花水池等元素，以及体现成都情景文化的步行街；一带作为沙河支渠，打

理想空间

○ 肖四街10号空地
○ 北东一条、肖三巷、肖四巷公线铁路后底商（铁路局房产）
○ 蓝光金荷花、大成市场、区属市场地图广场
○ 沙河文庙公线
○ 大成市场、蓝光金荷花、宏正广场、伊屋荷花广场、区属市场的自主房封升级
○ 成都铁路局第二办公区

**规划结构**

● 一轴·迎河轴
每条铁路的街道三蛋八个节点连接的道路

● 一环·活力环
带着突出实的的城市街

● 一街·迎河景观带
公共绿迎河化风带

● 一街·文化街
融入历史迎河化的街城步迎河化长街

**建筑提升方案**
统一的沿街立面展示，底层更加通透的设计方式，体现公园城市道路一体化思想

**人行道提升方案**

现状人行道铺装设计：3.5-5m人行道区域铺装简洁配合度高，适当增加暖色调以配合商业氛围，建筑退距及广场部分铺装线条感明显，元素提取于荷花+蜀锦，有时尚感。整体形成风格统一，细节变化的铺装方案。

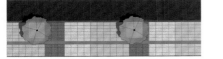

**广场及建筑退距方案：**灰色系，线条感明显

人行道铺装方案：花岗石+仿石砖，形成灰色为底，暖色间隔的铺装方案，与广场部分协调

**文化嵌入方案**

**建筑提升方案**
形成更易通行的步行界面连续、开放的公共空间，形成积极绿化组织

1. 街角对景设计
2. 视觉节点设计
3. 立体步行设计
4. 积极绿化设计
5. 广告整体设计
6. 通透底层商铺

9.荷花池现有资源梳理　　10.荷花池项目流程　　11-14.荷花池城市更新—建筑师的总体控制

造沿河景观休闲带。

方案总体实现了功能在横向空间和竖向空间上的统筹利用，建筑协同交通系统、U形界面设计系统、景观系统、市政系统等，对侵占公共空间的违章建筑予以拆除、对破墙开店的商业店面予以整治、对占道经营的摆摊设点予以统一管理，从街道整体形象、颜色配置方案、近人尺度建筑细节处理、商业店招和橱窗设计提出完整的设计方案，并在EPC实施过程中，对每个建筑单体的施工图设计、材料选型、成本控制，以及街道与景观、艺术品、城市家具的关系，作了统一考虑和综合治理。

目前，经历2019—2021年的改造建设，荷花池片区已经完成向时尚商贸区第一阶段的重大转变，成为汉服文化的重要基地和时尚发布的中心舞台。设计协同要素市场、优化资源配置，将以"有形市场"为主向"有形市场+无形市场"互动转变，将原有单一商品批零转向以复合功能为平台延展，并强化交易附加价值；同时，更新后的城市空间、建筑界面、环境配置、人居品质、市场形象都得到充分提升，成为北站片区的重要经济核心区和商贸创新区。

## 四、重点地区总设计师制下的建筑创新探索

总设计师制是为解决城市设计和管控模式问题而生的新兴制度，随着技术和科技的进步，总设计师制度会从哪些方面对城市重点地区发展的未来产生长远的影响？建筑师在其机制和运作当中又有哪些新的探索呢？

首先，要厘清规划师或建筑师在地区总设计师的工作中起到的不同作用和职责。在原有工作体系中，规划师对整个片区的社会、经济、各专业在宏观层面上的协调系统性较强，建筑师更偏重中微观层面的系统，擅长技术性的落地。但在城市总设计师制体系中，建筑师要具备综合能力，需要运用专业知识，

"结合更加宽泛的社会经济、环境影响、系统协调的城乡规划学、风景园林学、地理学以及工程科学的优势特长，才能真正将中国的城市设计实操推进到一个新的高度"。需要做好全过程工程咨询，从前期城市策划跟踪到后期城市运营；其次，当前地区总设计师制度的实践虽然积累了一定经验，但仍带有先行先试、一事一议的色彩，针对城市总设计师的"责、权、利"等内容尚缺乏相应机制设计。未来的地区总设计师制是建立在实施全过程的共享信息平台上，以法治化、多元化实施评估或决策。地区总设计师从关注城市美学和城市空间进入城市片区发展各要素、各系统之间的整体关系。如王建国院士提出的前瞻属性、协同属性、过程属性、公平属性、有限尺度属性、有限对象属性；孟建民院士提出的动态性、协同性、前瞻性等，都非常清晰地描绘了总设计师的未来属性。

探索建筑师在新时期地区总设计师制的发展和作用，是对其系统内的建筑师有全新的意义，是对建筑师的理论思想、工作模式、体系架构等方面的制度创新与技术创新。在地区总设计师制框架下，基于规划、建筑和工程总师的重要性和担当责任不同，分为单总师、双总师、多总师的组合方式，但无论何种组合，都需要根据项目特征做出选择和权重排位，组合可能是主次关系，亦可是平行关系。总师的组合依据是未来非常重要的探索路径，需要研究总师制度与现行规划管理的关系问题，总师在规划管理中的权利和责任的界线问题，以及总师管理过程中的规范化问题等；需要提供法律制度和共享信息的保障，强化专业素质，协同平衡能力，横向到边、纵向到底的工作模式和全要素协同的架构体系。

**注释**

①黄静怡、于涛，精细化治理转型：重点地区总设计师的制度创新研究. 规划师，2019-22，p30

②对于城市总设计师制的协调决策权力，目前国内主流是建议行使否决权而不是自由裁量权

128

③唐燕，城市设计运作的制度与制度环境[M]，北京：中国建筑工业出版社，2012

④黄静怡、于涛，精细化治理转型：重点地区总设计师的制度创新研究，规划师，2019-22，p32

⑤白列湖，协同论与管理协同理论[J]，甘肃社会科学，2007（5），p 228-230

⑥这里所指的"涨落"反映的是管理系统运行的状态，"相变点"就是系统由无序结构过度为有序结构的临界点，"序参量"就是影响系统发展的关键因素，参见Haken·H，Information and Self-organization：a Macroscopic Approach to Complex System，Spring-Verlag，1988(11)

⑦对优秀设计做突破的前提是不得妨碍城市设计核心要素的构建，以及突破导则的设计应该给城市带来更多的益处，这需要规定流程和纳入到制度保障

⑧克里斯蒂安·德包赞巴克，开放街区——以欧路风格住宅和马塞纳新区为例[J]．城市环境设计，2015（Z2），p38-41

⑨特别是在不同权属的物业调研和沟通中，会面临不同利益诉求，以及对规划导则的冲突。如区属资产的金牛之心MALL需增加电梯、地下室打开作为韩国服饰潮街、屋顶改成T台的诉求；如私有资产的大成市场、宏正广场、蓝光金荷花、伊厦荷花池广场对外立面的改造诉求、前广场的打造和内部商街的文化营造等。笔者曾参与过多次和不同权属资产的综合调研和讨论会，对各方诉求和利益最终取得了一种协调、平衡及动态跟踪的结果。

⑩王建国、戴春，从建筑学的角度思考城市设计：王建国院士访谈，《时代建筑》，2021第一期，p6-8

⑪院士观点：城市总设计师工作的缘起、特征与展望，建筑技艺，2021.03，p7

⑫匡晓明，"城市总设计师制"—城市设计实施的协作化管理路径，建筑技艺，2021.03，p20

参考文献

[1]唐燕.城市设计运作的制度与制度环境[M].北京：中国建筑工业出版社，2012

[2]深圳市规划和国土资源委员会.深圳市重点地区总设计师制试行办法 [Z]. 2018.

[3]GARGIANI R, KOOLHAAS R·Rem Koolhaas/OMA: The construction of merveilles[M]. Lausanne: EPFL press, 2008.

[4]王建国.现代城市设计理论和方法[M].南京：东南大学出版社，2001.

作者简介

查 翔，博士，华建集团现代建筑规划设计研究院有限公司，高级工程师，一级注册建筑师。

15-17.荷花池更新后实景

# 上海同济城市规划设计研究院有限公司（TJUPDI）新闻简讯

## "低碳生态城市设计方法与实践"城市设计研究院双月活动第三期成功举办

2021年8月24日下午，同济规划院城市设计研究院双月培训活动第三期在同济规划大厦举办。本期培训活动主题为"低碳生态城市设计方法与实践"，由城市设计研究院总工办、城市空间与生态规划研究中心、城市设计研究院城同所以及规划院第七、第九支部主办。

## 用"质量之钥"，开启行业提升之门——2021年"环同济"现代设计行业质量标准提升主题论坛成功举办

2021年9月16日下午，由上海市杨浦区质量工作领导小组办公室、上海市杨浦区市场监督管理局和上海市杨浦区科学技术委员会主办，上海市政工程设计研究总院（集团）有限公司和上海市勘察设计行业协会市政工程分会承办的2021年"环同济"现代设计行业质量标准提升主题论坛成功举办。同济规划院副院长王新哲出席会议，并参与圆桌会议讨论环节。

## 第二期城市设计研究院专题培训讲座成功举办

2021年10月9日下午，由城市设计研究院主办，规划院培训办协办，组织开展了城市设计研究院专题培训讲座第二期活动。本期活动面向规划院同仁及其学院师生，由城市设计研究院院长唐子来教授主持，由常务副院长匡晓明教授担任对谈嘉宾，特邀东南大学建筑学院童明教授分享了题为《城市微更新的理论与实践》的报告，并结合其本人多年以来参与的上海城市微更新项目设计实践，提出了对城市更新的反思以及在城市微更新方面的设计要义。

## "曹杨一村·社区故事馆"儿童进社区之"小小馆长"主题活动顺利开展

2021年10月8日下午，城市空间艺术季曹杨展区"曹杨一村·社区故事馆"活动正式开展。一群来自朝春中心小学的"小馆长"，在社区故事馆内沉浸式体验了曹杨故事的多元化盛宴。本次活动由上海同济城市规划设计研究院有限公司城市与社会研究中心主办，同济大学社会学系协办。

## 2021年度《理想空间》系列丛书编委会会议成功举办

2021年10月18日下午，同济规划院主办的《理想空间》系列丛书2021年度编委会会议在同济规划大厦401会议室成功举办。编委会主任夏南凯教授、编委会专家赵民、杨贵庆、王新哲，近期主编特邀专家黄怡、张立和编辑部成员出席了本次会议。本次会议由俞静主持。

## 同济规划院收到温州市决策咨询服务中心感谢信

近日，同济规划院城市开发规划研究院协同创新所收到温州市决策咨询服务中心发来的三封感谢信。信中提到，由协同创新所产业总工徐剑光博士执笔及参与撰写的3篇决策咨询建议文章：《温州市区产业用地情况调查及相关建议》《温州在粤闽浙沿海城市群的地位比较研究》《拥江依山面海发展—温州中心城区能级提升的思考与建议》，分别获得浙江省委常委，温州市委书记刘小涛，以及温州市长姚高员的肯定性批示，较好发挥了建言献策、推动工作的作用，并殷切希望同济规划院有更多专家学者发挥优势，贡献智慧，为温州高质量发展出谋划策。

## 规划院第六党支部开展"农村相对集中居住安置意见征询服务"活动

为深入推进党史学习教育，切实解决好群众"急难愁盼"问题，2021年10月28日，规划院第六党支部赴松江区新浜镇开展"我为群众办实事"活动，充分发挥专业优势，协助中共上海市松江区新浜镇村镇建设支部委员会推进农村相对集中居住安置意见征询工作。

## 同济设计联合参展"2021上海国际城市与建筑博览会"

2021年10月29日至10月31日，世界城市日主题活动——"2021上海国际城市与建筑博览会"（以下简称"城博会"）在上海世博展览馆成功举办。

同济大学建筑与城市规划学院、上海同济城市规划设计研究院有限公司、同济大学建筑设计研究院（集团）有限公司、同济大学设计创意学院、同济大学上海新城建设研究中心、上海自主智能无人系统科学中心六家单位强强联合，共同组成"同济设计"联合展区参展本届城博会。

本次展览围绕"AI赋能·未来城市"这一主题，结合多媒体、模型、VR、AR、实时健康监测交互、实时环境视效交互等多种互动展陈方式，通过"智能规划""智能建筑""智能管理""智能运维""智能生活"五个版块，集中展示了近年来同济设计团队在运用人工智能技术，全方位赋能城市建设全生命周期中所进行的学术探索及实践成就。

## 第18届中国城市规划学科发展论坛成功举行

2021年10月30日，第十八届中国城市规划学科发展论坛暨2021UP（United Planning）学科发展论坛、2021年"金经昌中国城市规划优秀论文遴选"颁奖成功举行。本届论坛由金经昌/董鉴泓城市规划教育基金、《城市规划学刊》编辑部、同济大学建筑与城市规划学院、上海同济城市规划设计研究院有限公司、中国城市规划学会学术工作委员会联合主办。

本次论坛以城乡规划学科发展为主线，包含了国土空间规划、生态安全、陆海统筹、土地治理、城市设计等多项重大议题，论坛采用"网络会议+线上直播"的形式，累计吸引数千人次的专家学者、规划工作者和规划学科师生在线参与。

## 第五期科研创新（数字规划技术）交流会成功举办

2021年11月5日下午，第五期科研创新（数字规划技术）交流会在同济规划大厦408会议室以及线上同步举行。本次会议由同济规划院数字规划技术研究中心组织，同济大学城市规划系朱玮副教授主持；同济大学城市规划系周新刚助理教授、同济规划院城开分院张照主任规划师、同济大学建筑系孙澄宇副教授分别从国土空间规划、城市设计、城市规划管理三个视角，介绍了数字技术的新近应用研究和开发成果，并与现场听众进行了深入交流；同济大学城市规划系王德教授作了会议总结发言。

## 走进"幸福曹杨"社区 ——规划院党员体悟以人民为中心的城市更新实践

2021年11月17日，同济规划院院长周俭，作为曹杨新村街道社区生活圈总规划师和2021上海城市空间艺术季幸福曹杨重点样本社区主策展人，带领规划院党员们走进"幸福曹杨"社区，以参观讲解的形式为规划院党员们上了一场别开生面的党课。

本次党课采取现场聆听、线上观看直播同步进行的方式，路线涵盖百禧公园、曹杨社区村史馆、曹杨一村社区故事馆、曹杨环浜、红桥景点、步行商业街、枫桥路十字路口观景亭等主要的设计改造节点。通过本次活动，规划院党员们走进曹杨社区，增进了